是谁偷了网民的奶酪

Who Moved the Netizen's Cheese

The Nature of the Internet in Perspective

透视互联网的本质

袁野 著

人民东方出版传媒
東方出版社

推荐语

生命以负熵为食。当下的互联网时代正处于“熵增”过程，与自由连接、公平正义的初衷背道而驰。守住网民的互联网奶酪，需要意识觉醒，更要有顶层设计。

——微软大中华区原 CEO 陈永正

作为互联网时代的原住民，我们共同编制了一张挣脱束缚、追求自由的网，却在不经意间屡屡被收割。互联网时代的商业关系、商业逻辑需要变革。作者悲天悯人的情怀下，勾勒出的是一副互联网共产主义时代场景图。

——工业和信息化部电子信息司原司长、国家集成电路产业投资基金股份有限公司总裁丁文武

从经济史中娓娓道来，将互联网架构层层剥茧，作者毫不留情地把互联网的负面情形一股脑地扒了出来，也提出了一个深刻问题，我们是否真的需要一场互联网的革新？

——中国工程院院士廖湘科少将

作者用生动有趣的文字，以及互联网思维的视角，呈现了每个网民都得直面的一个新维度，这个时代互联网商业关系的革命就要到来了。

——国家发改委高技术产业司原司长、上海交通大学原党委书记马德秀

本书以轻松诙谐的语言，揭示了互联网的本质，读来生动有趣，但却让人掩卷长思。非常值得一读！

——百度前副总裁、著名投资人曾良

目录

第四章　资本恋上互联网

第五章　网络价值谁创造

第六章　谁是无耻的强盗

第七章　互联网革命序曲

第八章　通向未来的阶梯

序章

山重水复疑无路

19 世纪以来，人类已经经历了无数次经济衰退。每一次经济衰退，经济活力都会降低，大量工人失业，经济增长停滞乃至倒退。20 世纪 90 年代以前，这种经济衰退每几年或十几年就会爆发一次，这使得经济发展很像是 19 世纪 60 年代美国著名的桌面游戏“游戏人生”（The Checkered Game of Life，玩家通过一个转轮来决定走的步数，如果进入白色的格子，会得到后退、停转一轮、奖励等奖惩，先到达终点者胜），在进进退退中艰难向前。

1929—1933 年，一场罕见的世界经济大危机席卷全球，几乎每个资本主义国家都深受其害。这是迄今为止持续时间最长、破坏性最大、影响最深的一次经济危机，直接导致资本主义国家工业下降了 37.2%，主要国家的工业生产退回到了 20 世纪初甚至 19 世纪末的水平。

桌面游戏“游戏人生”

世界经济大危机使大批企业破产，发达国家失业人口总数达到3000万以上，经济损失甚至超过了第一次世界大战。发达国家民众的生活水平急剧下降，商品市场大幅度萎缩，国际贸易争端加剧，为德国、意大利、日本的法西斯势力上台和发动战争提供了土壤。从某种角度说，没有1929—1933年的世界经济大危机，第二次世界大战或许不会爆发。

1929—1933年的世界经济大危机摧毁了古典经济学的基础，终结了其长达一百多年的统治。基于对大危机的深入思考，约翰·梅纳德·凯恩斯（John Maynard Keynes）于1936年出版的《就业、利息和货币通论》创立了现代宏观经济学的理论体系，从而翻开了20世纪经济学的崭新一页。

所有医生治病，第一步都是要查找病因。只要病因清楚了，除了庸医，理论上都能拿出对应的方案：要么对症下药，要么手术治疗，要么宣布放弃。因此，如果我们能找出经济危机产生的根源，就能够开出解决问题的处方。

凯恩斯认为，经济危机的发生是由于有效需求不足。根据这个“病因”，凯恩斯拿出了“治疗方案”，指导思想是增加有效需求，具体措施是政府干预，通过增加赤字、减税降息等手段，扩大投资需求和公共消费。

凯恩斯主义一经面世，立即在世界各地引起强烈反响。特别是凯恩斯主义传入美国后，成为罗斯福新政的理论基础，为美国政府加强对经济的干预提供了决策指导。虽然有观点认为，是第二次世界大战帮了罗斯福和美国的忙，但通常的看法是：依靠积极的政府干预，扩大了美国工厂的有效需求，缓解了就业压力，稳定和重建了商业信心，使美国率先走出了大萧条的阴影，实现了经济恢复发展，并为第二次世界大战后经济长期增长奠定了基础。

榜样的力量是无穷的。受美国成功经验的鼓舞，一些资本主义国家，如德国、瑞典等纷纷采取了国家干预经济的做法。第二次世界大战以后，各发达资本主义国家基本上集体选择了国家干预经济模式，均取得了良好效果。加上新科技革命的双重推动，20世纪五六十年代成为资本主义世界的“黄金发展期”。

然而到了20世纪70年代，资本主义社会的“老司机”们又遇到了新问题。这次出现的状况和以往不一样，一种叫作“滞胀”的新现象的出现，使凯恩斯主义受到了极大挑战。

根据传统的经济学理论，物价上涨反映市场主体对未来投资前景充满乐观态度，因此物价上涨时期经济繁荣、失业率较低或下降。按照这种观点，经济学家们一直认为，通胀与失业不能同向发生。

但经济似乎总喜欢与经济学家对着干，20世纪70年代，各主要资本主义国家出现了经济停滞或衰退、大量失业和通货膨胀同时发生的情况。简单来说就是太阳和月亮搞到一块儿去了，本来以为老死不相往来的人成了 CP（Character Pairing，粉丝根据自己的喜好对漫画、小说、电视剧中的角色进行配对形成的假象情侣）。这事太玄幻了，不科学，很不科学啊！

常言道：事出反常必有妖。这事既然不科学，那么总归是哪儿出了问题吧？经济学家们思前想后，一致把目光对准了凯恩斯主义。

倒霉的尼克松就在这时撞上了经济学家的枪口。说起尼克松，他的前美国总统身份并不太耀眼，但他身上另外两个标签却很有名，只不过不是啥好名声。一个是“水门事件”，另一个就是咱们书中要说到的“价格管制”。靠着这两个标签，尼克松也许若干年后还会被全世界记住，因此他本人虽然无法做到不朽，但名字大约会“不朽”了。

1971 年，美国自第二次世界大战结束后第一次出现了失业率 6% 和物价增长 4.5% 的“双高”，引起了美国民众的普遍担忧。为了把物价上涨“压”下去，给自己在来年大选中获胜连任创造条件，尼克松想了个主意——实行价格和工资管制。

1971 年 8 月 15 日，正值周末，尼克松以“突然袭击”的方式在晚间发表电视讲话，宣布在 90 天内冻结工资和部分生产资料的价格，并停止用黄金兑付美元。这个被称为“尼克松冲击”的消息，立刻让所有早已习惯了美国式自由的美国人蒙了。

尽管大家被这一消息雷得外焦里嫩，但还是决定听政府的。

90 天后，统计数字让尼克松欣喜若狂——数据表明价格被控制住了。被初步胜利冲昏了头脑的尼克松，立刻宣布进入他的“新经济政策”的第二阶段，将冻结范围扩大到其他方面，几乎把所有他想得到或想不到的东西都纳入了管制范围——从橄榄球员的工资到布丁的价格。

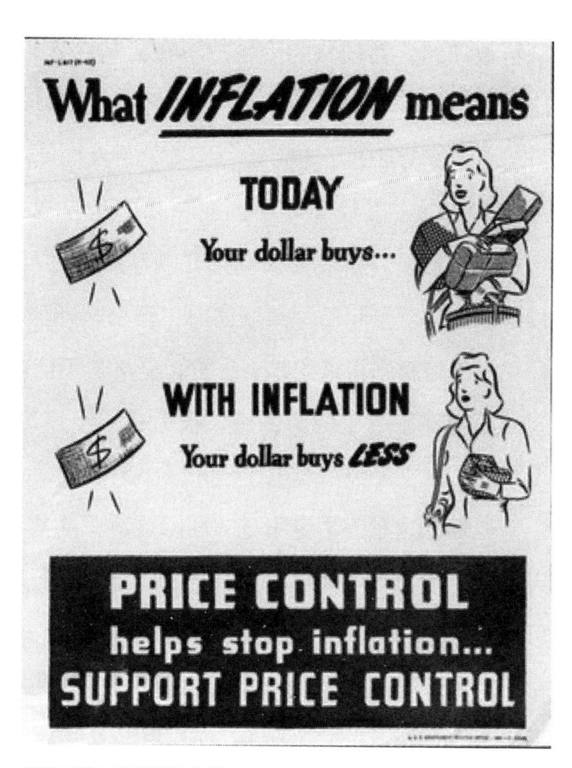

美国宣传价格冻结的海报

这下民众不干了，反对的意见铺天盖地而来——你尼克松要只是“意思意思”，我们还可以陪着你“意思意思”，现在你玩儿这么大，到底是几个意思?

商人们充分开动脑筋，和政府玩起了“躲猫猫”的游戏。比如，肉类加工商把牛肉运到加拿大，重新包装后再“进口”到美国，当起了“假洋鬼子”，这样就可以绕过价格委员会的管制而变相涨价。

随着价格管制的深入，灾难性的后果不断显现。比如，鸡肉在美国的消费量剧减，这倒不是美国人吃不起鸡肉了，而是没得卖。仅得克萨斯州的一个养鸡场，就一次性淹死了4万多只小鸡，因为鸡肉的价格被冻结，而饲料的价格却不在管制之列，因而养鸡的成本与售价出现了倒挂，再养下去老板得赔死。正规商场的货架上空空如也，黑市贸易却十分活跃，老百姓付出的代价反而比不涨价前更大。

于是，在一片骂声中，尼克松的价格管制走到了尽头。1973 年价格放开后，物价在短时间内出现了报复性反弹，通胀率迅速飙升到 12% 以上。若干年后，美联储原主席格林斯潘在谈到这段历史时曾说，尼克松价格管制得来的唯一经验，是再也不能实施价格管制。

面对滞胀带来的新困惑，被丢在“冷宫”里多日，快变成“闲鸭蛋”的自由主义经济思想又迎来了出头之日。

但理论这东西毕竟不是《甄嬛传》里的“各位小主”，今天得势明天失势，大家都习惯了。已经被现实无情打过脸的理论要想重新被认可乃至追捧，不做点儿改变总归是不妥的。

因此，在这种背景下，新古典主义经济学说兴起，主张修复“无形之手”，充分发挥市场机制的作用，限制政府行为、减少政府干预的声音越来越大。

新古典主义经济学坚持市场的完善性，认为追求自身利益的经济主体对未来具有理性预期并据此行动，使经济自动趋向均衡。在这种情况下，政府对经济的一切干预都是不必要的，也是无效的，甚至是有害的。

新古典主义经济学认为，政府积极干预尽管为经济增长注入了一针强心剂，会在短期内取得一定的效果，但会使经济走向更大的非均衡。因此，政府的一切干预只会起到适得其反的效果，这样政府越是“积极”，其危害就越大。

1979 年带领保守党重新赢得英国大选的“铁娘子”撒切尔夫人和 1980 年第二次竞选总统获胜的罗纳德 · 威尔逊 · 里根，成为新古典主义经济学的忠实信徒。“撒切尔主义”和“里根经济学”的兴起，将反对国家干预的主张上升到一个理论化和系统化的新高度，新古典主义经济学迎来了春天。

1990年，美国国际经济研究所在华盛顿召开了一次关于拉丁美洲国家经济调整的研讨会，形成了“华盛顿共识”，主张全面私有化、贸易自由化、完全市场化，强调放松政府管制、实行市场化利率、取消非关税壁垒和对外资的限制。自此，新古典主义思想迅速向全球蔓延，成为全球新的占统治地位的经济理论。

苏联解体、东欧剧变证明了计划经济的低效率的同时，间接证明了市场的有效性。这使得新古典主义经济学逐渐走向巅峰，一时风头无双，凯恩斯主义、后凯恩斯主义、新凯恩斯主义的拥趸纷纷偃旗息鼓，进入了蛰伏期。这从新古典主义、新自由主义的代表人物频繁获得诺贝尔经济学奖，可以管中窥豹，略见一二。

要说新古典主义经济学的命真好，赶上了好时候。随着信息技术革命的到来，互联网浪潮席卷下的新经济成为世界经济增长的新引擎。即便2008年的全球金融危机使发展一度陷入停滞，但美国在次年就迅速走出了衰退的“谷底”，再度进入自1854年有记录以来的最长增长期，截至2019年7月持续增长已达121个月，而物价指数自1992年以来从未反弹。这似乎证明了新古典主义经济学的胜利。

但2007年美国房地产泡沫的破灭和2008年雷曼兄弟投资银行的倒闭，仍然引起了经济学界的警惕——以量化分析为基础的新古典主义学派并没能预测出2008年的世界金融危机和经济的深度衰退，这似乎又破了新古典主义经济学的“不败金身”，凯恩斯主义、新凯恩斯主义再度抬头。

作为现代经济学的两大主脉，凯恩斯主义（包括正统凯恩斯学派与新凯恩斯学派）与新古典主义经济学对峙的局面已经形成。客观地讲，凯恩斯主义与新古典主义经济学都有着天然缺陷，关键时刻老掉链子。

先说凯恩斯主义。首先，缺乏扎实的微观基础是正统凯恩斯学派的第一个重要缺陷。工资—价格刚性假设是正统凯恩斯学派宏观模型的基础，而这个假设前提并没有得到说明和论证。其次，正统凯恩斯学派忽视了一个微观经济学的基本前提，即经济活动当事人的利益最大化原则。

为了弥补上述缺陷，新凯恩斯学派进行了改良，以工资—价格黏性代替了工资—价格刚性假设，并分别从传统微观经济学和新古典主义经济学中吸收有用成分，补充了正统凯恩斯学派的理论缺失，承认经济当事人的利益最大化原则和理性预期假定。

但即便如此，新凯恩斯学派与正统凯恩斯主义一样，具有一个无法克服的重大错误，即过于理性化的假设。凯恩斯主义（含新凯恩斯学派）认为市场活动主体具有“动物精神”（即自然本能）。因此，市场上充满了非理性的冲动行为，导致市场调节失灵，需要政府采取反向措施进行干预。而凯恩斯主义主张政府干预的前提，恰恰是政府只具有“人类精神”而没有“动物精神”，政客们统统“天下为公”而无个人私利。显然，这种近乎天真的极端理想化假设是无法得到满足的。

所有的凯恩斯主义学派还有一个严重的短板，即缺乏长期的有效性。凯恩斯自己也承认，政府干预政策只在短期内有效，而从长期看是无效的。因此，凯恩斯主义与新凯恩斯学派对于经济萧条只能起缓解作用，而不能彻底扭转，即“治标不治本”。

再来说说新古典主义经济学。虽然新古典主义经济学已经建立了完整的理论体系和各种工具模型，使之看起来很“科学”。但实际上，这种将高度抽象的模型直接用以推导错综复杂的现实社会的倾向，只不过是“李嘉图恶习”而已，根源是弗洛伊德所谓的“物理学的羡慕”（physics envy）。

用高度抽象的模型来模拟经济运行的结果，就是新古典主义经济学只能描述一个静态的、简化的、想象中的市场，而这绝不是一个真实的市场。一个动态的、复杂的、真实的市场是无法用高度抽象的数学模型来描述的。在众多诺贝尔经济学奖得主中，唯一不沾数学的边的哈耶克就曾发出过警告：千万别套用物理世界的模型，来分析经济和金融。

由于描述的只是假想中的市场，因此新古典主义经济学看似严密，却充满了悖论。这里只举一个例子：按照福利经济学第一原理，在完全竞争的条件下，竞争能够通过价格机制实现有限资源的最优配置，达到帕累托最优。而完全竞争的条件之一，是不存在规模经济。但资源优化配置理论告诉我们：资源一定会向效率最高的企业集中，这样就必然会产生规模经济。

众所周知，新古典主义经济学认为市场的基本功能是资源配置，因此，有效市场存在的目的是使有效市场不会出现。这听上去是不是很绕口、很烧脑？如果有人说，我们活着的唯一目的就是让自己不活着，那大家一定觉得这人疯了。但新古典主义经济学就是这么讲的，可那些经济学家一个也没疯。既然说胡话的人没疯，那就一定是他的理论疯了。

纵观现代经济学，只有非主流的奥地利学派摒弃了凯恩斯主义和新古典主义经济学的弊端。奥地利学派坚决反对政府干预，但它却不能被划到新古典主义经济学的范畴。因为该学派采取了与新古典主义经济学截然不同的另一种范式：用动态非均衡范式、演化范式取代静态均衡范式、设计范式。

中国为数不多的奥地利学派著名经济学家、北大教授张维迎先生说，新古典主义经济学不是一个好的市场理论。至于凯恩斯主义，他甚至懒得提。关于这一点，我十分赞同。如果非要让我从现代经济学中选择一套理论，我一定会选择奥地利学派，只有他们看起来更靠谱，最起码没有那么多的硬伤。但是，奥地利学派是指导经济良性发展的灵丹妙药吗?

奥地利学派经济学家严格区分由私人储蓄支撑的经济扩张和由信用创造（凭空增加货币供给量）支持的经济扩张。他们认为，由私人储蓄支撑的经济增长才是健康的、可持续的，而后者是病态的、不可持续的。

当由信用创造支撑的病态经济增长发展到一定程度后，必将经过一个调整阶段，初期只是纠偏（还不是衰退），但纠偏中会造成流动性断裂（债务违约、一些银行出现挤兑等），从而产生二次衰退，这才是真正的经济衰退。这就是奥地利学派著名的商业周期理论。

奥地利学派认为，当衰退到来后，通缩、商品价格下跌、失业等，都不过是一种自发的调整过程，是自由市场条件下对前期过度投资的一种矫正，是市场的自我修复措施。按照奥地利学派代表人物之一的罗斯巴德（Murray Rothbard）所言，“繁荣需要‘衰退’”。

因此，奥地利学派的学者认为，在经济衰退面前，政府最好是什么都别干，任由市场自动清算和恢复就行了。“萧条的结束宣告一切重归正常，经济恢复了最好的功效。”

按照奥地利学派的商业周期理论，避免经济衰退的唯一办法就是政府不要凭空发行信用货币。但这显然是不可能的。罗斯巴德指出：“政府天生是一个引起通货膨胀的机构。”因为“拥有印制货币（包括‘印制’银行存款）的权力就打开了国家收入之源”，并且“通货膨胀是税收的一种令人满意的代替品”。

这样看来，只要政府存在一天，周期性地出现经济衰退是不可避免的。那么问题就来了：面对经济衰退，我们只能被动地等待市场清算的结束吗?

凯恩斯说："如果在暴风雨季，经济学家们只能在暴风雨已经过去、大海恢复平静时，才能告诉我们会有暴风雨，他们给自己定的任务也太简单、太没用了。"现在奥地利学派很平静地告诉我们："暴风雨会来的，但怎么躲都没用，最好的办法就是等待。等等吧，暴风雨一定会过去的。"但等到暴风雨过去，我们发现船已经翻了。如果是这样，那么他们又有什么用呢？

现代经济学门派，两个没谱，一个没用，经济学是否真的走到了尽头？

我们的经济，难道只能像玩"游戏人生"一样，走走停停，或者进三步退一步？如果真是这样，我们每个人都会活在经济衰退的阴影之下，不知道哪天经济危机就会降临到我们身上。我们什么也干不了，只能眼睁睁地看着经济像出轨的火车一样一头栽倒。我们唯一能干的事情就是祈祷，祈祷 1929—1933 年那样的灾难发生时自己不在车上。

人类在灾难面前，作为个体还可能无私，但作为集体则是永远自私。这是因为无私是感情冲动的选择，而自私是理性思考的唯一结果。根据囚徒困境理论，集体的决策机制决定了应对灾难的最好选择就是自保，虽然合作才是最好的结果，但那需要所有集体都坚持大公无私，否则一颗老鼠屎真的会坏了一锅汤。

历史证明，面对 1929—1933 年大经济危机那样的灾难，各个国家几乎无一例外地奉行以邻为壑的短视政策，甚至做出祸水东引的危险举动，因为这样才符合民众的要求。我们明明知道不能只顾眼前，但凯恩斯说过，"长远是对当前事务错误的指导。从长远看，我们都已经死了"。

凯恩斯说这样的话，不是因为哈佛大学历史学教授尼尔·弗格森嘲笑的那样，源自凯恩斯的同性恋取向和没有孩子的后果。这也不是凯恩斯独有的"不看长远"，最起码面对灾难，顾眼前才是头等要紧的事。

人类就是这样，只有在当前安全的情况下才会关心长远。毕竟我们不是圣人，只有孔子才会在被困陈蔡，七天没吃饭的情况下还要思考人生。

从经济学的角度看，人类可能无法避免战争。战争不单单是解决政治问题的终极手段，也是解决经济问题的最后手段。因为政治问题，乃至社会的一切问题最终都可以归结为经济问题。即便我们已经有了避免世界大战发生的机制，但局部战争和社会大动荡依然存在。

因此，我们绝对不能坐视经济衰退的发生。但是，我们更不能用凯恩斯主义的方式去人为强行延长经济繁荣的时间，那样的结果有可能更可怕——欠下的债越多，还债的时候就越痛苦。

今天，我们正走在通往下一次危机的路上。这一点已是绝大多数经济学专业人士的共识，甚至一些普通人都有关于下一次经济危机的预言，唯一的疑问只是什么时候发生、在哪里爆发、以什么形式爆发。

许多人认为，一两年内就会爆发一场始于美国的全球性经济危机。原因是美国经济本轮扩张已经在 2019 年 7 月达到了有史以来最长的 121 个月，因此根据统计规律和经验值，美国经济属于秋后的蚂蚱，蹦跶不了几天了。

如果人类永远不长记性，那么上述观点无疑是成立的。但所幸的是，经济危机如同黑客攻击，不断在寻找经济发展的漏洞，然后人类就会修补这个漏洞。2001 年的经济危机源于互联网泡沫的破灭，而在此以后互联网找到了“流量变现”的途径，避免了泡沫的再度发生。2008 年的全球金融危机始于“次贷危机”，这个漏洞目前也得到了修补。

因此，在互联网新经济的推动下，下一次经济危机不会这么早来到，也不会以金融危机的形式发生。没有证据证明美国目前的经济运行潜藏着巨大危险，经济学模型也不支持危机近在眼前的观点。

所有的预言都忽视了一件事——就业。充分就业是经济稳定的前提，虽然充分就业并不等于完全就业，而是自然失业率下的就业，但只要失业率不明显突破自然失业率，那么天就塌不下来。

但人工智能正在破坏充分就业，给经济增长挖下一个大大的坑。

随着人工智能的迅猛发展，机器人正变得越来越“聪明”。虽然我坚持认为现在所谓的人工智能只不过是“算法”，离真正的人工智能还有十万八千里路程。但不可否认的是，机器能够靠大量训练形成的巨大知识库和算法找出最佳行动策略，即便它并不知道自己在干什么。

可以预见，机器人一旦突破大规模产业化的瓶颈，必将迅速进入应用普及阶段，这势必造成大量产业工人失业。并且由于以机器人取代工人的企业省下了一笔工资成本，因此在劳动密集型产业里这类企业的成本价格优势上升，对仍然使用工人的企业形成巨大冲击，一批企业将因此倒闭，失业人数继续上升。

企业倒闭将形成债务违约，传递到金融行业，进而出现挤兑、股指下跌，引发金融风险。金融风险与失业攀升相叠加，产生普遍的恐慌情绪，于是一场巨大的经济危机就此形成。

我坚信，市场终究会将失业人口消化掉，转化为其他行业的就业者。甚至市场将创造出新的行业，来对冲传统行业就业人口的锐减。但在实现这一转化之前，会有一个较长的时间，属于就业的真空期，这就是人工智能造成的经济死亡期。我称之为“就业冰河期”，或者“经济冰河期”。如同冰河终会过去，一切都会恢复正常和欣欣向荣的景象，但许多物种已经消失不见，无缘得见冰河期后的生机复苏。

如果能找到一种途径，可以在“就业冰河期”为失业人群提供社会援助（包括政府救济和商业保险）之外的稳定收入来源，那么情况将会好很多，我们就能度过“就业冰河期”。

我认为，一场发端于互联网的革命，将延伸到整个商业领域，演变成全方位的商业变革，也许这就是解决问题的良方，最起码能够为解决问题提供很大帮助。

这场互联网革命绝非单纯的技术革命，技术革命只会推动生产力发展，但不会带来生产关系的改变。生产关系的改变也许并不能从根本上消除经济危机，但一定能给予我们抵御经济危机的力量。

第一章

需要懂点互联网

1969 年，注定是影响人类历史进程的一年。这一年，发生了两件必须用“划时代”来形容的惊天动地的大事。请原谅我在一句话中连续用了两个修饰词，事实上，这两件大事中的任何一件，用两个修饰词都还不够。如果可能的话，我不惜为这两件大事奉上所有我能想到的溢美之词。

第一件事发生在 1969 年 7 月 21 日，美国宇航员尼尔·奥尔登·阿姆斯特朗踏出阿波罗 11 号飞船登月舱，代表人类第一次登上月球，并说出了后来被无数人津津乐道的名言：“这是我个人的一小步，却是人类的一大步。”

四个月以后，第二件足以改变世界面貌的大事接踵而至。11 月 21 日，一个直到今天许多人都可能感到陌生的名称出现在人们的视野——源于美国军方项目的阿帕网（Arpanet）成功开通，婴儿时期的互联网呱呱坠地。

当时，甚至此后的十年内，估计谁也想象不到，一个仅仅连接了美国四所大学、四台主机的计算机连接协议，一个初衷仅仅是为了让用户共享当时十分宝贵的大型计算机资源的互联系统，在短短三五十年内，会迅速成长为今天的互联网——人类经济社会发展的引擎，世界文明进程的加速器。

人类历史上最伟大的颠覆性创新之一——互联网，就这样在那天启航了。今天，互联网已经伸入到世界的每一个角落、社会的每一个方面。随着互联网，特别是国际互联网的出现、发展，人类社会已经发生了翻天覆地的变化，前进速度陡然提升。

据统计，近三十年来，人类的科技成果，比过去几千年的总和还多。仅此一项，互联网厥功至伟。不必说科技、教育、文化、经济等大领域，单只人们生活的日常点滴，互联网也早已使一切变得面目全非。

在互联网无所不在的当下，我们对互联网的那些事和那些人早已耳熟能详，但除了计算机学科的学生和专业技术人员外，我们中的大多数人还是互联网“小白”。其实，互联网没那么深奥，要想化身“懂网帝”，时不时地也能冒一两句专业术语，说难不难，说容易也容易。当然，练成这门神功，无须“辟邪剑谱”“葵花宝典”，您如果认真读完本章，唬唬那些互联网“小白”还是有可能的。

最关键的是，为了充分理解本书的内容，我们有必要做一些基础准备。当然，耐心不足的读者也可以直接从第二章看起，这不会影响本书的主题思想。

第一节　互联网是什么

互联网的名词解释，任何人只需在网上搜索一下即可搞定。但对于大多数非计算机专业出身的读者来讲，仅仅看完一个名词解释估计还是一头雾水，而要深入了解一下的话，大概光是一堆专业术语就能搞得头昏脑涨。既然如此，那我试图用尽可能通俗的概念来描述一下互联网。

为照顾普通大众，我讲的自然不很严谨，难免贻笑大方。因此请专业选手们务必跳过此节，以免看后忍不住骂人。本人脸皮一向不薄，挨骂倒也可以做到面不改色心不跳，但若连累母校“躺枪”，则罪大恶极了。

互联网（Internet），也可按英文音译称作因特网或英特网。Internet是一个合成词，是interconnection（名词，互相联络，在通信学中称为互联）和network（名词，网络）组合而成的。因此，从英文单词看，顾名思义，互联网就是互相连接的计算机网络。而要真正解释互联网，则需要了解另外几个概念。

首先，我们需要理解什么是计算机网络。所谓计算机网络，就是把多台计算机通过连接器件连起来，在网络管理软件等相关软件和网络通信协议（负责统一通信方式）的协调管理下，实现计算机资源共享和信息传递的计算机系统。再通俗点儿讲，就是把多台计算机按一定方式通过线路（比如电缆）连接起来，在相关软件的指挥管理下“组团”，机多力量大。

其次，要引入一个新的名词：局域网。局域网（Local Area Network，LAN）按英文可直译为本地网，是指在不超过方圆几公里的区域内由多台不同的计算机组成的、封闭型的计算机网络。大家熟悉的Wi-Fi就是一种局域网，准确说是无线局域网。

最后，介绍另一个重要的概念——网络互联。网络互联不是互联网络，而是指一种计算机网络之间互联的技术。所谓网络互联，就是利用网络互联设备，将分布在不同地域上的大小不一的各种计算机网络再相连接，从而构成更大的网络，以实现更大范围的信息交换和网络资源共享。

现在，我们可以回过头来解释互联网了。通过网络互联技术，把全世界的局域网连接起来，形成了一个覆盖全世界的大网，这就是我们熟知的互联网。局域网是内部网，是私网；互联网是外网，是公网。全世界的计算机用户均可通过局域网连接到互联网。当用户连接不上局域网，或局域网与公网的连接出现问题的时候，就会出现我们所说的“断网”现象。

从技术层面看，互联网本质上是一个远程数据通信网。用户向网上（特指互联网上，后文如无特殊说明，“网上”均指互联网上）某网站提出服务请求，需要向该网站的网络服务器（WEB服务器）发出请求提供服务的信息，网络服务器收到服务请求后进行响应，安排相关设备和软件工作，完成用户的要求，并将结果（数据）传送回用户端。从开始到结束，实际上就是用户端电脑（现在上网的智能手机本质上就是微型电脑）和服务器之间信息／数据传输的通信过程。只不过计算机通信与传统“打电话”的通信方式有很大不同。

计算机网络通信是一种无固定线路的信息转发传递（称为“路由”），即通过信息转发者（路由器）将数据包由A点发出，经由一个个路由器转发出去，最终传递到目标B点。与传统通信方式相反，网络通信的链路不固定、不独占。但不管与传统通信方式有何不同，如果不能实现联网计算机之间的通信，即数据传递，互联网将没有任何价值。

互联网信息传递（网络通信）类似于邮局传送邮件。寄件人将邮件交给邮局后，邮局检查收件人地址，先按照城市名送往相应城市。该城市邮局收件后，继续检查收件人地址，转送相应区域邮政分局。该分局收件后，进一步检查接收地址，最后派邮差送往辖区内某街道某号收件人手中。网关（相当于局域网到公网的门户）和路由器（信息转发者），就是互联网的邮局和邮差。

为了实现联网计算机之间的通信，互联网首先需要给每个联网设备一个可精确定位的地址，这就是互联网协议地址，即IP地址（Internet Protocol Address）。每个IP地址是唯一的，不可重复使用，因此IP地址的数量决定了互联网的规模。

现有互联网是在网际协议版本 4（IPv4）的基础上运行的，大约只能支持 43 亿个外网 IP 地址。对咱们普通人来说，43 亿是个庞大的数字，但对于偌大的世界而言，这真算不上什么。据说互联网照着当前的势头发展下去，这点儿外网 IP 地址早在几年前就该用完了。

虽然现状对于当初预测的专家略微有那么一丁点儿打脸——几年过去了，该发生的还没发生，并且貌似眼前也还没有要发生的样子。但不可否认的是，43 亿个外网地址终将有不够的那天。特别是随着洗衣机、冰箱、空调等消费类产品以及机床等生产设备不断智能化、网络化，需要联入互联网的设备越来越多，的确需要大幅度增加外网 IP 地址。业内普遍认为，将互联网重新按照网际协议版本 6（IPv6）来构架，是解决互联网发展制约瓶颈的最好办法。

抛开技术视角，互联网的本质究竟是什么？阿里巴巴的“大脑”曾鸣先生认为，互联网的本质就是“互联网”这三个字，即“联、互、网”，代表连接、互动、结网。这种理解永远正确，就像我们说飞机的本质是飞行的机械一样，属于正确的废话。我的理解是：互联网的本质是社会关系的超时空联系。

第二节　来点儿“高大上”概念

讲完互联网的基础知识，咱们再说说与互联网相关的那些“高大上”的概念。

先讲这几年很热的一个词——物联网。众所周知，物联网是我国一些学者提出的概念，简单来说就是一切智能化的物品都可以连入互联网，并实现物与物之间的信息交换和协同联动。

必须说明，物联网并非替代互联网的新网络，它本质上还是互联网，只不过由目前的人—机交互延伸扩展到了物—物通信。从我国给出的英文名称“Internet of things”看，提出概念的学者也承认物联网就是物与物相连的互联网。

物联网概念的提出，积极意义是表明了互联网扩展的方向，即不只限于计算机及其辅助设备（如磁盘阵列等存储设备），今后凡是智能化物品，即内含微处理器芯片，能够运用计算机技术（能运行程序）、网络技术（能够被网络识别并收发数据）的物品，均可连入互联网，以发挥更大效率。

举个小例子：家用电器联网，成为互联网上的一员，这样您在外边即可通过互联网下达指令，要求在您回家前洗衣机洗完衣服并自动烘干熨好，空调打开将室内温度调到最佳，厨房管理系统将冰箱里的食物取出洗净，并按时做好饭菜——这一切无须您亲自参与，互联网帮您全部搞定。

实现上面所言，只需要未来的智能产品按照互联网协议要求设计即可，剩下的事情就像手机上网一样简单。因此，利用互联网这个现成的、万能的平台实现物—物互联，是最经济高效的。如果放弃互联网另搞一个专门物—物互联的网络，实属多此一举，而且貌似有点儿得不偿失。

但要指出的是，欲将互联网扩展到所有事物，必须满足一个先决条件——相关产品要真正智能化，即内装微处理器。要知道，目前很多名曰“智能”的产品，严格说起来与真正的智能化一毛钱的关系都没有，充其量就是初级程序化而已（就是说能按照设定的简单程序干点儿粗活）。

关于智能化的定义，请诸位自行搜索，词条介绍很清楚，无须本人赘言。我只想替生产这些伪智能产品的厂商说句话：这些厂商并非恶意欺骗消费者，而是国人已经把“智能”这个词玩坏了——谁让中文含义丰富博大精深呢，只要比过去“智能”一点儿不也是“智能”吗？

我认为当年第一个敢把程序控制产品冠以“智能”名号的人一定是个语言天才，对中文文字的研究的功底绝对深厚。所以恳请诸君不必与伪智能诈称智能计较，如同现在是个公司就在搞人工智能一样——即便人工智能在计算机科学中有明确定义，别人愿意叫个“高大上”的名称就叫吧，只要他们高兴就好，咱还是洗洗睡吧！

现在到了给物联网划重点的时候了。请大家记住，物联网就是互联网的延展。互联网延伸、扩展为物联网，与互联网本身的技术进步关系不大——除了需要扩大外网 IP 地址外，更多的是还有赖传感技术、智能化技术、芯片技术等的发展。

说完物联网，咱们再聊聊大数据。大数据也是这几年的“网红”科技之一，有一阵 IT 圈内言必谈大数据，否则都不好意思跟人打招呼。我们学计算机的人都清楚，从有计算机的那年就有数据了，只是那时候还没有“大数据”这个词。

大数据是近几年才出现的。随着互联网的发展，有人发现，多方面的数据汇聚到一起，能够产生意想不到的“化反”。下面这个例子，可以方便我们了解什么是“大数据”，以及会给我们的生活带来什么样的影响：

王先生的手机响了，他接通了电话。

对方：您好，王先生，我是越汗越搜（一家虚拟的引擎公司）旗下虾米网（一家外卖和电商平台）客户经理。您 10 秒钟以前搜索了比萨外卖……

王先生（打断）：这和你有什么关系呢？

对方：我们有您需要的比萨。

王先生：哦？

对方：我们刚刚推出了一种带辣椒的田园蔬菜比萨，很适合您。

王先生：为什么？

对方：我们的 BDS（大数据系统）联通了医院的数据库，您昨天体检查出“三高”和轻度肥胖，您需要控制饮食，田园蔬菜比萨对您的健康有好处。再说您是四川人，应该喜欢吃辣的，我们这款比萨口味不错。

王先生：多少钱？

对方：您来个两人份的就行，原价 58 元。今天做活动，您给 48 元就好。

王先生：行，我刷卡。

对方：恐怕不行。银行数据显示，您的信用卡已经刷爆了，您得付现金。

王先生：我身上没带现金。这样吧，我去提款机上取点儿。

对方：可能够呛。您今天已经超出取现的限额了。

王先生（犹豫）：那……你们送到我家里去吧，家里有现金。

对方：您还是不要回家的好。

王先生：为什么？

对方：定位信息显示，您爱人将在您前面回到您家。根据您和您爱人的聊天记录，您这会儿应该在加班。

王先生：那怎么办？

对方：您还是借点儿钱吧。您的好朋友张先生不是跟您一起在喝咖啡吗？年底了，他刚刚领了2万元奖金。对了，刚才点的比萨也合张先生的口味，他最近吃得比较清淡。

王先生：那我向他借100元。

对方：您还是借1000元比较好。

王先生：为什么？

对方：您爱人明天生日，您答应送她礼物的。嗯，我们这里有款耳环，您爱人已经在网上浏览了好几天了，才300元，您今天下单的话，明天正好送到。

王先生：那也不用借1000元啊！

对方：您接下来还会用钱的。

王先生：好吧。一会儿我一起付款。

对方：还有，建议您再买束鲜花吧。我们这里新到了几束"勿忘我"，很适合您。

王先生：为什么？

对方：您不是要去机场接人吗？

王先生（有点儿急）：谁说我要去机场接人？

对方：我们不会搞错的。您的一位女同学今天的航班，还有三个小时就该到了。

王先生（不耐烦）：这和我有什么关系？

对方：数据显示，您这位女同学两年前就住在您现在的家里，她应该是您的前任女友。还有，您一个小时前定了一辆网约车，到机场的时间刚好在她的飞机到达前二十分钟。难道您不是去接她的？您放心，我们会替您保密的。

王先生（汗）：停停停，花也包上吧。一共多少钱？

对方：比萨48元，耳环300元，花128元，一共476元。

王先生：多长时间送到？

对方：耳环明天送到您家。比萨和花十分钟送到，我们有家门店离您和张先生喝咖啡的地方不远。

王先生：好，那我挂了。

对方：王先生，请您先别挂。对不起，您还是去店里自取吧。

王先生：又怎么啦?

对方：我刚看到最新数据，您丈母娘也在那家咖啡店订了个位子，还有五分钟就到了。建议您赶紧撤吧，再晚就来不及了。

王先生处于震惊中……

看完这个段子，不知道您是否对大数据有了一个初步的理解。简而言之，大数据是巨大的数据集合，这个“大”主要体现在两个方面：一是数据量巨大，二是数据多样性大、覆盖面大，来源十分丰富。

先说第一个“大”。一般认为，大数据起步的计量单位最小也是PB（千兆兆字节），1 PB=1024 TB，1 TB=1024 GB，那么1PB就约等于1.04×10^{6}GB，相当于10万部以上的高清电影，或者10亿本100万字的小说所需要的存储量。

关于第二个“大”，也就是数据的多样性、丰富性，这是大数据真正的精髓。如果缺乏数据的多样性和丰富性，再多的同类数据加在一起，也只是一堆散沙，光靠一堆沙子垒不出一座塔，只有沙子和水泥结合，才能真正聚沙成塔。多样性就是把数据“沙子”黏合在一起的“水泥”，使数据的聚集产生意想不到的聚合反应，从而产生额外的价值。

在上面这个段子中，由于大数据系统把医疗信息、银行信息、定位信息、聊天记录等多维度信息串接在一起，商家才能通过顾客的一次搜索行为，不仅成功卖出了比萨，还进一步挖掘出了顾客的其他需要，把几十块钱的生意愣是做成了几百元的生意。

大数据是一场新的狂欢，我们知道的和不知道的各路“神仙”粉墨登场，泛着油光的脸上带着无法隐藏的兴奋，手里的刀叉磨得雪亮。大数据时代就要来了，段子里的场面就要出现了，巨大的商机即将盛放在各色碗碟中被端上餐桌了。

然而，“神仙”们在下刀叉前是不是该先搞清楚一件事：被视为美味佳肴的东西，能不能吃、该不该吃、该谁来吃。段子里的情景一旦变成现实，那绝对不是人类的进步，而是社会的倒退。

我指的绝不仅仅是隐私，还有数据的权属问题。如果像专家们认定的那样，大数据是一种资产，而且是一种重要的资产，那么我们难道不该弄清楚资产的所有权吗?

我们都知道，霸占了属于别人的东西，不是盗窃就是抢劫，那拿我们的数据去由他们牟利，不知该如何界定。

再说说另一个“高大上”的概念——区块链。相信很多人并不清楚区块链为何物，但与区块链相关的数字币，想必大家有所耳闻。如比特币、以太坊、莱特币等，它们就是以区块链为基础，由相关机构或个人发行的具有一定流通性和支付功能的电子加密货币。

区块链就是比特币的一个重要概念，是 2008 年由中本聪提出的。中本聪到底是谁，迄今仍无定论。我们所能确认的是，中本聪只是一个化名。这位“大神”只怕是当今社会最大的谜团和传奇之一，他不仅是千万比特币追随者的心中偶像，也是拥有 100 万个比特币的隐形巨富——要知道最高的时候，他手里的比特币价值 200 亿美元以上，足以排到全球富豪榜的前 50 位，而且在 2015 年的时候，还有人提名中本聪为 2016 年度诺贝尔经济学奖候选人。

关于什么是区块链，用最简单的话讲，就是一串按时间顺序排列的、链条状的数据块。区块链主要解决交易的信任和安全问题。因此，其采用了四个重要的技术创新机制：分布式账本、非对称加密和授权、共识机制、智能合约。其中，分布式账本和共识机制是区块链最重要的创新与特色。

具体来说，分布式账本就是交易记账分布在多个不同的点上共同完成，每个节点上的账目都是完整的。因此，每个点都可以监督并证明交易的合法性。打个比方，就是张三找了一群公证人，共同记录他某项交易的过程，将来有问题时，大家好共同作证。

共识机制是区块链的核心，它规定了各个记账节点如何就某个记录的有效性达成共识。比如，张三的那项交易，如果李四手里的记录和张三不一致，所有公证人就要拿出记录来比较，最后决定李四的记录是否是真实的、有效的，这样就能防止有人作假。

区块链的共识机制采用两大原则：少数服从多数和人人平等原则。根据共识机制，区块链网上超过 51% 的节点都存在的记录才能被承认，当加入的节点足够多时，伪造一条交易记录是无法成功的。因此，说白了区块链就是一个不可篡改、不可伪造的分布式记账系统。

目前，区块链最成功的应用就是以比特币为代表的数字货币，而区块链技术也因此而得以深化发展。那咱就来说说比特币吧。比特币是数字货币的鼻祖，也是市场认可度最高的数字货币。比特币有一套特殊的算法，每一个比特币都是通过大量的计算产生的。

按照去中心化的算法，比特币总数一共是 2100 万个，这样就保证无法通过大量制造比特币来人为操控币值，从而通过总量控制避免货币超发带来的贬值，这一点也成为比特币价值说的基础。控制总量的确能够稳定币值，但是却无法决定币值。

了解货币史的人都知道，自从国家出现以后，货币都是由国家（或政权）发行的。因此，货币的币值是靠国家（政权）的强制力量保障的。就这样，在古代的时候还常常因为金属货币的成色（有价金属的含量）问题发生币值缩水现象。

西汉初期，中央政府将铸造钱币的权力下放给各个郡国，很多钱币的成色严重不足，引发了民间对法定货币的不信任，百姓宁可用秦朝的钱也不用汉钱，后来汉文帝命邓通铸造钱币，因其成色好、分量足，才重新赢回了百姓对汉钱的信任，这才是邓通铸钱的真相，而非仅仅出于皇帝的恩宠。

此外，我们常在影视作品里听到“纹银”“雪花银”等词语，其实银锭（银元宝）含银量高、成色好，就会在银锭表面呈现出细纹或雪花状。因此，“纹银”“雪花银”就是指“足银”，清代官方就以“纹银”作为银锭的标准纯度（全称为“户部库平十足纹银”），含银量为93.5374%，这种银锭很受民间欢迎，兑换价要高于普通银锭。

1971 年 8 月，美国政府停止履行外国政府或中央银行可用美元向美国兑换黄金的义务。1971 年 12 月，以《史密森协定》为标志，美元兑黄金贬值，宣告布雷顿森林体系崩溃，金本位制退出历史舞台，人类进入信用货币时代。

因此，现在的一国法定货币（纸币）是以国家信用为基础的，本质上还是体现了国家（货币发行银行）对货币持有者的一种债务关系，即货币发行人对货币持有者负有最终清偿的义务，换句话说就是货币持有者随时可以要求发行人“结账”、买单。

信用货币的好处是克服了金本位制下货币供应对黄金的依赖，避免了货币不足的矛盾，但由此也带来了一个巨大的风险，即货币发行摆脱了黄金储备的约束后，很容易失控。这样一旦出现政府财政危机或货币大量超发危机，信用货币就会贬值，甚至沦为一张废纸。

中华人民共和国成立前的法币贬值风潮就是一个鲜活的例子。目前国际上一些政权不稳定的国家，或者经济濒临崩溃的小国，货币一文不值的现象也并未绝迹。

了解了货币的本质，我们不难看出，比特币等数字货币虽然具有总量控制，不可随意产生的特点，却具有先天的不足，即缺乏强制力和信用保障。因此，数字货币的币值基础与纸币有本质的不同，是由社会认可度决定的。

数字货币的币值完全由市场决定，即市场交易价格就是数字货币的币值。在数字货币缺乏交易的时候，其币值完全由支付和接收双方自行决定。

2010 年 5 月 18 日，比特币论坛上出现了一个对后世影响深远的帖子，一位名叫 Laszlo Hanyezs 的美国程序员在帖子中称，愿意用 1 万个比特币换他喜欢的口味的比萨，最好是两个。意思是说，实在不行一个也可以。四天后，一个英国人答应换了，于是这位兄弟成功地换到了两个比萨——大约价值 30 美元，而且这位程序员还在网上晒了比萨的照片，绝对有图有真相。有人祝贺他，说他取得了伟大的历史性的突破。

比特币的首次交易

此事发生以后，比特币开始真正有了交易，并且一路疯涨，于是不久后有人不断在论坛上问他，600美元的比萨好不好吃，2600美元的比萨好不好吃。最贵的时候，这两个比萨价值2亿美元，绝对是世界上前无古人后无来者的最贵食品，此君也因此有望成为历史上最土豪、最“败家”的哥们儿。从比特币出现到第一次交易（准确说是交换），经历了长达一年多的时间，在此之前可以说分文不值。

因此，从学术的角度看，比特币等数字货币与货币几乎没有任何相似之处，与其称之为数字货币，不如称其为数字资产更为妥当。所有货币都应该标明面值，其实没有面值都不能称之为货币，而数字货币只有价格而没有面值。也许有人会反驳，说比特币等数字货币具有货币的最基本功能，即价值尺度、流通手段，以及货币的另一个功能支付手段。咱们来逐一分析。

价值尺度功能，是说货币在商品交易的过程中，作为一般等价物，可以表现出一切商品的价值。而货币在执行价值尺度功能时，并不需要有真实的货币，只要观念上的货币就可以了。

比如说，用Q币这样的代币或某种积分来标注一部手机的价格。当大家看到这个价格的时候，只要头脑中能够换算成相应的货币就行。

这就要求作为一般等价物的货币或观念货币，在一定时期内应当基本稳定。因此，当货币购买力变动剧烈时，大家更愿意用价值稳定的其他货币或黄金来交易。国际贸易为了规避货币风险，往往用美元、欧元、英镑等币种结算。目前人民币国际化，代表了人民币汇率较为稳定，背后是国际社会对我国经济实力的认可。这就是为什么没有人用股票来标注价格的原因。而比特币等数字货币价格波动很大，并不适合作为一般等价物。

流通手段，是指货币充当商品交换媒介的职能。即在商品流通的过程中，卖和买都以货币为中间媒介进行。流通手段以价值尺度为前提，是价值尺度得以实现的关键。

如果一种货币，卖方（接收货币方）不愿意接收，或者买方（支付方）不愿意付出——前者是因为货币实际购买力低于面值，后者是货币实际购买力高于面值，那么它的流通手段得不到落实，价值尺度也就失去了合理性。

而比特币等数字货币作为流通手段，买家是否愿意用，卖家是否愿意要，取决于对未来的预期。即当某种数字货币走高的时候，卖家愿意要，但此时买家未必愿意给；而当其走低时，情况正好相反。因此，数字货币的波动性，或者说某一时刻的价值不确定性，使其流通手段难以实现，进而价值尺度功能也不成立。

此外，货币在执行流通手段的时候，需要有与商品总量相适应的货币量（具体情况请自行查阅货币流通规律）。比特币等数字货币的产生严格受限，也使其难以承担起货币的职责。

通过以上的分析，我们不难发现，如果不衡定价值，那么比特币等数字货币的支付手段也就成了一个伪命题。无论比特币在“币圈”里多么火爆，似乎没有多少使用比特币进行消费支付的公开案例。

一家位于北京朝阳大悦城的餐馆宣布，从 2013 年 11 月起接收比特币付款，但到目前为止，似乎只有一笔 650 元的餐费被以 0.13 个比特币支付。2014 年 1 月，亚马逊的竞争对手 Overstock 开始接受比特币，成为首家接受比特币的大型网络零售商。目前，宣称接受比特币支付的商家 / 机构不少，但很遗憾，可能是由于能力有限，本人始终没有查到关于比特币等数字货币在全球或任一国家、机构的支付次数、金额等数据，甚至没有查到更多的支付案例。

有外媒报道，星巴克与洲际证券交易所、微软公司等联合成立了一家与比特币等数字货币相关的公司，似乎预示着将支持比特币付款方式，但随后星巴克官方出来辟谣，说参与成立那家公司不是为了接受比特币支付，而是为了将比特币等数字资产转化为美元，以便在星巴克使用。注意，如果比特币等数字货币的支付手段功能是成立的，那干吗还要转化为美元这个“多此一举”的环节呢？

其实，比特币等数字货币（为了照顾习惯，还是姑且称之为“货币”）与货币的最本质不同，就是比特币们既不具有国家（政权）的强制力，又没有哪个机构组织抑或个人对其持有者承担债务义务，换句话说，没有人为其价值负责。

比特币存在的基础，是基于价值共识，即人们普遍认为比特币是有价值的。的确，比特币是通过“挖矿”（提供运算服务和算力）获得的，因此按照价值学说，是具有价值的，这是比特币等赖以生存的根本。但比特币等具有一个无法回避的巨大缺陷：每过一个阶段，对“挖矿”的奖励就将递减。

以比特币为例，初始“挖矿”的奖励，是每10分钟的记账运算，系统将产生50个比特币奖励给所有“矿工”（即提供算力的人），由全体“矿工”按贡献度分配。以后每隔21万个区块，奖励减半。

2012年11月28日，奖励首次减半，2016年7月，比特币第42万个区块已被开采完毕，奖励迎来了第二次减半，目前的奖励已减至每10分钟12.5块，致使一度疯狂的“挖矿”事业出现跳水。

当然，“挖矿”的人少了，分奖励的人也少了，在一定时期内还是有利可图的。但再减半几次呢？最要命的是，所有“矿”总有被挖完的时候，按照规则，届时对“矿工”的奖励就只有比特币交易手续费了。

而“挖矿”的成本（主要包括设备购买费用和电费）却不会因为奖励减少而降低，这就会导致两难情况的出现：要么提高交易手续费，而这无异于杀鸡取卵，必将影响交易的活跃程度，甚至最终杀死比特币；要么逼得“矿工”大量撤离，最终因算力不足，而动摇比特币的基础。

对此，中本聪在比特币白皮书中乐观地表示："只要既定数量的电子货币（数字货币）已经进入流通，那么激励机制就可以逐步转换为完全依靠交易费。"据此，不少比特币的拥趸坚信，只要比特币的价值还在，不管何时"挖矿"都会有利润。因此，总有"矿工"不会关掉手中的机器。说得好有道理的样子，一般人还真是"无言以对"。

也许中本聪和拥趸们都想多了。没错，前面说了，"矿工"少了，分收益的人同样也少了，平均下来每个"矿工"得到的利益并不少。因此，总有"矿工"会坚持下来的。但大家都忘了，根据比特币的共识机制，理论上控制了51%以上的算力，就能够伪造比特币和篡改交易记录！

因此，当"矿工"数量少到一定程度的时候，很容易出现一个心怀不轨的团体，轻易控制51%以上的算力，从而大量伪造或偷盗比特币，实现一夜暴富。前面讲过，数字货币赖以生存的基础是价值共识，或者直白说就是大家的信心。如果以上设想的情况哪怕出现一次，比特币等数字货币就将面临灭顶之灾。

还有人认为，只要有不少"矿工"对比特币的前景看好，哪怕现在跌到了1美元，他们都会坚持不懈地"挖矿"，以期未来涨回去，弥补现在的损失。我不知道该如何评价持此观点的人。我只想说，如果可以无视人性因素的话，此观点也许成立。

只可惜人性既有美好的一面，也存在弱点，而后者会使这种美好希望化为泡影。对于投机者而言，即便比特币跌到谷底，也不乏有人赌上一把，以图以小博大。但既然能跌入谷底，说明市场信心缺失，除了希望搏一把的少数派，普通投资者怕是对这种缺乏价值支撑的东西避之唯恐不及，又如何能再度大涨呢？难道是靠少数派自娱自乐地往上炒吗？

更何况，“矿工”不同于投机者，投机者一次性投入，就有可能以小博大，而“矿工”可还要为了只是有可能的美好明天不断投入——最起码电费支出少不了。如果挺一段时间之后还无大涨弥补损失的希望，还会有“矿工”坚持吗？或许，“矿工”的耐心和信心远不如我们想象的强大。请记住，在金钱面前，人性的弱点往往暴露无遗，并且成倍放大——不管是贪心还是恐慌。

最后，在本节结束前，让我们用知乎作者“及时晴”写的一个故事来进一步理解比特币和其核心的区块链技术。

咱们来模拟一个场景：某所学校里的一个班级，阿聪老师为了激励同学，会对表现良好的同学奖励小红花，这些小红花可以在班级的书架里面兑换动漫书或者文具等。此举很受学生们的欢迎，慢慢地同学之间的一些交易，也开始用小红花作为交易媒介。比如，小强要借我的《火影忍者》，就要支付小红花给我，我得到的小红花就可以去班级的书架上租我爱看的小说。这样一来，小红花就成为我们班级的货币。

但是这个体系最终却崩溃了，因为有同学开始私自制作小红花。小红花的量越来越多，超过了阿聪老师往书架补货的速度，最终东窗事发，导致同学们再也不相信纸片小红花了。这就是所谓的“劣币驱逐良币”。

看到这种情况，阿聪老师想了一个办法。不再用实物形式的小红花了，而是记账！每个同学都有一个属于自己的“小红花账本”，同时在班长那里设置“小红花总账”。当交易发生的时候，同学在班长的见证下，填写自己的账本。班长看到一切正确，就把这笔交易记录在“小红花总账”上。比如，我想租借小明同学的漫画，我要支付给他一朵小红花。

那么我就在我的账本上记录“小红花 –1”，小明在他的账本上记录“小红花 +1”，然后我们去拿给班长看，班长看后觉得没问题，就在“小红花总账”上记录这笔交易。如果有同学想偷偷修改自己的账本，但是跟班长的总账对不上，就会发现问题。

但是这个货币体系也崩溃了，因为突然有一天，有同学发现跟班长同桌的女生总是有用不完的小红花。原因我就不说了，反正你懂的。这就是所谓的“货币超发”。

阿聪老师确实是聪明的老师，看似很难的问题，阿聪老师想出来一个绝妙的解决办法：第一，不再设立总账；第二，每一笔交易全班同学都要记账，不论这笔交易是否涉及你；第三，每天下午全部课程结束后，全班同学一起计算今天发生的交易；第四，每天最先计算出来的同学，奖励两朵小红花；第五，在每天计算之后，一笔交易只有与绝大多数同学记录的一致，才能被承认。

比如，我想租借小雪同学的小说，需要支付给小雪一朵小红花。我把这笔交易记在我的账本上，然后把付款的单子传递给前后左右的同学，收到我单子的同学记录这笔交易，然后再传给他们周围的同学，直到全班都记录了这笔交易。这样一来，有人要偷偷修改账本就很难了，他必须与全班同学的账本对账，只有绝大多数（超过半数）的同学账目能跟你对上（也许有个别同学记错账），这笔交易才能得到认可。同时，这还调动了同学们计算账目的积极性，因为最早计算出来的同学有奖励。这就是所谓的“去中心化的自由货币”。

我们来看这个模拟的场景：

（1）这个场景中，账本上的小红花就是一种数字货币，相当于比特币。

（2）全班同学组成的网络就是一个 P2P 网络。每个同学相当于一个节点。

（3）同学加账本共同组成的系统就好比一个区域链。

（4）不存在一个保存在班长那里的“小红花总账”，这就是去中心化。

（5）最先计算出来的同学会得到奖励，这个就是“挖矿”。

（6）有同学用计算器，算的比别人快，这个计算器就相当于“矿机”。

（7）如果同学的账本上面都不写自己的名字，而是用自己想的代码表示，这就是匿名性的体现。

第三节　互联网体检准备

互联网从萌芽、成型到高速发展，已经快五十年了。五十年对于个人而言，已经进入人生的下半场，但对人类来说，只不过是短短的一个片段。五十年的时间，互联网才最多离开幼儿园，刚刚进入小学阶段。小学阶段的互联网，是否完全健康、茁壮地成长，需要认真做个体检，以便及时发现问题，以免错过矫正期，积重难返。而要给互联网做体检，看看有没有长歪，咱们还需要做些准备，那就是厘清互联网的本质属性，从而给后面的体检找好对照参数和标准。

我认为，互联网有且只有六大本质属性，或者叫本质要求，即开放性、共享性、社会性、直接性、协同性和传播性。

1. 开放性。开放性是互联网最根本的属性和要求，是互联网存在的基础。开放性是指互联网是公开的、公共的、平等的、自由的，而非秘密的、私有的、封闭的、歧视性的。开放性意味着，任何人都能够方便、自由地连入互联网，而不需要得到谁的批准和许可（对于无行为自主权的小朋友，你妈妈不允许上网不在此列），对于互联网提供的服务，只要满足服务提供者设定的统一条件，每个人都能公平地得到，不存在其他歧视性门槛。

比如，某人只要拥有上网设备，在任何时候都可以自由上网，而不会因某人的国家民族、宗教信仰、政治面貌、经济水平、家庭背景、文化程度、职业情况等受到拒绝或限制。获得网上提供的服务和内容，也只有一些公开的、公平的基本条件（注册会员、购买服务等），不会因人而异。

这里要区别互联网管制与互联网封闭和限制的不同。互联网管制并不等于封闭和限制，更没有推翻互联网的开放性原则。各个国家和地区根据自身需要实行的社会管制，理论上对于现实社会和互联网世界，以及每个人的要求是统一的、基本一致的，并没有特别针对互联网和特殊对象，不构成网络封闭。只要离开该国或地区实际管辖控制区域，连接互联网并从互联网获得服务和内容的权利并未丧失，互联网的开放性原则并未被颠覆。

当然，对互联网的过度管制，的确会影响互联网的发展，但完全没有管制，也同样对互联网的发展不利。因此，对互联网的管制应当把握一个度。目前，国际社会主张对互联网实行中立管制原则，其核心是“透明性”“禁止屏蔽”“禁止不当歧视”。

互联网的开放性还意味着，任何个人、组织，甚至国家和政权，都不能完全控制互联网，也不能把互联网分割成封闭的、自成一体的一个个孤岛，即互联网上不存在某个“外面信息进不来、里面信息出不去”的独立王国。

互联网的开放性是由其开放的体系架构决定的。互联网在前身阿帕网最初设计时，并没有采取过去传统的中央控制式网络结构，而采用了分布式网络结构，从而使互联网上每一台计算机之间都不存在从属关系，每台计算机都是平等的，都只是网络上的一个节点，没有高低主次之分。

同时互联网一开始就摒弃了传统的线路交换通信方式，而是创造了一种全新的通信方式——数据的包交换（也称分组交换）传递方式。包交换方式与传统的电路交换方式有本质的区别，除非摧毁整个互联网，否则只要有计算机连在网上，就无法阻止任何联网计算机之间的信息传递。

2. 共享性。共享性是指互联网具有天然的资源共享要求，即资源共享是计算机组网的最根本目的。包括互联网在内，一切计算机网络都是建立在计算机、通信网络、软件等资源基础上的，没有资源，组网无从谈起；但如果有资源而不能共享，则组网将毫无意义。从计算机网络学的角度看，网络资源包括通信资源和计算机资源。通信资源具体分为通信线路资源和通信设备资源，计算机资源包括硬件资源、软件资源（合在一起为计算能力资源）和数据资源。

在互联网的雏形阿帕网阶段，组网的目的就是为了共享当时宝贵的计算能力这一资源，从而通过资源共享“摊薄”昂贵的计算机保有和使用成本。随着阿帕网向互联网过渡和发展，电子邮件作为私人通信的良好工具，成为网络最广泛的应用之一，到现在即时聊天／通信软件兴起，共享通信资源成为网络资源共享最重要的一项需求。这些同属于网络硬件资源共享的范畴。

网络硬件资源共享服从于两大定律：大数定律和规模经济定律。大数定律的意思是，虽然单个用户使用资源的要求是突发的、随机的，但当用户数足够大的时候，所有用户可以被视为一个整体，其资源需求变为确定的、平稳的、可预测的。因此，在资源总量不变的情况下，共享系统的性能优于独立系统（即非共享系统）。

规模经济定律是，当系统中的资源与用户数同步增长时，系统越大，单位成本就越低，这个系统就越经济。因此，同样的资源，共享程度越高、共享范围越大越经济。

随着技术的飞速发展，计算机资源趋于普及，硬件资源共享的重要性有所下降，而软件资源，特别是数据资源共享的价值日益凸显。尽管硬件成本越来越低，硬件资源共享不再是网络的主要目的，但硬件资源共享的价值并未失去，而是在更高的层次得以新生。目前方兴未艾的云计算，其实就是一种网络硬件资源共享技术。

所谓云计算，通俗地说，就是把分布在计算机网络上（包括私网）的资源（主要是计算机资源），根据用户需要随时组织起来，形成巨大的资源集，为用户提供通常高不可攀的资源能力（如计算能力和存储能力）、完成用户任务，当用户需求结束，立即将集合起来的资源释放出去，就像大气中的水汽一样，“聚则成云，散则成汽”。

再简单点儿说，云计算就是通过网络资源共享，把分散的小资源“聚少成多”，从而为用户提供临时的计算处理能力，使用户能够“即买即用”“不用不买”，以最低成本获取最大使用价值。云计算是继大型机、服务器之后，计算技术的又一巨变。

对普通C端用户（网民）而言，网络硬件资源共享的需求不大，软件、信息的共享需求才是网民的主需求。比如，我们玩网游、下载APP，就是典型的软件资源共享事例；而浏览网上资讯、看视频，则属于信息资源共享的范畴。

信息资源共享不再受制于大数定律，而是系统越大，不确定性和不可预见性越高，这与硬件资源共享截然不同。在互联网中，信息资源的传播和共享程度存在很大的不确定性，甚至有时完全难以预测。比如，2018 年英国一个名叫“看人过水坑”的直播节目意外走红就是明证。

英国纽卡斯尔市由于下雨的原因，在一个小桥的出口附近形成了一摊积水，水不深，不影响交通，可以说平淡无奇至极，但有人闲来无事，在高处放置了一个摄像机，拍摄行人如何从积水处经过，并且放到网上直播。按照正常逻辑，这种无伴奏、无配乐、无剧情的“三无”视频，应该没有什么人观看，更少有人会分享传播。

但令人无法想象的是，该直播竟然在网上莫名爆火，并且到了晚上，无数人居然从四面八方赶到现场，开始了新一轮的朋友圈刷屏。发展到最后，甚至有人开始在 eBay 上卖水坑的水，23 英镑一瓶，真的还有人买。此事件充分刷新了“无聊”的下限和“不可思议”的标准，进一步证明互联网上没有不可能，只有想不到。

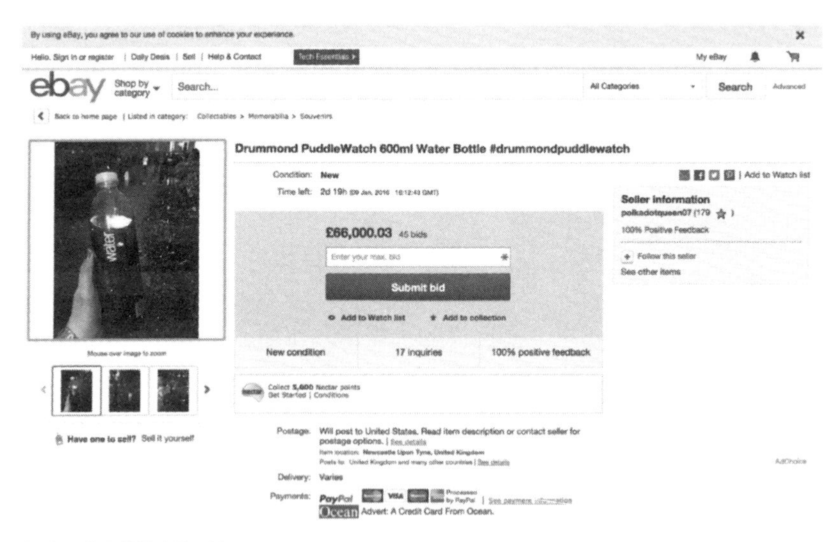

在 eBay 上出售的水坑雨水

此外，“跑调奇人”瑞秋在国际上意外蹿红，“蓝瘦香菇”超短视频不可理喻地红遍中国大江南北，某科技公司 CEO 在接受媒体采访时因一句“我的内心几乎是崩溃的”被网友争相传诵等，网上几乎每年都有一些意外走红的事件，充分证明了用户对信息资源需求的不确定性和不可预见性。

软件资源和信息资源共享符合规模经济效应，但与硬件资源共享的规模经济效应有所不同。硬件资源的规模经济效应主要是通过系统的规模性降低单位成本，从而使系统更加经济。

软件和信息资源不同于硬件资源，它具有边际成本趋零的特性。因此，软件和信息资源共享的规模经济效应表现为：系统越大，软件和信息资源的价值越大；确定的系统中，软件和信息资源的共享程度越高，软件和信息资源的价值越高。

这是共享信息的特点，而独占信息（或秘密信息）的价值却与共享程度成反比。因此，互联网上的信息资源和软件资源以“共享为普遍，不共享为例外”，共享软件和共享信息中，以免费资源为多数，付费资源为少数。

3. 社会性。互联网具有天然的社会属性，互联网也正在加速成为从人类社会中分离出来的特殊社会。在这个特殊社会里，每个个体都不能脱离社会而孤立存在，并且个体的活动表现出有利于集体发展的特性。

我们都知道，由于人体的结构与狮、虎、豹和大象等大型动物相比十分羸弱，人类依靠个体难以适应自然界，因此，人类要生存就必须依靠群体的力量，于是出现了一个个因各种关系而汇聚在一起的群体系统，这就是社会。社会中的个体成员，其自身利益与群体呈正相关性，其行为要有利于群体发展，不利于群体发展的个体行为应当受到群体的惩罚。

前文所言，组网的最根本目的是共享资源。因此，互联网中的成员行为要符合群体的这一基本利益，互联网的规则也是朝着这个方向演化、完善。人们通过互联网连接在一起，构成了一种新的社会关系，这种社会关系的总和本质上符合人类社会一直以来的行为模式，这是互联网社会性的最基本反映。

互联网表现出的颠覆性力量，导致社会活动的网络化进程不断加快，一个新的互联网社会正在兴起。正如蒸汽机技术和电气技术改变了人类社会的生产组织方式一样，信息技术的深入广泛应用也打破了原有的社会组织方式，正在按照互联网的方式重建社会的方方面面。与其他应用技术相比，信息技术具有超强的结合能力和显著的倍增作用，因此在短短的二三十年间，就把工业革命以来用两百多年时间建立起来的社会秩序重新解构。

相比于工业社会，网络社会的生产方式、经济活动、社会交往、社会诉求和生活方式，乃至社会组织结构都已经或正在出现天翻地覆的变化，加速呈现全新的面貌。比如，“犀利哥”走红事件，未尝不是互联网对传统社会层级的挑战和冲击。

互联网的社会性体现在两个方面。一方面是消费互联网（To C）呈现社交化趋势，互联网已成为人们社会交往的重要载体。人们对互联网的依赖日益提高，不仅仅是得益于互联网带来的方便、迅捷、高效，很大程度上也是出于对社交的需要，许多老年人“触网”甚至是被社交／通信软件倒逼的结果。

互联网的介入，不仅改变了人与人之间的联系方式，也改变了人与人之间的关系和心理距离。可以说，互联网构建了一种新的社会连接方式。在此形势下，消费互联网或多或少都开始染上社交色彩，社交电商、社交媒体等的兴起成为发展趋势，网络游戏则早已成为实际意义上的另一种社交平台。未来，社交化或将成为消费互联网应用的主流。

另一方面，互联网正日益成为一个新的现实社会。

互联网渗透和影响下的人类社会是社会发展的一个新阶段，一般也有人将此称为网络社会，这是广义的网络社会。同时，相比于线下社会，互联网也已经逐渐演化为一个独立的社会系统，这个由通信网络、计算机、软件和比特信息构成的社会，是狭义的网络社会。

广义网络社会的实质是人类社会的互联网化，狭义网络社会的实质是互联网的社会化。从系统关系层面看，互联网的发展历程，某种意义上就是模拟人类社会的过程。时至今日，互联网已经成为一个独特的“江湖”，人类社会所具有的一切，已经或即将在互联网上呈现，只是表现形式或特点有别于线下社会而已。

首先，狭义网络社会是虚拟社会，社会关系存在于虚拟空间之中，成员的关系和交往均符号化，人们在网络社会里往往表现出与现实相分离的特征，即多数人在现实社会与网络社会里呈现双重性。

其次，狭义网络社会也不仅仅是虚拟社会，它正越来越真实，越来越具象，已经初步具备现实社会的基本特征。目前，狭义网络社会依附于线下社会，但又保持着独立性，已经成为人类社会的组成之一。随着人工智能、大数据、虚拟现实等技术的发展，未来狭义网络社会或将彻底摆脱对线下社会的依附，成为与线下社会并列的社会形态。

互联网的社会性，使互联网成为与城市同等重要的社会公共设施，网上应定义成社会公共场所。因此，互联网世界在形成自身的社会规范、社会准则、社会道德的同时，应当引入线下社会的强制力来维护网络社会和净化网络空间。

有些人主张网络无监管，彻底“自由”，是违背互联网社会性的。一个无制约制衡能力的社会是可怕的，一个无管控的“绝对自由”的互联网也必将导致灾难性的后果。

“魏则西事件”表明，搜索引擎、社交平台、撮合平台和网络新闻媒体等，既是具有经济性、盈利性的经济组织，同时又具有社会性和公益性，是一种特殊的经济组织，其行为不能仅仅是市场行为。

如果我们将搜索引擎、社交平台、撮合平台、网络新闻媒体等视为单纯的企业，则其按照市场需要和竞争原则合法经营，依法纳税即可，而无须承担额外的社会责任。

但正是因为它们扮演了社会公共服务提供者的角色，具有很强的社会性和较强的公益性，其行为应当也必须受到社会规范和社会责任的约束。首先，是要保证公平性、公正性和客观性；其次，是要在经济性和公益性之间保持一个平衡，不能一味追求经济最大化。

4. 直接性。计算机组网，进而发展成为互联网的根本目的，是为了实现资源共享。这种资源共享具有很强的直接性，即软、硬件资源和数据信息资源可以直接通过网络调用，就像这些网上资源存在于本地一样。

因此，互联网把需求和资源直接对接在一起，把人与人直接联系在一起，而无视时空距离，表现出互联网特有的超时空特征。

例如，视频聊天让人与人之间虽相隔千里，却宛在眼前，真正实现了“海内存知己，天涯若比邻”；跨境电商把世界各国的产品和服务直接陈放在用户面前，突破了空间的限制。

再比如，传统的电视、电影有固定的播出放映时间，观众只能在特定的时间才能观看，过时不候，往往错过就有可能终生无缘再见。而视频网站能将历史上所有影视作品存放在库中，用户可以在自己方便的时候想看就看，摆脱了时间的束缚。

随着AI（人工智能）、VR（虚拟现实）等技术的发展，有朝一日，我们一定可以在互联网上与古人及去世的亲友把酒言欢，或者穿越历史的长河，徜徉在清明上河图里，让昨日重现。

超时空特征所带来的直接性，代表互联网缩短距离的天性和使命，使去中间环节成为可能。可以说，互联网自诞生之日起，就是奔着为人类直接提供产品和服务这条路去的。

以电子商务为例，通过互联网将零售商与最终用户直接连接，一方面可以把小众产品的用户找到，或者找出用户的个性化需求，真正实现了没有卖不出去的商品，也没有买不到的东西；另一方面，极大压缩了中间商的生存空间，中间商存在的意义大为降低，有效削减了中间环节产生的成本消耗和时间浪费，使交易成本明显减少，最终直接惠及交易双方。

同时，由于互联网缩短了交易链条，提升了信息对称度和交易的透明度，有助于产业提升和经济运行质量提高。例如，工业化时代，产品从生产到进入最终用户手中，大体要经过几个环节，即产品设计、产品生产、市场推广／推销、批发分销、零售商零售，在这个链条中，上下游之间往往隔着中间环节而形成间接联系，信息每经过一次传递，都会产生一次衰减或失真，这样不仅产品生产与市场需求之间严重脱节，用户真正需要什么、生产多少，完全靠猜想，并且由于链条较长，信息传递的路径和时间较长，即便产生了真实的信息反馈，但也因信息的滞后，影响生产调节。

因此，工业化时代，市场机制这只“无形的手”常常失灵，就是由于市场反馈的调节信号失真、失效的后果。这方面，传统农业表现得尤为突出。一般来说，在传统的农业生产模式下，“蒜你狠”“姜你军”之后，由于长达一年的市场调节滞后，在接下来的一两年中往往会出现“蒜了吧”的严重滞销现象，反之亦然。

依靠互联网产生的订单式生产模式，即便中间环节并未全部取消，但互联网的直接特性，还是可以将最终用户与生产商直接联系起来，使厂商可以根据最终用户的需要设计生产，理论上可以做到从生产线上直接进入最终用户手中，甚至无须仓储环节。在此情景下，信息反馈和市场调节及时、准确和精细，经济发展将因此跃上一个崭新的高度。

直接性还表现在互联网的信息传递和服务提供越来越高效，能够将用户希望的信息和服务直接提供给用户。通过大数据和人工智能的深度融合发展，互联网正变得越来越“聪明”，已经可以想用户之所想、急用户之所急，将用户真正需要的信息、产品和服务主动推送给用户，使有效信息能够穿透不确定性的重重迷雾，直接、清晰地呈现在用户面前，真正实现精准定位，缩短信息、产品和服务与用户之间的距离，满足用户的个性化需要。

当前，我们正处在一个信息大爆炸的时代，我们在享受丰富的信息资源的同时，也被迫承受信息泛滥的困扰，不断“痛并快乐着”。而“聪明”起来的互联网，不仅能掌握用户的喜好，把需要的信息、产品和服务推送过来，屏蔽用户反感的内容，而且知道用户什么时候需要什么，什么时候推什么最佳。

例如，张三喜欢宠物，反感一切狗肉制品。因此，互联网可以向他经常推送宠物和宠物用品，而屏蔽一切与狗肉相关的产品。同时，大数据和人工智能发现张三最近交了女友，而女友喜欢“喵星人”却有点怕“汪星人”。因此，最近应当主推“喵星人”及相关用品，而少推“汪星人”及其用品。由于新交了女友，张三最近手头较紧，在推荐的“喵星人”及相关用品中，应重点推荐较为便宜的，不太适合推荐价格较贵的，如果有一款商品十分符合上述要求，且商家正在做活动，赠送一款女生使用的面膜，那么推荐给张三的购买转化率将很高。

5. 协同性。互联网是一个虚拟的现实社会，而社会产生和存在基础之一，就是协同作业，发挥群体协同效应。

早期原始人类聚集在一起，主要是为了围捕猎物，就像狼群联合捕猎一样，这样才能捕获到个人力量不能抗衡的大型猎物，如野猪和野牛，而不至于被猎物“反杀”。

在这样的联合围捕中，需要进行必要的分工和协作——有人负责包围，有人负责进攻，有人负责防御，有人负责牵制……这就是最早的社会协同。可以说，没有协同，就没有社会形成的基础和价值。互联网社会的出现和存在依然如此。

前文讲过，互联网的前身阿帕网的出现，是为了共享当时宝贵的计算机主机资源。受当时技术和生产力水平的制约，五十年前大型计算机不仅十分昂贵，而且计算能力有限。所以，人们想到了通过计算机组网，把多台计算机组织起来，协同完成大型复杂运算，从而形成超大型计算机才有的计算能力。

这是计算机网络最原始的资源协同，属于同质资源协同，又称重叠型协同，即相同类型的资源协同工作，高效完成一项任务。

还有一类网络协同，是异质资源协同，又称互补型协同，即不同类型的资源互通有无。例如，你有计算能力，我有存储能力，他有绘图设备，如果大家互通有无，就可以完成需要对方资源才能完成的任务。

重叠型协同和互补型协同是网络协同最基本的两种类型。未来工业互联网时代的网络协同生产，主要是互补型协同，本质上还是互联网上不同硬件资源的协同作业。目前很火的云计算，则以重叠型协同为主。

随着互联网的发展，网络协同由早期以硬件资源协同为主，向软资源（无形资源）协同为主过渡，已经或正在形成四种协同模式：软件资源协同、信息资源协同、智力资源协同和用户资源协同。

（1）软件资源协同，是指网上丰富的软件资源协同工作，共同完成需要多种软件才能完成的复杂任务。这种协同很好理解，本质上还是属于互补型协同。

（2）信息资源协同，是指多样化的信息资源合并利用，发生数据聚合反应，从而推导产生新的信息，形成新的价值。

模块化的现代计算机软件，本质上就是按照信息资源协同的思想设计和工作的。一个模块输出的数据／信息，往往是另外的模块需要的输入数据，模块与模块之间的数据协同，是软件功能得以实现的基础。

比如，海关对跨境电商的监管，需要电商提供的用户订单信息、银行提供的支付信息和物流公司提供的物流信息，所谓“三单合一”，才能最终认定该笔跨境交易的真实性。

（3）智力资源协同，是指人们通过互联网平台，整合分散的智力资源，形成一个“超脑”，从而完成需要多种知识才能完成的工作，或个人智力无法实现的成果。这方面的一个成功案例，就是开放源代码行动的兴起。

开放源代码也称为源代码公开，是一种软件发布模式，即软件的作者将原始代码（源代码）公开，允许别人自由使用，但使用者应当不断更新、完善软件源代码，使之越来越好。开放源代码实际上提出了一种新的软件开发模式，即开发者将软件源代码开放出来，供其他人继续开发、共同完善。

这是一种依靠互联网的十分先进的软件开发协同的作业方式，是软件发展史上的重要创新。这种模式可以聚集无数的软件工程师，集众智为一体，理论上开发出来的软件可以达到人类的极致。这种软件开发模式一旦普及，将改变计算机软件产业的格局和形态，大型软件开发的门槛将会降到最低，软件产业将掀开新的一页。

自 1991 年 10 月 5 日，第一个开源软件 Linux（类 Unix 操作系统）公布以来，开源软件得到了大众的广泛认可，除了 Linux 不同版本（CentOS、Ubuntu、Debian）外，小到一个组件库，大到数据库（如 MySQL）和办公套件（如 Libre Office），可以说五花八门、无奇不有。据官方数据，光是 Githunb（一个开源软件托管服务）上就有超过 3800 万个项目托管。目前，从商业模式、技术发展和实际应用方面，已经证明开源软件具备了超越不开源软件的能力，这是互联网智力协同的胜利。

再比如，互联网协同创新和信息协同生产。众所周知，创新是一项高智力投入的工作，需要广泛的知识和巨大的智力投入。同样，信息资源生产属于智力生产，特别是文化创意内容的生产，有很高的智力要求。而个人之智再高，终有不及，最好的办法就是发挥众人之智，博采众长，即“一人智短，众人智长”。

互联网的一大优势就是集合众智。因此，创新和文化创意内容的生产，最适合也最需要发挥生产者的智力协同作用，使创新和作品达到一人之力无法企及的水平。

目前，互联网协同创新和信息内容的生产协同似乎还没有形成，这方面还有知识产权等诸多问题需要解决。但无论困难多大，前景是巨大而诱人的，我坚信未来互联网协同创新和信息内容协同生产必将成为现实。毕竟，人类就是在不断解决一个个看似无解的问题基础上，得以发展进步的。

（4）用户资源协同，是指互联网上为某一目的聚集起来的用户所产生的网络效应，向其他应用系统延伸，从而使两个以上的应用系统之间产生联动作用，提高了每个系统的价值，形成新的用户价值。

举例说明，社交平台的用户，向旅游平台和游戏平台延伸，三个平台之间形成联动，不仅向旅游平台和游戏平台提供了新的用户，提高了这两个平台的价值，同时通过社交用户的组团旅游活动和参与共同游戏，增强了用户的社交体验，为社交平台提供了更大的社交黏性，最终同一群用户的价值得以放大，形成了新的价值。

目前，用户资源协同尚处于起步阶段，某一互联网应用系统的用户向其他应用系统延伸，还以用户“导流”为主，严格说起来还属于用户资源共享，尚不属于真正意义上的用户资源协同。

互联网资源共享是协同的前提，互联网协同是资源共享的深化和必然结果。总体来说，从互联网的前世今生看，组成网络的目的，就是要资源共享和协同工作。因此，在互联网时代，社会协同和经济协同将成为主流。依靠互联网，人类将进入社会大协同时代。

6. 传播性。互联网本质上是一个信息平台，因此天然具有传播信息的特性。互联网的传播是信息共享所要求的，只有通过传播，才能更好地实现信息资源共享。

互联网传播不仅仅局限于传统意义上的信息传播，还包含了知识、技术、工具、方法、思想、模式、产品和影响力等的扩散。例如，软件的扩散，可以定义为工具传播；新的商业模式的扩散，可以定义为模式传播；对某个产品的认同的传递，可以定义为影响力传播等。这些都是有别于传统的信息传播的。

在传统的信息媒介时代，知识、经验、技术和思想等还可以通过媒介（新闻媒体、书籍等）传播出去，本质上依然属于信息传播的范畴，但媒体可以宣传一个软件产品，却不能把软件本身扩散出去；你也可以通过媒体和书籍宣传某个产品，但能把公众对产品的评价传播出去吗?

互联网本身的特殊性，可以通过下载、分享把软件扩散出去，通过双向交互把用户对产品的评价、认同与不认同传递出去。因此，互联网的传播性已经超越了传统的信息传播，上升到了人类智慧扩散的层面。因此，可以重新定义互联网的传播性，即互联网具有扩散、传递人类智力活动所产生的结果的能力。

互联网传播具有与生俱来的优势，兼具了大众传播（单向传播，如广播和广告）和人际传播（双向传播）的特点与优点，回避了两者的缺点，这使得互联网传播具有几个特殊性：广泛性、快速性、交互性、复杂性、多样性和自发性。

（1）广泛性，就是说互联网的跨地域、跨文化特点，使互联网的传播达到了前所未有的大范围，一个互联网新生事物或网络事件很容易流传开来，甚至形成世界范围的传播。

如果没有互联网，“跑调王”不可能在世界范围内引发“围观”，“土豪”也不可能成为国际性的热词。今天，一个新“网红”产品可以在全世界迅速流行，一个互联网新模式可以很快在国际上被复制推广，一个新闻可以让全球网民共同讨论，互联网传播已经到达了人类所能触及的任何一个角落。

（2）快速性，互联网传播的速度之快，超越了人类历史上的任何时期。互联网出现以前，由于电话、广播和电视的使用普及，信息传递已经实现了实时，但信息二次传播的形成仍然需要人的口口相传，因此，极大地限制了信息的传播与扩散的效率和速度。

互联网的信息具有天然的二次传播性，用户在接受信息的同时往往又承担了信息再传播的职能，并且可以在第一时间通过微博、朋友圈等及时散布出去，形成快速的接力传播。如2018年英国纽卡斯尔市的“水坑直播”，在两小时后就引起了网民的“围观”，就是由于有不少人看后立刻把它分享出去，并且加上了自己的推荐评价，从而形成了推波助澜的爆发式传播。

（3）交互性，即在互联网传播的过程中，信息传播者和接收者之间往往形成了互动交流。比如，张三在朋友圈、微博上发布或分享了一个想法，有朋友经过思考，有了一些体会或意见，然后就在朋友圈或微博上给张三留言，把意见反馈给张三，然后还可能引起更多朋友参与互动交流。

这在过去是不容易实现的。传统的信息传播，要么是广播方式的，即单向一点对多点的传递，信息发布者和受众无法双向交流，要么是面对面或电话方式进行信息交流，虽然交流具有双向互动性，但往往接收信息的一方由于当时没有意见想法，难以形成有价值的互动交流。

而互联网传播很好地回避了这些不足，信息接收方不仅可以反馈自己的看法，而且可以有充分的时间思考和组织语言，使交流互动能以最高的效能实现。

(4) 复杂性，即在互联网环境中，影响传播和效果的因素有很多，有序性与无序性、透明性与隐蔽性、确定性与随机性相互交织在一起，使互联网传播出现很多难以预料的问题和状况，没有固定的规律，具有很强的复杂性。

特别是网络匿名，使互联网传播可以摆脱法律和道德责任，增强了传播的随意性和盲目性，由此导致互联网传播更具复杂性。在传统的广告、广播和人际传播中，信息传播者要对传播的信息承担真实性和价值导向性等方面的责任，如感觉不靠谱的信息，一般人是不会去传播的；有违公序良俗的信息，传播的时候也是会有心理障碍的。

而在互联网中，由于传播者的匿名性，即身份的隐匿性，是否进行传播，往往视自己的立场、利益，乃至心情等主观因素而定，而非信息的真实性、价值等客观因素。

因此，一些人明知信息不实也会进行传播乃至恶意宣传，传统意义上不具有传播价值的信息也有可能被疯传，一个偶然的因素可能成为扇动翅膀的蝴蝶，引发不可预知的结果，互联网传播充满了不确定性，传播效果极难把握，显现出超越确定性系统外的混沌状态。

(5) 多样性，互联网传播具有三方面的多样性，即传播方式的多样性、传播载体的多样性和传播内容的多样性。

传播方式的多样性，是指互联网传播可以通过多渠道、多形式进行，既可以通过论坛、贴吧、微博、公众号、自媒体和朋友圈等公开方式发布信息，也可以通过聊天工具、社交平台等私人空间和半私人空间进行传播；既可以通过讲述自己的认知、体验等进行加工传播，也可以通过转发、分享链接等方式进行原样传播；既可以通过信息接力传递进行直接传播，也可以通过围观点赞评论进行间接传播。

传播载体的多样性，是指信息传播的载体丰富化、综合化，既可以是文字、图片、语音和视频，也可以是上述媒介的综合运用，反正互联网信息传播具有超文本链接的特点，可以跨格式传输和共享。

传播内容的多样性，是指互联网传播不再像报刊、广播、电视等传统媒介那样，向每一个人传递基本相同的信息，而是会自动根据不同的二次传播者和受众，提供有差异的信息，即适应个体差异的异质性传播。

(6) 自发性，互联网是无中心的，这决定了互联网不像传统的媒体那样有组织、有目的地进行信息传播，任何人、任何组织也无法命令或要求网民进行传播，它从一开始就是一个自发的、无组织的和由小到大的信息平台。

在传统社会里，思想、观点、知识和意见等的表达并非没有门槛，或者需要社会权力，或者需要专业的知识技能，或者需要高于常人的个人素养，或者需要广泛的社会关系。因此，绝大多数人在意见表达上属于被动的“沉默的多数”。在传统模式下，信息传播系统是典型的金字塔结构，少数人垄断了信息的发布，传播呈自上而下的特点，“沉默的多数”只能被动地接受信息的强制灌注。

互联网以其信息交互性，赋予了人们接受、质疑、反驳、批评和“用脚投票”等权力，普通人第一次拥有了参与和改变信息传播的能力，于是“沉默的多数”不再沉默，而是积极参与信息发布和传播中，互联网传播由金字塔结构转变为扁平化结构。

信息表达权的下沉，一方面增加了互联网传播的复杂性，另一方面强化了互联网传播的自发性，网民想说就说，想发表意见就可以发表意见，而无须经过任何人、任何机构的批准同意。当然，这种民主自由必须遵从法律的约束。因此，互联网的传播往往是无组织的，或者说是自组织的——网民往往自发组织起来进行某种互联网传播。

确定了体检标准，接下来就该给互联网做个全面体检了。结果会是怎样的呢?

第二章

体检结果不太好

互联网好比大户人家的孩子，几代单传，宝贝得不行，加上基因很好，在娘肚子里又吃了不少好东西，族人寄予了很大期望。小家伙出生以后倒也算争气，小小年纪就表现出了过人的天赋，学习努力，志向远大，成绩那是很棒的。

但这一检查才发现，小家伙身体很好，就是思想比较单纯，被一些人带得有点儿歪了，不仅时不时地犯点儿轻度智力障碍症，还有点儿三观不正，为了钱啥事都干得出来，手段似乎还不太上得了台面，照这样发展下去，这孩子恐怕会长残了。

对照互联网的六大本质属性，我们不难看出，现在的互联网精神上的确出问题了，看起来病得还不轻。这病，得治！

从目前的情况看，互联网开放、共享方面倒是没有什么问题，做得还算不错。毕竟，大户人家的孩子，见过世面，从小耳濡目染，思想上还是很开放，行为上也不吝啬，有好东西从不藏着掖着，还能够主动拿出来与别人分享，配得上“高端、大气、上档次”几个字。但其他方面嘛，做得就不咋地了，有的方面问题还很严重。

第一节　电商的美丽谎言

按照直接性的基因要求，互联网天生就该有去中间环节的动力，特别是互联网几大应用之一的电商，从一开始就号称奔着这个方向去的，否则和线下贸易又有多大区别呢！你一个大户人家出生的背负了无数人希望的“10后”新生代，就不要学老辈做生意层层赚差价了，那样没意思，毕竟你就是主打“直销”牌的。

也不要学奸商家的孩子，明面上说去中间商，其实自己就是最大的中间商；天天把“薄利多销”挂嘴上，其实私底下变着法子地花式收费，要么以次充好，赚老百姓的血汗钱。咱能真让大伙儿愉快地跟你玩耍吗？

一直以来，电商高举着“去中间环节”的大旗，着实掏空了不少消费者的钱包。现在，更是有电商喊出了“没有中间商挣差价”的口号，虽然只是一句宣传语，但喊出了所有电商想说可又不敢说的话。是啊，如果真的没有中间商挣差价，而且又能确保真货的话，那么电商的竞争力可以说绝对秒杀一切线下实体店，可问题是，这是真的吗？还是让我们抽丝剥茧，细细观瞧吧！

平台型的电商，看似不做零售商赚差价，但这种商业模式并没有真正去掉中间环节，甚至没有减少多少中间环节。

首先，咱们来看一个问题，C店（C to C店铺，Customer to Customer店铺，即个人店铺）们是什么。是生产厂商吗？不是，C店自己就是零售商，是要赚差价的，要不然别人凭什么要搭上资金、精力和时间去开店呢？难道说是学习雷锋好榜样，助人为乐吗？

答案是否定的，开C店既不是为了帮生产商卖东西，也不是为了帮老百姓省钱，就是实实在在地为了店主挣钱。这样没什么问题，毕竟自古以来，做生意就是为了“将本求利”，如果不让商贩们赚钱，那也就没人愿意去经商搞流通了，大家干脆还是回到原始社会以物易物好了。

所以，没有人会反对商家赚钱。那么，C店的利润高吗？C店的商品从哪里来？这两个问题很重要，因为如果C店们基本赚的都不多，而且商品又基本来自生产商，那么这个模式还算先进，毕竟只有一个环节挣差价还是比多道环节挣差价要强得多，也要合算得多。

只可惜，咱们恐怕都要失望了。一个基本的事实是，C店的商品几乎不是直接从生产商拿到的！如果有，那也是极个别的，用凤毛麟角来形容丝毫不为过。

其实这一点很好理解，因为除了极少数做得很大的C店——这类本质上已经不能算是C店了，只是叫C店而已，哪个小店主能直接从生产商手里拿到货呢？除非生产商的老板是他爹妈，要不就是老丈人、丈母娘，最不济也得是姐夫、妹夫啥的。

真要是没啥硬关系，又能从生产商直接拿货的，估计商品也强不到哪里去。您琢磨吧，没有被代理商垄断，是个人来买个几万块钱的东西都给的，能是不愁卖的商品吗？

因此，刨去极个别的特殊情况，上千万个C店，商品从哪里来？还不是从批发商手里买来？举个例子，四川成都有个很大的商品批发市场，叫荷花池市场，全四川人基本都知道，那里的商品，除了批发给各市县的零售商们，也供给C店主们。此外，杭州等地的电商集散地，也承担了类似批发商的作用。当然，这里面有一类商品例外，那就是农产品和自产自销的手工作坊类产品，基本上还是可以在C店中买到一手货的。

那么C店的利润高吗？要说清楚这个问题，必须强调一下大家都知道的两个基础概念——毛利率和净利率。这方面的认识想必不用啰唆，只是要强调一下，这两个概念有天大的不同。

这些年，托移动互联网的福，全中国人都处在各种资讯的包围之中，大家应该经常看到或听到，C店店主们的日子不好过，每年都有大量的C店关门歇业。某手机新闻网站上经常有这样的消息：某店主投入几十万，干了一年，年底一算账，老板都哭了。

大量网店不挣钱，这是事实。但很少有人告诉你，就单件商品而言，网店就没有不挣钱的。不仅挣钱，而且挣得还不少。据初步了解，一般的C店，毛利率基本上维持在50%以上！比起线下实体店，挣得一点儿都不少。有些商品在C店的毛利率更高，售价与进价相比，高出一至二倍属于常事。

比如，2018年12月23日，腾讯新闻上有篇文章，标题是《实体店老板：店里15块的手套，网上同款卖30被抢疯，是谁傻？》；2018年12月15日，腾讯新闻一则消息："网店老板：35元的裤子卖99，销售3万多条，实际收入以为算错了"；在12月23日的那条新闻后面还有一条链接，文章题目是《淘宝卖家做童装，今年100万业绩，直言实际利润只有5万》，文章中讲，"一位淘宝卖家自己是做童装的，今年（2018年）做了100万的业绩，有着40%的毛利"。

由以上几条新闻可知，网店的毛利率都不低，30%—40%那是温柔的，对半以上那是不稀奇的。所以，大家都觉得网店不挣钱，其实是个美丽的误解，准确说应该是"毛利高，但不挣钱"。为了防止以偏概全，咱们谨慎一点儿，还是来算一笔经济账，看看正常的C店毛利到底高不高。

大家都认同，开网店就是为了挣钱，先不说最后有没有挣到钱，但肯定店主们都是奔着挣钱的目的去的，相信大家不会有异议吧？那好，既然要挣钱，咱们就看看毛利为多少才能挣到钱。

据阿里巴巴公布的2018年度财务报告数据，2018财年（2017年4月1日至2018年3月31日），淘宝总销售额为2.689万亿元，咱们按2.7万亿元计算。

而这期间淘宝店的数量如下：期初（2017年4月1日）为975.825万个，期末（2018年3月27日）为972.98万个，期末与期初基本持平，我们取970万个来计算（以上店铺数量的数据来自豆瓣网，据豆瓣网声明，数据全部来源于公开资料）。

按照销售总额和店铺数这两个公开数据，2018财年，淘宝平均每个店铺的年度销售额为27.84万元，咱们给凑个整，就按28万元算吧，平均到每个月，2.33万元，您估摸着这毛利率平均算多少合适呢？

那位说了，15%吧，这样每月都能赚个3000多块钱，也是不错了。真要是这样倒也算合理，可事实上是这样吗？我们都知道，这世上有个叫作“二八原理”的规律挺管用的，基本上放之四海而皆准，那就是基本上20%的人获得了80%的收益。这样一看，不得了啊，80%的C店只占了整个销售收入的20%，即80%的C店平均年销售额只有区区7万元，平均每月不到6000元！

这样来看，要想每月毛利达到3000元（注意还不是净利润），平均每件商品的毛利率不定个50%行吗？好吧，咱不黑，咱就定40%。那这毛利也太高了吧？100块钱买的东西，您卖给我要挣40块钱，然后您还说不赚钱，原谅我读书少，咱还真不懂这些弯弯绕。

不过话又说回来，咱消费者本来不需要知道这些道理，我们只想知道，商家卖给我们的东西真的是薄利多销。要是平进平出，甚至亏本卖给咱，那就更好了（虽然这样想不太厚道，而且有竭泽而渔、杀鸡取卵的嫌疑）。当然，作为常态化的商品买卖，平进平出还有点儿可能，但赔本做买卖就强人所难了——倒闭跳楼处理的不算，那不是正常的商业行为。

其实说起来也不难理解，只是大多数人不知道这里面的道道罢了。这几年，针对C店经营难（开店很容易，做起来难）的问题，网上时有爆料。据了解内情的店主们讲，目前1000万家左右的C店中，仅有5%左右的店铺真正赚钱，数量不到50万个，甚至有的人反映，C店日销售额达到1万元了，到头来还不挣钱。

这里C店商品的主要成本包括：产品成本（进价）、包装成本（内外包装、吊牌、售后卡、包装耗材等）、物流成本、拍摄和制作成本用、销售工具成本（模板、生意参谋）、人员成本、推广成本（直通车、刷单等）。

这样来算算价，假如35元钱进的货（前面新闻中说的裤子），包装成本为2元，物流成本算8元（现在包邮的占多数），拍摄和制作成本2元，销售工具成本1元，人员成本8元，推广成本10元，这样加起来就是66元，如果目标利润一条裤子挣5元的话，卖价就不能低于71元。这样一看，毛利率50%可打不住啊！

如果就按这个数最后卖出去，那么标个99元就太正常不过了——还得给别人砍价留点儿空间不是，如果99元能卖掉，并且可能还很好卖，你觉得卖家会主动降价吗？

实际上，业内人士反映，C店商品的毛利率如果不到50%，最后赔钱的风险是很大的。就按咱们刚才算的账来操作，30元进的裤子卖66元，一共进了5000条，如果全部卖完的话，能挣个15000元，但卖到最后一算账，压了5%的尾货死活卖不出去，那对不起，扣除这250条卖不出去的尾货，卖家就挣6250元钱了。如果剩10%的尾货没能卖出去，那基本上就得倒赔2500元。这么看的话，要想挣钱，卖家的毛利率定在50%以下还真挺悬。

这么看来，网店上单件商品的价格在100元以下的，毛利率还真就低不了。那么是不是单价高的商品就会赚得温柔些呢？理论上是这样，因为单价越高，除商品本身的进价成本外的其他成本所占的比重就越低，理论上是可以降低毛利率，实现薄利多销的。

还是拿前面的成本核算来举例。如果商品进价是100元，间接成本还是31元，目标利润是每件商品赚10元，那最终售价就不能低于141元，41除以141，毛利率为29%，远低于前面成本35元的裤子（毛利率为 50.7%），对消费者来说肯定是性价比更高、更合算。

但请别忘了，单价越高的商品进价就越高，同样的本钱投入，进回来的货就越少。同样 10 万元本钱，进价 35 元的裤子能买来差不多 3000 条，而进价 100 元的商品就只能进货 1000 件，差不多直接缩水 2/3。因此，在卖家看来，如果还要想挣同样多的钱，那就只有一个办法，原来每件商品挣 5 元的，现在每件商品挣 15 元就好了。因此，高单价商品的毛利率也不见得比低单价商品低到哪里去。

其次，咱们来看另一个问题。刚才分析了 80% 的 C 店的毛利率，那么有人会想了，是不是剩下 20% 的 C 店，由于平均年销售额较大，达到了 112 万元，就可以把毛利率调低一些呢？反正有得赚就行了嘛。

你看，平均 112 万元的话，如果毛利率定在 20%，那一年还能挣个 22.4 万元呢，刨去开销等费用，那不也很开心吗。朋友，您想多了。但凡能够做到年销售额 100 万元以上的店铺，哪家不开车（就是花钱上淘宝的直通车），哪家不刷单（也是要花钱的）呢？而且越想多卖，就越得在推广上舍得砸钱。

据悉，不少头部 C 店，早已经看不上开车、刷单这些常规套路了——那才能卖多少货啊，人家玩的是开直播卖货。您以为，直播卖货的“网红”们拿的是工资奖金？错，人家拿的是提成，是按每件商品抽的销售提成！

2019 年 1 月 7 日，腾讯新闻上登了一篇稿件，题目是《淘宝卖家：直播卖货就如电视购物，真实利润一般人都不知道》，文中写道，“就听一位淘宝卖家的朋友讲，现在的直播卖货的公司太赚钱了”，“而背后的利润真的非常高的”。

“非常高”究竟高到什么程度呢？别急，文中自有描述。“他就说看到过一些直播间卖女装，同样的女装同行上面只卖个 80 块左右，但是这些直播卖货的店铺就要卖 150 块钱。至于说拿货的成本，其实就是 50 块钱而已，可以说卖一件就是赚 100 块钱的”。

请原谅我很不厚道地成段直接照抄。并非笔者偷懒，我之所以这么做，是为了尊重原文小编，也是为了还原基本事实，以免断章取义，误导读者。类似的例证，网上多的是，请感兴趣的读者自行查找。

一般说来，直播卖货，“网红”们拿到的提成比例很高。我查了一下网上的公开资料，很抱歉，没有查到“网红”们直播卖货的提成比例。不是没有透露“网红”收入的资料，但透露直播卖货提成比例的文章我还没有找到。

这在信息泛滥，网上什么资料都能找到的年代，还真是有些“难得”。不过细想想也就释然了，毕竟高额提成羊毛出在羊身上，最后还是消费者买单。因此，高额提成有些上不得台面，无论是平台、卖家还是主播，讳莫如深、闭口不谈也是可以理解的。

不过功夫不负有心人，在我锲而不舍的追踪之下，我倒是查到了一篇题为《电视台女主播跨界兼职做直播 3 个月卖货 30 多万，额外收入两三万》的原创文章，无意间透了些许秘密出来。

这篇文章读者可以自己找出来看看，文章前面大体是说在河南省南阳市，一位化名叫微微的年轻新闻女主播如何兼职做直播卖货的事情。文章结尾称，“3 个月时间微微卖货 30 多万元，是店铺成绩最好的主播，每个月她可以拿到 2 万到 3 万的收入”。

按此数据估算，平均每月微微的直播销售额为 10 万元出头（如果按 3 个月 39 万元往高了算的话，平均每月 13 万元），而微微自己能拿到 2 万到 3 万元，取个中间值，按每月 2.5 万元计算，微微直播卖货提成比例为 19.2%。结合前文 2019 年 1 月 7 日腾讯新闻的内容看，直播卖货属于暴利基本坐实，是跑不了的了。

这还不包括稍大些的 C 店雇人的成本。据了解，日销售额达到几千元的 C 店，一两个人是根本支撑不下来的，总是要请几个人的——

主要是老得有人盯着，要不然下单的顾客就会很少。这么算下来，年销售额 100 万元以上的 C 店，还得算上人工成本，一年花个 10 万元请人算不得什么。这样一算，那 20% 的 C 店毛利率低了也真做不下来。

前些日子，我去广州出差，顺道去一个朋友的亲戚开的淘宝店参观学习了一下。据老板介绍，他们是有个公司的，一年开网店收入能达到大几千万，但人也多，员工超过了 100 名，一年光工资就要花个大几百万。而且他们公司做自己品牌的服装，请了专门的人代言，每年代言费也要花个千八百万。因此，商品的毛利率在 50% 左右，这才能保证有利可图，否则还真挣不到啥钱。这么一看，敢情比起那 80% 的 C 店来，头部 C 店赚的毛利率是只多不少啊。

既然以加盟为主的 C 店利润率很高，那号称以直营为主的商城的店铺利润率又如何呢？是不是能低不少呢？咱们还是先来看看天猫商城吧。

2018 年 5 月 7 日，搜狐网报道了一篇题为《天猫店铺有多少是盈利的？据统计 80% 以上亏损》的新闻，称“部分类目，很多天猫店铺的推广费用（不包括天猫扣点）基本要占到销售额的 1/3 以上，才能达到一定的销量”。因此，“再剔除天猫店的扣点 5%，维持人员的费用 20%”，“如果商品的成本超过售价的 25% 就很难盈利（相当于毛利率 75%）”。

我刚看到这则消息的时候着实吓了一跳，这也太黑了吧？在天猫上开店如果毛利达不到 75% 就很难盈利？而且推广成本高达销售额的 1/3？再一细看，人家说的是“部分类目”，就是说只有部分品种是这种情况。还好还好，幸好只是“部分类目”。

再查下去，什么情况？这又把我惊呆了。2017 年 5 月 20 日，网上一篇题为《淘宝天猫开店利润 200% 还亏本，这问题是出在哪里？》的文章，光看标题就够吓人的了。为了防标题党，我还是拍拍小心脏，打开文章细细观瞧。

没错，人家就是这么写的："近日，有卖家在网店爆料，说自己的网店利润 200%（指的是毛利与进价之比，换算过来应该是毛利率 66.7%），但到头来还是亏本，表示开不下去了"，原因也是"推广的成本把利润全部带走了"。

我就不信了，哪有这么离谱的事啊，再查！ 2018 年 7 月 13 日，题为《年销售额 1000 万的天猫店家失败，看完账单，同行表示活该》的文章讲述，一位姓王的卖家的天猫店账单如下：2017 年全年销售收入 1400 万元左右，人员成本 144 万，付费推广成本 600 万，物流成本 72 万，产品成本 500 万，水电、房租、损耗等其他成本 100 万，净亏损 16 万。

按此账单计算，推广成本为 42.85%，毛利率 64.3%，不行不行，推广费还是太高，怕是不具有代表性。

2018 年 5 月 13 日，天猫店铺吧里的一个帖子，称推广费占销售额的 12% ~ 15%，毛利空间低于 45% 的这么做会很辛苦。这个看来比较靠谱。

2017 年 6 月 13 日，一个名为"渠道网"的网站上发表一篇教人如何开网店的文章，名为《在天猫开个店利润怎么样？怎样才能盈利？》，讲到天猫开店的几项成本，其中"人工成本为 9%"，"然而事实上，一般商家，人工成本能控制在 15% 以内的，就很不错了"；"广告的推广成本最少不低于销售额的 12% ~ 15%"，"超过 20% 也正常"。

2017 年 9 月 28 日，一篇题为《血的教训，辛苦经营天猫店半年欠债 20 万》的文章，以第一人称讲述了作者 2015 年开淘宝店的经历（卖母婴产品），称 2015 年"4 月开始一直到 9 月我开通直通车花费近 30 万元"，这个有具体花销数字，但销售额不详，我只能从作者前面描述的销售情况（如 7 月份每天销售额达到了 15000 元，8 月份营业额下降，到 9 月份掉到 5000 元／天）推算，4 ～ 9 月共销售约 200 万元，这么一算的话，推广费用约为销售额的 15%，与 12% ～ 15% 的说法基本一致。

再查下去，又发现了两篇天猫店的运营方案，一篇名为《巨鲨大码男装天猫店运营策划方案》，一篇名为《2016 年天猫店运营计划书》（企业或品牌名不详）。前者计划“天猫店年度销售额目标 1000 万，年度推广成本控制在 20% 以内，毛利 50% 以上”。后者目标为“全店经销后毛利率为 40%，大成本分为推广成本 10%，人员成本 6%，天猫扣点 5%，运费＋包装成本 5%，税收 4.5%，场地／聚会／天猫软件／员工福利成本 2%，最终利润率约为 7.5%”。

这两篇运营策划书都很翔实，特别是后一篇更是事无巨细，看起来是很有经验的电商企业写的，应当具有很强的参考价值。按照这两篇商业计划书，这两家企业的天猫店推广费用预算在 10% ～ 20% 之间，毛利率在 40% ～ 50% 之间，应属正常。

从上述新闻和文章分析，天猫店正常毛利不低于 40% 才可能盈利，“部分类别”产品和部分商家的毛利率更是高达 60% ～ 70%。最后，2014 年 6 月 7 日，时任阿里巴巴集团首席财务长的蔡崇信先生在接受媒体采访时表示，阿里巴巴集团旗下两大购物网站淘宝和天猫的平均利润率均超 50%，似乎可以为以上结论注脚。

说完淘宝和天猫，该轮到京东商城了。看看京东是否能给我们带来不一样的惊喜。

通过整理京东集团历年财务报告发现，京东商城近年来的毛利率持续增长，从 2010 年的 4.82% 上升到 2017 年的 14.02%，其中 2016 年的毛利率最高，为 15.16%。这么看，京东商场才是消费者的贴心人啊，你看人家毛利率多低啊，最高也就才 15% 多一点儿嘛！

不过，京东商城的店主们貌似看不上这点儿利润啊，咱还是先来看看店主们怎么说吧。

发表于2017年11月17日的文章《操作了两个月的京东新店铺月盈利20万》的作者现身说法，称2017年8月份开始操作了一个京东店铺，8月15日的成交数据截图显示，没有多少真实成交，但到了10月16日，截图显示利润可观。

作者在文中透露："快车（类似淘宝天猫的直通车）一天不超过800(元)，产品毛利（平台扣点和运费扣除的利润率)45%。"45%毛利！还是不含平台扣点和运费的毛利！作者很谦虚地说："这个数据跟大商家没有办法比，不过看利润的话个人还是很满意。"

2018年11月20日新浪网科技版消息，题目为《为什么越来越多商家选择入驻京东自营？背后的秘密是什么？》，把秘密归纳为"高门槛、高利润、新玩法"，并在"高利润"部分写道："所以京东上的产品溢价空间还是比较可观的，拿店群来举个例子，目前很多类目的最低利润都是50%。"

注意这几个关键词：很多类目，说明不是少数更非个案；最低利润，说明还有更高的利润；50%，说明毛利率远不止15%。

2018年11月3日，凤凰新闻报道，标题为《大多数商家还在感慨钱难赚时，有的已经月入百万！》，京东店群项目"上手简单，优势明显"，其中关于利润是这样写的："正常京东店铺利润都是15%以上，去掉扣点8%，以及日常经营，至少也有30%以上的纯利润。"

2017年9月6日，Glasslock旗舰店在京东卖家论坛上吐槽，称"很崩溃京东自营现在类目毛利要求补35%"，卖家圣迪威在2018年5月18日回帖表示"你这好的，我这边（应为圣迪威所在类目）42%"。帖子来源于京东卖家论坛，且目前仍未被删帖，看来所说数据是可信的。不是说好的毛利只有15%不到吗？！这是什么情况？

再查下去，天啊！敢情京东的许多产品是从淘宝上拿来的！不废话，直接上料。

2018年5月30日，网友caryma在题为《玩京东店铺一个月小几万》的文章中向大家传授他的经验，他的京东店铺“就是从淘宝里面把数据直接抓到京东上面去就好了。之前我这边的价格设置是200%，再加30元”，并举例“我们以前有过一个杯子拿货80卖800，一个四层的锅拿货220卖2200多，还有三个椅子2000多块钱卖到7000多块钱”。

但网友caryma马上说，“现在做的人很多了，建议大家利润不要做这么高”，因为“京东的议价能力是很强的”，“我们从淘宝上拿过来，价格本身就有一定的空间，再加上去的话也够了”。

一个名为“倪叶明网赚博客”的网站上有篇题为《空手套白狼的京东开店赚钱》的文章提到，作者的一个朋友是在淘宝卖唐装的，据这位店主讲，“淘宝100块的衣服，复制粘贴到京东200～300块卖，然后有人京东下单，商家就到淘宝下单，要求淘宝商家不要有任何店铺信息，可是有吊牌啊”。

前面分析过了，淘宝的商品已经普遍上毛利50%了，京东商家再拿去加价一两倍卖，真当顾客是好糊弄的？不过，京东的财务报告不是说毛利率最高才15.16%吗？这又是玩的哪一出呢？

不研究不知道，一研究吓一跳。这里面还真是有大名堂，水很深的。

先来搞明白一个概念，就是京东的“自营”到底是个什么？

2017年1月，京东的自营模式引起了网友广泛关注，事情源于一男子在京东上购买自营商品后发现，京东自营的商品并非京东电子商务公司经营销售，因此将其告上了法庭。

随后，京东电子商务公司在法庭上表示，“自营”为京东集团自营而非京东商城自营，并给出了一个十分拗口、让人难以理解的解释：“京东的自营就是京东集团子公司的自营就是京东自营。”不知道哪位

“大神”看懂了？反正我的智商和语文功底是看不太懂。

还是老办法，查资料呗。百度知道如是说：“京东自营并不是京东自己采购经营，而是和其他第三方卖家一样，只是商家把商品委托给京东去售卖，货发到京东仓库，由京东配送，销售的利润点给一定比例。”

百度旗下百家号2018年5月2日一篇题为《2018如何入驻京东自营，成为京东供应商》的文章这样描述京东自营：“京东自营就是京东的供应商模式，卖家主体转变为京东，而非商家”，同时“京东自营产品的定价一般高于同类型非自营商家的定价，这是京东自营体系的优势”。“(定价）京东自营两种方式：一种是京东扣点5%，你负责供货，京东负责定价；另一种是京东扣点20%，你负责供货到京东，价格自己定，按自然月30天结算”。京东自营吧里，关于自营的条件与硬性要求基本上与上面的说法一致。

这么看来，京东集团公布的京东商城毛利率，并非我们理解的传统意义上的毛利率，即不是商品售价减去进价得到的毛利与商品售价之比，而是指京东商城从专营店（第三方加盟）和自营店收取的扣点(京东商城的收入）与销售额之比！

京东集团公布的京东商城毛利率，应该加上供货商取得的毛利与销售额之比，才是真正的商品毛利率！满满都是套路啊！难怪有人发表文章说，“京东，你的财报我‘看不懂’”。

实际上，京东的商品毛利率还真不低。除了京东自营采取的第一种方式由京东定价外，其余都是产品供货商家自行定价，供货商到手的商品毛利是要刨去京东扣点的。

而京东自营的第一种方式中，京东也是规定了毛利率的。百度文库关于“京东自营合作要求”这样表述：“供货毛利整体在30%以上，供应商的供价自行核算，需包括年度、月度返点。”

2012 年 7 月 11 日，京东老板刘先生在其母校的讲座上宣称：“我们的体系里没有毛利率的指标！”刘先生很诚实，京东的体系里没有考核毛利率指标，因为此毛利率非彼毛利率。这也就不难解释，为什么京东自营的商品价格普遍反映比第三方卖家贵（这方面请读者自行比价，或去网上查这方面的信息）。

好了，说完京东的商品毛利率，其他就没太大必要细说了。反正头部电商就是如此，毛利率其实是很高的。拼多多也不用多说，和淘宝一样，现在基本上也都是加盟开店，参照前面的分析，毛利率也同样不低，只是由于拼多多走低价产品为主的路线，大家感觉不到而已。

正是因为拼多多的低价产品路线，而商家又想多赚钱，所以必然导致假货泛滥，甚至超过了淘宝，“荣登”中国假货和山寨产品榜头名的位置。

近年来，中国电商盛行一种叫“社交电商”的新玩意儿，业内又称之为“微商 2.0”或“微商升级版”。总体来说，就是利用所谓的“社交红利”，通过拉下线、人传人，实现快速裂变。

“社交电商”的好处是显而易见的，除了快速裂变（一年发展几千万用户很轻松）外，听说销售转化率也比普通电商高——可以理解，毕竟普通电商相当于坐商，坐等顾客上门，属于比较被动的搜索式销售，而社交电商相当于行商，属于主动式的推销销售。

社交电商有个致命的问题，就是拉下线、人传人的方式，增加了销售的中间环节（所谓店主、总监等名目的大小微商或代理们），大量利润被中间环节层层吃掉，从而导致商品价格与正常价格相比偏高。这是典型的“反去中间环节”逆流，是与互联网精神背道而驰的。

以上就是中国主流电商“去中间环节”的实际情况，或者说是中国主流电商“没有中间商赚差价”目标背后的真相。

当然，国外主流电商似乎也好不到哪里去。亚马逊在取得了绝对的市场优势地位后，商品的毛利率逐年上涨，已经从2007年的平均20%左右上升到了2018年第一季度的40%，其中近两年就上涨了十个百分点。

实际上，电商领域除了二手车网外，“去中间环节”基本是个美丽的说辞，要么没做到，要么把自己变成了最大的中间商，去掉其他中间商只是为了自己赚取高利润而已。

公正地说，二手车电商还真是践行了“没有中间商挣差价”信念的少数派，这与二手车电商的实际情况是分不开的，毕竟被二手车电商挣了高额的差价或手续费的话，要么卖家不干，要么买家不干，想挣高利润也没那条件不是。

泡泡吹得再大再美，可惜终归还是泡泡，破了的时候，一切都将化为梦幻泡影。

第二节　疯狂的流量经济

在互联网圈内，有个公开的秘密：用户=流量=金钱。所谓流量，是指网站的访问量，即访问某一网站的用户数量和停留或浏览时间。

因此，只要能吸引到足够的用户，有了足够的流量，就能产生出大量的金钱收益，这就叫“流量变现”。

一般来说，流量变现主要有几种方式：广告变现、增值服务变现、定向购物变现和流量导入变现。

目前，互联网已经进入了“流量为王”的时代，谁掌握了流量，谁就掌握了赚钱的能力，谁就是互联网上的“霸主”，或割据一方的“诸侯”，最不济也能成为占山为王的“寨主”。

有人说，现在又到了“内容为王”的时代，谁掌握了内容谁才是王者。但此论调的支持者似乎忘了一点：内容再多，如果得不到用户的青睐，就不能转化为流量，最后仍然是“一场空欢喜”。

比如，你把人类历史上所有票房毒药电影和收视率低的电视节目收集起来，绝对数量惊人，但估计访问者远不如只收集近十年高票房电影或热播电视节目的访问者多。因此，我认为“内容为王”的落脚点还是“流量为王”。

“流量经济”本来是一个经济学名词，而在互联网界，谈到流量经济，则指依靠流量变现获利的经营模式。

到目前为止，依靠流量变现已经成为互联网公司及自媒体、“网红”、大V等互联网“个体户”的最主要模式，连卖货赚差价的电商也视流量为生命，没有流量再好的东西也无人问津，赚钱更是想都别想。而只要有可观的流量，挣钱那是小菜一碟，一夜暴富的故事也时有发生。总之，只要有流量，一切皆有可能。

比如，自媒体大号咪蒙的公众号粉丝2018年就超过了1200万，平均阅读量高达一两百万，有这样的流量“底气”，上咪蒙的广告、冠名权、软文价格一路水涨船高，其中咪蒙头条的报价2017年就已达到68万元，2018年更是涨到80万元。

前一阵把国外各大社交网络搅得乌烟瘴气的美国“网红”兄弟洛根和杰克，也是“流量经济”的既得利益者。那个因拍摄“自杀森林直播”而臭名昭著的洛根，光视频内容的粉丝就有1600万之多，平均几百万的点击量，让他每月收入超过百万美元，与他的“吸金”能力相比，华尔街的大多数精英都只是二流货色。

然而人比人气死人，货比货就得扔。国外“网红”与中国“网红”相比，也只能算是“小朋友”。据《福布斯》统计，2017年YouTube上年度收入最高的英国“90后”主播，收入为1650万美元，约合人民币 1.09 亿元。

而中国斗鱼女主播冯提莫，2017 年收入达到了惊人的 1.7 亿元，甚至能碾压成龙、吴亦凡、胡歌这样的一线明星（2017 年成龙收入 1.68 亿元，吴亦凡收入 1.368 亿元，胡歌收入 1.361 亿元，搜狐新闻 2018 年 6 月 3 日数据）。这也难怪，毕竟中国人口众多，“网红”粉丝也多，流量自然更大，挣的钱更多也就在所难免了。

2018 年 10 月 13 日公布的一份抖音粉丝排行榜，排名第十的冯提莫粉丝就有 2869.5 万。粉丝超过 4000 万的有 5 人，第五名一禅小和尚粉丝 4215.5 万；号称自己是“天才”的陈赫排在第一，粉丝更是达到了惊人的 5043.5 万。

在互联网流量经济的成功案例刺激下，互联网公司纷纷奉行“流量至上”原则，唯流量是从，被流量绑架，为了吸引流量可谓是挖空心思、手段尽出，一些企业和个人甚至在无下限、无底线的路上越走越远，直至脱去内裤“裸奔”，把人性中最丑陋、最黑暗的东西暴露无遗。为了吸引眼球，有人罔顾生命，有人无视人伦道德，有人挑战法律尊严。

“自拍死”是近年出现的新现象，指自拍者在自拍时发生意外而导致死亡的事件。自拍死事件中，很多人是为了追求“一夜成名”，却不料“一失足成千古恨”，枉费了卿卿性命。

2014 年，一名 21 岁的墨西哥男子在自拍玩枪视频时，被自己新买的枪一枪爆头而死。这名男子的 Facebook 账号上满是各种香车美女为背景的自拍照，可能是觉得还不够吸引人，于是这位仁兄在喝了酒之后把一把枪上了膛，还把枪甩来甩去玩惊险，结果把“惊悚剧”拍成了悲剧。

2015 年 5 月，一名 18 岁的罗马尼亚少女 Anna Ursu 与友人在乘火车前往西雅图的过程中，为了拍一张“特别”的自拍照传到

Facebook 上，两人攀上车顶，并伸出一条腿摆 pose 耍酷，不想误触高压电缆，当场引起爆炸，Anna Ursu 瞬间成了一个火球，而她的朋友则被炸飞，最后 Anna Ursu 因重度烧伤，不治身亡。

2017 年，在俄罗斯西伯利亚一个寒冷的冬日，一位 23 岁的建筑工人头戴摄像头，手里拿着一个火把，正站在一栋苏联时期建成的九层楼上，可他不是在建筑施工，而是向旁边的朋友喊道：你开始录像了吗？接着，这名工人突然用火把把自己的双腿点燃，在熊熊燃烧的火焰中，纵身一跳，从九楼插入地上的深深雪堆中。

视频被传到了 YouTube 上，许多评论都骂他愚蠢。不过，他可不在乎这些看法。毕竟，这些视频的点击次数超过了 1000 万次，他成功地吸引到了流量。

此人为何要这么作死？因为他最大的梦想就是要出名，而他一个没有任何特长的普通建筑工，除了作死“吸睛”，还能用什么好办法呢？万幸的是，他居然毫发无损。

可他的另一位同胞就没那么幸运了。2013 年，因跑酷爆红而被网民封为“跑酷大神”的俄罗斯青年巴维尔·卡申（Pavel Kashin）在拍摄 16 层楼顶边缘的空翻动作时，不慎跌落死亡。卡申的朋友拍下了他出事前的最后一张照片，并放在社交网络上。

卡申以死亡为代价，维护了他作为“跑酷大神”的网络江湖地位。不独国外，我国也有不少卡申这样的悲剧。

不少网友可能记得，自称“国内极限高空运动挑战第一人”的吴咏宁。这位网络认证“极限一咏宁”的网友，在网络上晒过很多令人提心吊胆的视频和照片，想必许多喜欢惊险刺激的网友都有看过。

2017 年 12 月 8 日，长沙警方证实，吴咏宁在拍摄攀爬高楼时不幸坠亡，令网友唏嘘不已，并追问，出现这些自拍死的惨剧，究竟是谁之过？

据统计，仅2016年全球死于自拍的就高达127人。调查研究显示，自拍者死亡最多的情况是高空坠落，而背后的原因，很多是自拍者希望拍下刺激惊悚的照片或视频，从而引起社交媒体上的粉丝关注。

有一对美国情侣就完美地诠释了什么是为红而作。这对情侣为了成为“网红”，2017年3月在YouTube上开设账户，向网友展示“十几岁成为父母的年轻情侣的真实生活”，他们上传的视频中经常出现惊险动作和恶搞行为，比如，拍摄爬上一棵树然后摔下来之类的无聊视频。

这对奇葩情侣的确“火”了，不过他们嫌名气不够大，为了更快出名、出大名，2017年6月26日晚，他们决定“干一票大的”：男友鲁伊斯拿一本精装百科全书挡在胸口，女友蒙娜丽莎拿枪在30厘米的近距离对准男的胸口开枪，以检验子弹能否穿过一本书的阻挡。

这种事都干，真不知道他们是智商有问题，还是想出名想疯了。从案发前几个小时女方在社交平台上发布的一条消息“我和鲁伊斯可能要拍摄有史以来最危险的一段视频”看，他们不太像是智商堪忧，而更像是在拿生命赌明天。

可能是为了不干则已，一干就要一鸣惊人，他们用来测试“书盾”的枪，竟然是有“枪王”之称的“沙漠之鹰”！稍有些常识的军迷都知道，“沙漠之鹰”被描述为“世界上最具威力的半自动手枪”，拿它做试验，只能充分说明这两人真的是“我为吸粉狂”。

两人拍摄这段视频的时候，有邻居围观，他们三岁的女儿也在观众之中。结果不出意料地悲剧了：子弹轻易地撕开了那本不算太厚的书，鲁伊斯应声倒地，当场“game over”。鲁伊斯的姑姑告诉新闻媒体，拍摄危险视频是“为了吸引粉丝，为了出名”。

鲁伊斯不是不知道这么做的危险，也不是没有人劝过他，他姑姑说:“鲁伊斯告诉了我他的想法，我对他说，‘不要这样做，千万别这么做，为什么要用枪？’”只可惜，任何理智和劝说都浇不灭这对情侣心中熊熊燃烧的“欲望之火”，他俩如愿以偿地“出名了”，只不过一人身死成空，一人面临二级过失杀人罪的牢狱之灾。最令人痛心的是，三岁的女儿目睹母亲枪杀父亲，不知道她以后是否会活在阴影中，而这对原本很恩爱的情侣正准备迎接他们的第二个孩子。

为了涨粉吸流量，有人“作死”，自然也有人“作贱”。有人“作贱”自己，更多的是“作贱”别人。

当年的芙蓉姐姐可谓是中国“作贱”自己的“祖师奶奶”，这位长期坚持发挥出丑特长来吸引网友关注的另类“网红”，其实是知道自己的“丑”的（我主要指的是言行），但人家很聪明，也很“务实”，虽然爹妈没给生个“祸国殃民”的脸蛋儿，可人家也有成名的欲望，而且欲望不小，比这位姐姐的身材还粗大。

也不知道这位姐姐天生“聪明过人”，还是背后有高人指点，反正先天不足就靠后天弥补，人家愣是走出了一条自己的“走红之路”——既然比不了美，那就比丑吧！从而逆流而上，成为最早的网络“励志姐”。

2004 年，芙蓉姐姐在当时著名的“水木清华 BBS”上发表大量个人照片，并用“清水出芙蓉，天然去雕饰”作为自己的昵称，这也是“芙蓉姐姐”大名的来历。

之后芙蓉姐姐更是一再刷新“忸怩作态”的含义，奇装异服、丑态百出不说，还经常语出惊人，比如“我长发飘舞，纤手飞花，莲步酣畅……轻轻的翩飞，娇媚的花眼……”，“当我在舞台上口才犀利，舞技震撼时；当我在媒体前，不卑不亢，王者风范时”，“我那妖媚性感的外形和冰清玉洁的气质让我无论走到哪里都会被众人的目光无情地揪出来。我总是很焦点……”

还有，“我刚来（学校）报到的第一天，就以我出众的外表和气质，轰动了这所只有两三千人的小学校。整日被校内外大堆的男生进行感情上的攻击，我实在是受不了了。我都快要被这些狂蜂浪蝶们逼‘死’了”，“以前也有很多机会出名，马路上，公交车上，迪厅里都遇到过星探。我一直不想出名，想靠真才实学打拼天下。最后我发现出名是不可避免的”，“高中以前我一直……加上长得比较清秀，我的老师和同学一直叫我‘林黛玉’。后来，升高中后，发育了一下，似乎变漂亮了，大家于是就喊我‘美黛玉’”等，不一而足。

芙蓉姐姐展示给大家的“美丽”和“气质”，广大网友眼睛没瞎，自然是欣赏不来的，于是大家纷纷吐槽。但芙蓉姐姐毫不介意，因为吐槽她的人越多，证明关注她的人就越多，她的名气就越大，商业价值自然就水涨船高，反正芙蓉姐姐是不会和钱过不去的。

依靠芙蓉姐姐的不懈努力，她终于成为“网红”，而且一度是那个年代名气最大的“网红”，其无人不知无人不晓的程度，恐怕是现在那些日进斗金的““网红”们”所不能比的，连冯提莫估计都有不如，毕竟很多上了一点点年纪的人是不怎么看直播的，而要说到芙蓉姐姐，估计连一些大爷大妈都久闻大名。

可能有人会说，也许人家芙蓉姐姐是真的觉得自己美，那也算不得是“作贱派祖师”啊！

我们来看看芙蓉姐姐成名后的举动吧。芙蓉姐姐深知，一味地丑化自己的话，网友总会有“审丑疲劳”的一天，那样的话就完了。所以芙蓉姐姐适时求新求变，先是努力减肥，然后穿着打扮也开始讲品味，最后据说还去整了容，人也变得低调多了。

反正一句话，人家芙蓉姐姐现在也算是个不错的美女了，这说明敢情芙蓉姐姐对自己以前的形象是心知肚明的。因此，“作贱派祖师”的头衔，还真就是非芙蓉姐姐莫属。

有了芙蓉姐姐的榜样力量，网络上“作贱派”的门人层出不穷。2009年，凤姐借助网络的力量又成为“作贱派”的新旗手。

这位1985年出生的妹子，身高仅1米46，大专文凭，长相实在是有点儿拿不出手，却在网上开出“天价”征婚条件，要求男方“必须为清华或北大毕业生，经济学硕士，身高176～183厘米未婚帅气男孩”。

一时之间，凤姐自身条件与征婚要求之间形成的巨大反差，引起了强烈的关注，成为中国版的“苏珊大妈”，网友们甚至喊出口号“信凤姐，得自信”。

不久，据说有一名叫小志的一米八二的帅小伙男友出现了，惊掉了众人的眼睛。旋即，2010年5月，一名“前凤姐夫”又在合肥街头跪地寻凤姐，再次引爆了网民关注。

你以为这是人间只有真情在的喜剧？你以为“自信的人是美丽的”？其实这只是网络策划的功劳。某网络营销机构的发起人孙先生向媒体透露，2009年凤姐通过网络联系到他，要求帮她炒作出名。

在了解了凤姐的情况后，孙先生觉得向芙蓉姐姐学习，投入“作贱派”门下，打造网络“自信姐”是唯一出路，于是策划了上面的“征婚闹剧”。而所谓的“男友小志”和“前男友”都是找的托儿。据说凤姐后来也承认，两个“男友”都是群众演员。

果然，凤姐有样学样，深得芙蓉姐姐真传，甚至有青出于蓝而胜于蓝的势头。

举几个最“雷人”的例子吧。凤姐号称自己是天才，“我9岁博览群书，20岁达到顶峰”，“我经常看的都是人文社会的书！例如《知音》《故事会》”，“以我的智商和能力的话，往前推300年，往后推300年，总共600年之内不会有第二个人超过我”，“（主持人问：你觉得爱因斯坦也不及你聪明吗？）不及我不及我，差远了”，“爱因斯坦宏观上不如我。(主持人问：你指的宏观是？）把全人类更上一层吧”，“如果爱因斯坦不发明电灯，那么20年后也会有人来发明”。

凤姐对自己的“美丽”也十分“自信”，因而其择偶标准高到不近人情的地步。她说：“很多人都说我漂亮，我也知道我漂亮”，“花旗银行、渣打银行、汇丰银行等金融公司驻中国区首席执行官向我表达爱意，愿意与我结婚。而本人觉得他们年老色衰，所以不愿意。而且他们全部拖儿带女，实在大煞风景”，“必须具备国际视野，有征服世界的欲望。奥巴马才符合我的征婚标准”。

不管怎么说，凤姐也靠“作贱”自己和“作贱”别人在网络上大红大紫了。

如果说芙蓉姐姐和凤姐以“作贱”自己为主，偶尔“作贱”别人，虽然把网友们恶心得不行，但基本上还算是无伤大雅，最起码没有践踏公序良俗，没有违反人伦道德，那么有些人和机构的做法就是在向整个社会挑衅，属于公然“作恶”了。

2018年8月21日，一段“女乘客在G334次列车上遇‘霸座’”的视频在网上热传。视频内容显示，在济南开往北京的高铁上，一名男子强行霸占女乘客的座位，不仅不让，还对前来劝阻的列车员胡搅蛮缠。

有网友上传了孙某事后与人聊天的记录，该男子居然还得意扬扬地对人说，“今天上午我又把一车厢的人耍得团团转。包括列车长、警察、一车厢的乘客和不知天高地厚的小姑娘”，实在是不知羞耻为何物。

事件曝光后，引发舆论一边倒的斥责，有关部门也给出了对“霸座男”孙某的处罚，包括罚款200元和列入黑名单限乘所有火车席别。还有网友继续对孙某深扒，扒拉出了孙某的许多劣迹，如剽窃论文、骗取房租等，看来此人一贯无视社会公德。

但令人惊讶的是，在全国人民的一片声讨中，本应闭门思过的孙某却在网上火速注册了多个“霸座”账号，似乎想靠“臭名”来吸睛换流量，进而大把捞金的打算。

更让人无法理解的是，一些网站居然“心领神会”，迅速跟进。某著名新闻网站与某著名社交平台立即为其加V，分别认证为“高铁‘座霸’事件当事人”和“高铁霸占座位事件当事人”。

对于某著名新闻网站和某著名社交平台的“好意”，孙某自然笑纳，并投桃报李，积极利用两个加V账号“发光发热”，上蹿下跳，卖力“表演”。

孙某先是在8月31日针对“霸座”事件中他调侃乘务员用轮椅将其抬下车而获得的另一个“雅号”——“轮椅哥”，干脆坐进轮椅拍了一段视频。视频中，孙某作“膀爷”状，不仅坐在轮椅上笑着挥手，而且喊话昆山砍人被反杀的“龙哥”帮他推一把，同时还“感谢一下滴滴”，疑似代洛阳空姐乘坐滴滴专车被害案的凶手刘某向滴滴表示感谢，感谢滴滴为其犯罪提供了方便。

“臭名昭著”的人物，摇身一变成为著名新闻网站和社交平台的“大V”，把“霸座”这种违反社会公德的行为当成“吸粉”的资本，不能不说是当前浮躁的互联网的真实写照，更是社会的悲哀。

当今互联网，对于流量的饥渴，已经到了不可理喻的程度。许多网站就像猎狗一样，四处寻找可能引发网民关注的各种“事件”，但凡闻到一点儿味道，就会有网站和“大V”如饥饿的恶狼一般扑上去，咬着不放，非得咬出点儿流量来才肯罢休。

大家可能还记得，2017年某超模在维密舞台上狼狈摔倒，从惊人一摔到回到幕后，其间的表现的确不好恭维，以至于许多人纷纷质疑她的专业程度，成了大众茶余饭后的谈资笑料。一些网民更是将维密秀上其他模特发生意外但冷静处理的视频翻出来，与之做对比，得出结论这一摔及后面的处理“太业余了”。

但这名很不专业的超模的一摔，却让有关机构眼前一亮，看到了炒作吸睛的机会，于是在专业营销手的推动和运作下，该超模在网上火起来了，“业余摔”的视频迅速流传开来，一时竟成为网上的热点。

之后她的摔倒、道歉、网友声援、复出，形成了一条完整的“注意链”，网络赚足了流量，而该超模也喜获“涨粉”丰收，仅是那一摔就为她增加了40万粉丝，并且维密还因此为她开了免试入选下一场走秀的“直通车”，又是拍新写真集，又是上综艺，俨然是流量经济下皆大欢喜的双赢结果。

2018年5月，洛阳空姐被害案发生以后，全国震惊，网友们纷纷表示惋惜和伤痛。然而对一家叫“二更食堂”的自媒体来说，这个不幸事件居然成了一个难得的“机会”，一个可以被“蹭热点”吸引流量的“机会”。

想必网友对“二更食堂”并不陌生，这可是一家顶级的网络自媒体，2015年5月由“二更视频”与“深夜食堂”合并而成，一直主打感情牌，标榜“情怀与温度”。到2018年5月，“二更食堂”已号称拥有5000万粉丝，员工上千人，每月出产250多部原创视频，俨然是一家成功的互联网“大公司”。

然而，也许是尝到了流量经济的甜头，“二更食堂”嫌普通内容吸粉太慢，慢慢走上了蹭热点收割流量的道路。作为自媒体领域的“大鳄”，一点儿血腥味就足以激发出疯狂的兽性。

5月11日晚，“二更食堂”发布名为《托你们的福，那个杀害空姐的司机，正躺在家里数钱》的文章，在受害者家属滴血的伤口上残忍地撒了把盐。在警方尚未公布案情的前提下，文章作者充分发挥臆想，毫无根据地加入各种想象的情节，绘声绘色地对事件进行了不当描述，生生把一个悲惨事件当成了低俗小说来写，脑洞之大，连玄幻小说都要甘拜下风；用词之下流，连无耻之徒都自叹不如。

文章一经发表，立即引起了网友的痛骂，"二更食堂"也意识到了不妥，但在流量的巨大诱惑下，"二更食堂"的主管仍然舍不得撤下在他们看来必然10万+的"力作"，于是耍了个小聪明，替换了文中的部分实在是太过下流的语言，但总体而言经"修饰"过的文章仍然十分猥琐。结果大家都知道了，"力作"变成了"毒丸"，在网友们的一片喊打声中，"二更食堂"如过街老鼠，最终也没能逃过永久关闭的下场。

"事件"不是天天都能遇上的，而各路"流量猎手"追逐名利的心却无时无刻不曾稍有停歇。为了解决有限的网络"爆点"和无限的流量渴望之间的矛盾，互联网名利场中人把想象力发挥到了极致，没有事件就"创造"事件。

2016年5月，广州地铁内，一名网络男主播纠集了另外两名男子做直播，三人公然在列车里支起一张折叠小桌，桌上放着花生米、咸鸭蛋、馅饼和啤酒，三人盘腿对坐畅饮，十分自嗨，还将衬衫用衣架挂在扶手杆上。三人的行为让乘客十分不满，通知地铁工作人员予以制止。

2018年5月，"吃鸡"界知名主播"蛇哥"在被N次封杀后再度宣布复出，在某直播平台"卖身还债"。为了重新拉人气，"蛇哥"煞费苦心，竟然利用自家媳妇生娃的时机，直播老婆生产过程，让人怀疑"蛇哥"是否"神经病"发作。

不能不说，如此操作虽然"骚"味十足，却贵在"新颖"，效果自然是不错的，引来了50万人围观，也不枉"蛇哥"精心设计一场。当然了，结果也是可想而知的——"蛇哥"毫无悬念地迎来了第N+1次被封。真不知道这哥们下次复出又有什么惊人之举，还会玩出什么"新高度"。

还有平台和个人干脆通过迎合一些网民的低俗情趣来吸引流量。比如，某直播平台男主播“play 有喜”就以直播搭讪女性而“闻名”。

有记者看到，此君随身带着一台打开的笔记本电脑，佩戴摄像头和耳麦，天天在大街上转悠，当有粉丝提出“去搭讪个路人”这样的要求时，他便立刻走到一位过路的女子身边，不由分说开始“直播搭讪”。2016 年 3 月 16 日，他更是闯入南京某学校，直播自己如何骚扰女生。当天中午，这名主播趁午休进入校内，搭讪女生遭拒绝后，骂脏话侮辱女生，并强行搂腰、摸腿甚至强吻女生。被保安阻止后，还口出狂言，声称：“你们的一举一动都会被我的粉丝看到！”直至警察赶来才认错。但两天后，该男子故态复萌，又在南京某肯德基店直播“搭讪”，因搭讪的女生不搭理他，就趁一个女生看手机时，上前强吻了这名女生，吓得女生逃走。警方表示，“play 有喜”已经涉嫌猥亵妇女。

流量经济的巨大红利，也极大地刺激了某网约车平台的神经。“眼见他起高楼，眼见他宴宾客”，某网约车平台再也坐不住了。管他今后楼塌不塌，今天只管冲进去抢得一杯羹，才是“正理”。

目标定下了，可路径是个问题。网约车平台的身份很让人着急啊，作死不行，作贱又不成，蹭热点也不好办。看来要想在流量经济中崭露头角，那就只能作恶了。

策略既定，接下来的事情就好办了。2018 年 3 月 2 日，该平台发表了一篇推文，标题绝对劲爆：《来！共享炮，了解一下！》。虽然内容还不至于太“劲爆”，但标题和配图充满了性暗示，大有由网约车平台向新一代“约 P 神器”转变的架势，以至于有网友禁不住发问，难道该平台请的是“杜蕾斯文案专员”？

其实这种风格的文章，对该平台来说绝不是第一次。2017 年 3 月 21 日，其官方号发文，标题是《快来关灯，已经等不及了！》；2017

年6月30日，该平台公众号发表宣传文章，“加入一场30男30女的96小时线上CP爬梯，就这样脱光”；2017年七夕节，该平台公众号发表题为《这个七夕，拼不拼》的文章，大肆宣扬“不拼，永远是单身”……如此这般，充分吊足了一些人的胃口，由此多分泌了不少的激素。

配合这些推文的，是该平台诱导用户上传头像的话术——“可以提高20%出行率”。真稀奇，上传头像可以达到提高出行率的功效？背后的理由您慢慢琢磨去吧！

至于上传的头像，人家平台可有大用呢。该平台宣传，可以用20个积分兑换单身乘客的信息，包括头像、昵称、所在城市等，并声称“20积分‘明码标价’的爱情不会变”。功夫不负“有心人”，该平台用户快速飙升，也算是搭上了流量经济的“顺风车”。

事情如果止步于此，似乎倒也没有太出格，毕竟人家的宣传虽说低俗了一些，但还是停留在“标题党”的阶段，与“二更食堂”的人血馒头文章还是有本质区别，基本上属于有贼心没贼胆的那种，而且这事同行业的某大平台也没少干，大家不过是五十步笑百步而已，谁也不比谁高贵多少。

可问题是，在诸如《来！共享炮，了解一下！》这样的文章不懈的引诱下，平台不可避免地滑向了作恶的深渊。

2018年8月28日上午，某直播平台主播“请喊我飞果”终于按捺不住，开始利用某网约车进行十分无耻的直播。在此之前，他在每次某网约车接单前，都会把待接女乘客的头像“展示”给他的粉丝，并让粉丝们对女乘客评头论足，讨论哪个更好看，并就是否接某位女乘客征求粉丝意见。

这次他玩儿得更猛。接到女乘客后，“请喊我飞果”全程进行了直播，过程中不仅不停和女乘客搭讪，如同查户口似的对女乘客问东问西，比如年龄、职业、哪里人等，还时不时地“关心”女乘客要不要喝水，要不要吃饭。但女乘客所不知道的是，她的一言一行正在被人“消费”，成了“请喊我飞果”求粉丝“打赏”的理由，更不知道网上的一群下流之人正在对其用各种污言秽语进行评论，甚至是语言猥亵。

通过暗中直播，“请喊我飞果”的“人气”呈十倍增长，由女乘客上车前的2000人左右直接涨到了2万多。

当天下午，同一个直播平台上，另一位名为“影娱幻音、18号”的男主播也在暗中直播女乘客，并不顾女乘客“自己已有男朋友”的申明，不断向女乘客索要微信，表示要追她。

在遭女乘客多次拒绝后，该主播非但没有收敛，语言上反而越来越露骨。与上午的情况相似，“影娱幻音、18号”的直播间弹幕依然满是下流评论，有人甚至怂恿男主播“带她上山去”。

事情曝光后，该直播平台被推到了风口浪尖上，而该网约车平台却成功逃脱了网友的口诛笔伐。

在许多网友看来，作恶的首先是那两名主播，其次是某直播平台，至于该网约车平台，则并没有多大责任，因为有人用刀杀人，你总不能责怪刀惹了祸吧。

但问题是，在那些充满性挑逗和暗示的推文刺激下，有多少司机是冲着猎艳而非挣钱去的，有人能说得清吗？如果有，那么难道不是平台在作恶吗？

据不完全统计，自2015年起，共发生网约车注册司机性侵案13起，杀人案2起（洛阳空姐遇害案和乐清女孩遇害案，均发生于2018年），性骚扰事件更是不知凡几。我们完全有理由相信，网约车平台司机性骚扰、猥亵、性侵乘客，平台无下限的文案宣传负有不可推卸的责任。

“人之初，性本善”，大多数成为互联网“丑角”的人一开始还是有下限的。如果人性中没有弱点的话，他们应该永远不会走向堕落。

可惜人性中的确存在弱点。比如，贪婪、放纵、抄近道……但凡没有坚强意志的人，是很难抵挡住诱惑而不犯错误的。但如果没有当今互联网的乱象，他们人性中的弱点也许并没有爆发的机会。

事实上，看看一些互联网“黑类”是怎样炼成的，我们不难发现，其堕落往往离不开三个原因：首先，是一夜暴富之心作祟；其次，是“榜样”的力量；最后，是对流量的依赖和焦虑。

从某种意义上说，流量经济就像是互联网上的“潘多拉盒子”，一旦打开，既带来了看得见的利益，又开启了魔鬼之门，从此在互联网上埋下了恶种。

一些人作恶互联网，也可以说是被流量经济给“逼”的。“著名”的“东北二嫂”就是这么一位被流量经济裹挟的可怜虫。当然，这个可怜之人确有可恨之处。

化名“东北二嫂”的吴某，投入到主播行业时，一开始是一名很正经的女主播，平常以拍搞笑视频为生。虽然长相还算不错，但缺乏搞笑天赋，背后又没有段子手团队支撑的她，靠正经视频始终红不起来。没有多少粉丝，也没有人给她导流量，自然就赚不到什么钱，于是吴某坐不住了。

正在吴某为没有流量一筹莫展之际，一名叫雪儿的女子告诉吴某，有一个平台可以给她流量，可以让她轻松挣到钱，只要她肯拉得下脸。在雪儿的诱导下，吴某在涉黄直播平台上注册了主播账号，并取名“东北二嫂”，从此开始了涉黄表演。

果然，网络直播这玩意，不要脸的确是“无敌大招”，尺度一大，火力全开，自然深受“好这一口”的猥琐之徒欢迎。直播才一个月，吴某就“挣到”了4万多块，“食髓知味”的她从此一发不可收拾，在色情的路上越走越远。

为了吸引更多“粉丝”，挣到更多钱，吴某开始考虑更“劲爆”的玩法。可能是认识到一个人的主意有限，吴某找到了另一名男主播谢某“搭伙发财”。

几天之内，他们录制的涉黄视频传遍了互联网，两人真的“火大发了”——“东北二嫂”突然上了热搜。不过，这次吴、谢二人没有等来预想中的大好“钱景”，而是迎来了警方的拘捕。

还有“快手杰哥”，一个来自安徽某小城市，靠贩卖伪善牟利的青年杨某。2016 年年初，杨某在做过一些不成功的生意之后，开始学着玩“快手”做直播。一开始，他主打秀文身，向观众展示自己的文身，积累了大约 1 万多粉丝。他觉得远远不够。

像其他故事一样，这时候又有人主动给他“支招”了——以慈善为噱头吸粉，而且据说有不少人这么做就成功涨粉了。杨某对于能涨粉的建议一向是“从善如流”的，于是他立马加入到“祖师级带头大哥”“快手黑叔”的团队中，成了奔走于大凉山的“慈善主播”团队中的一员。

他们通常的“慈善”套路是这样的：几个“自愿者”来到大凉山住进县城的宾馆，白天前往山村“做公益”，假装给一些老人“捐钱”，或者给几个孩子发点吃的，比如，一块肉、一只烧鸡和一盒牛奶。等拍摄完毕后，他们再从老人们手中将刚才“捐出去”的钱拿回来。你没看错，是把钱拿回来。从头到尾，这一切只不过是一场摆拍的“戏”而已，真正给出去的，仅仅是一点儿不值钱的牙膏、牙刷、毛巾、肥皂，或者文具、食品，而且数量少得可怜。

为了增强拍摄效果，“公益”现场往往有人手把手地教老人如何动作表情，这些“爱心人士”有时候还会给孩子们脸上涂点泥，突出他们的“悲惨”境地。后期制作时，一般还要给视频配上一段伤感的音乐，常用的是《九儿》和《爱的奉献》。

用这样的招数，这些“有爱心”的主播的确吸引了不少善良的粉丝。“快手杰哥”的粉丝迅速涨到了65万左右，并如愿以偿地赚到了钱。带头大哥“快手黑叔”更是信心满满地透露，“要靠老铁（粉丝）刷礼物，合起来才能去做公益，到明年5月以后可以赚到2000万”。

可惜好景不长，随着一段“快手杰哥”做假慈善的视频曝光，“快手杰哥”本人登上了各大新闻和门户网站的头条，并且拔出萝卜带出泥，各个“爱心人士”也先后“栽了”。“伪善门”暴露后，立刻激起公愤。这也充分证明，有的时候，伪善人比真小人还可怕，也更招人恨。

流量就如同鸦片，吸上了就停不住，越吸越想吸，永远没个够。臭名昭著的美国洛根兄弟就是很好的例证。

自2013年“触网”以来，洛根兄弟中的洛根一直以夸张的视频为卖点，很快就走红社交平台。最初，哥哥洛根还只是拍一些无伤大雅的视频，如搞笑劈叉。

随着粉丝数量的不断增长，哥哥洛根在流量的路上一路狂奔，根本停不下来。为了持续不断地吸引用户关注，他给自己不断加码，先是强迫自己每日更新视频，随后开始向出格的方向急转，不断在网络上“搞事”。例如，在公寓里大声喧哗扰民被物业赶走；接着脑回路大开地邀请未成年粉丝观看他被“枪杀”的血腥场面。而他被“枪杀”的视频居然收获了超过2400万次的点击，成为他的视频里前20位的“爆款”。

哥哥洛根在2017年7月邀请亲弟弟杰克的前女友参与制作黑自家兄弟的MV，并且在结尾与亲弟弟的前女友有出格行为。该MV由于包含了众多刺激元素，因而取得了1.7亿次播放的惊人成绩。

正是依靠这些出格的视频，哥哥洛根在社交平台网络上“大红大紫”，成了粉丝1600万的超级“大V”。洛根的身价自然是水涨船高，达到了几千万美元的量级，洛根本人也变得财大气粗，2017年就曾“豪”了一把，用700万美元买下了好莱坞的一栋豪宅。

2018年，热衷于制造“爆款”的洛根，把目光盯向了日本富士山附近著名的“自杀森林”，声称要拍一部“预防自杀”的宣传片。听听，这境界，真不愧是“大V”。

他的“预防自杀”片是这样拍摄的：一群人嘻嘻哈哈、大喊大叫，声称要进入“自杀森林”探险。洛根领头，身穿鲜艳的服装，头戴绿色卡通帽，一身很不严肃的打扮。

当然，也不排除洛根明知故犯的可能性——人家为了流量可是什么都干得出来的，要的就是这效果也未可知。

不久，洛根和他的朋友们真的就还撞见了一名自杀后的死者，洛根兴奋异常、如获至宝，各种大笑和惊奇，足以做成表情包了，仿佛死的不是人而是史前怪兽，面对的不是尸体而是所罗门王的宝藏，全然“忘了”他们宣称的目的，丝毫不见对死者的怜悯和对生命的尊重。

洛根的丑态被拍摄下来，并经过精心编排之后上传到了YouTube上，在短短24小时内点击量居然超过了600万，并登上了YouTube发烧视频排行榜第10名，洛根的真正目的达到了。尽管事后遭到许多网民的痛批，包括政治家、名人等在内的公众人物大加鞭挞，签名请愿要求撤下视频的网友多达22万余人，但洛根其实并不在乎——虽然他最后被迫把视频下架，并道了歉。

不管洛根如何恶搞，一切的一切，不都是为了流量吗？只要能出“爆款”，就能引来更多的流量，就能快速变现，其他的，比如，羞耻、公德、法律等，在洛根这类人眼里，恐怕比不过一个点赞来得实惠。为了流量，“二更食堂”、“快手杰哥”、“东北二嫂”以及洛根，“我红之后哪管身后洪水滔天”。

公正地说，为恶的不是流量，而是那些为了流量不择手段的人，可怕的不是流量变现，而是贪婪的人心。但不可否认的是，正是有了贪婪的人心，流量经济早已变质；而只要流量变现还是网站的生存之道，互联网上的罪与恶就不会消亡，它们总会趁法律和人们不注意的时候溜出来为祸。

第三节　无望的去中心化

所谓中心化，简单说就是中心决定节点，节点必须依赖中心。而去中心化正好相反，就是没有决定节点生存的中心，节点与节点之间完全平等，每个节点都是一个“小中心”。

其实在我们现实生活中，中心化和去中心化的例子是很多的。例如，中国改革开放前，买生活用品只能去城里少数的百货公司或乡下的供销社，有的小城市甚至就只有一家百货公司，买米面油只能去国家设立的粮油副食商店，农民买种子、化肥等只能去城里的农资公司，买书只能去国家的新华书店，这就是当时中国商业的中心化时代。

现在，我们买东西可以有很多选择，既可以在大超市、大商场买，也可以在小便利店或专门的店铺买，还可以在网上网购，只要你高兴，这就是典型的商业去中心化。还有看电影，过去只能在电影院看，电影院就是电影业的中心，而现在我们可以通过电影院、家庭影院、电视机顶盒、视频网站等渠道观看电影，这就是电影业的去中心化。

中心化实际上就是行业权力的高度集中，以及资源的垄断。而去中心化的实质就是顶层权力下沉和分散化，以及资源的优化配置。

电话的普及打破了过去电话局、电报局对通信权力的垄断，实现了通信权力的下沉。文学网站打破了出版社、杂志社对出版权的垄断，进而促进了写作权的下沉，只要不违反法律，人人都可以是作家，人人都可以方便地发表自己的文学作品。直播平台的兴起，使过去电视台专享的特权被下放到民间，人人都可以成为主播，人人都有出名的可能性。这样的例子还有很多。

去中心化符合社会权力的分权趋势，能够有效地增加社会供给。例如，顺风车使私家车主可以提供过去只能由出租车公司才能提供的服务，Airbnb 在传统的酒店、旅馆之外提供了新的住宿供给。去中心化的好处是显而易见的，不仅给我们提供了明显的便利性，而且有利于竞争，促进了技术进步，降低了产品和服务的价格，提高了服务质量。

互联网在技术架构上是无中心的，任何联网的计算机之间都能通过不固定的路由方式进行通信，而不需依赖于特定的中心。

但是，在互联网的应用层，却形成了新的中心化，大网站统治了用户的信息入口。这也很好理解，因为集中式的信息入口对于用户更为方便。

这也就是互联网第一代门户网站兴起的原因，当年的新浪和搜狐即是如此。依靠各门户网站，用户可以方便地通向他们的最终目的地。

在搜索引擎趋于完善和友好后，用户不必通过门户网站的有限入口。因此，门户网站迅速衰落，取而代之的是新的、更大的信息入口——Google，因此 Google 也就成了搜索时代的互联网中心。当然，在中国，后来的中心变成了百度。

在这一时期，只有少数经常使用的平台或工具，比如亚马逊、淘宝、Facebook、QQ、MSN 和一些视频网站，才能不依附于 Google 或百度这个中心，在个人电脑桌面或浏览器收藏夹里拥有一席之地。另一个信息入口是浏览器的主页，上面有些类似于门户网站的链接，但其入口功能远比不上搜索引擎。因此，浏览器主页只能算半个中心。

随着亚马逊、淘宝、Facebook、QQ 向其他领域延伸和变得越来越庞大，它们开始成为中心之一。例如，亚马逊，它是几乎所有商品的网上中心；淘宝，它是无数个人商户的中心；QQ，它是许多游戏的中心。

这一时期，形成了以 Google/ 百度为中心，亚马逊、淘宝、Facebook、QQ、MSN 为副中心的互联网格局。

伴随着智能手机的普及，移动互联网强势崛起，互联网由搜索时代进入了推送时代，或称为 APP 时代。

基于传统计算机的互联网应用影响力下降，基于手机等移动信息终端的新势力闪亮登场，互联网中心化格局出现变化。

首先，是微信、今日头条、抖音等新人登场并一夜成名，Netflix、推特（Twitter）极速成长，MSN 关闭消亡（最近微软宣布在中国再次推出 MSN 服务，但时过境迁，MSN 已错过最佳发展时期，未来前途黯淡），百度统治力明显下降。

其次，是互联网中心由一个变为三个，互联网统治集团重排座次，有的走了，有的还在；有的升了，有的降了，真可谓“你方唱罢我登场”，“城头变幻大王旗”，几家欢乐几家愁。

目前，互联网已经形成以 Google、亚马逊、Facebook 为中心，Twitter、苹果 / 安卓 APP Store、Uber、Netflix 等为副中心的互联网格局。当然，中国是个例外。

对于中国这个全球最大、最具影响力的市场，除了苹果 APP Store 以强大的硬件为载体硬生生撕开了一个缺口外，Google、亚马逊、Facebook 等巨头都铩羽而归，似乎外国互联网公司在这块神奇的土地上都无法生存，而中国成功的互联网企业即便在本土有翻江倒海、通天彻地的神通，但到了境外就如同服了“十香软筋散”的张无忌，任你神功无敌却依然玩儿不转。

在中国，统治互联网的中心是微信、淘宝／天猫，副中心是百度、今日头条、苹果／安卓 APP Store、抖音和快手。

在这一时代，要想不被中心和副中心统治，只能是让自己的 APP 抢到宝贵的终端屏幕资源。然而这一目标看似简单，却十分困难。因为终端主界面上收藏的 APP 图标一旦数量达到一百个，寻找时会花费一点点时间，而大多数用户不太愿意付出这些“额外”的时间成本。

还有，大多数 APP 都会给用户推送信息，而用户对于这些推送信息的忍耐度并非无限的。因此，用户一般只会下载和保留那些他们认为有价值的应用程序。

互联网应用层面的再度中心化有两点好处：一是方便用户获取信息和服务，避免信息大爆炸带来的用户选择困难，以及减少海量信息下用户搜寻所需要的大量时间开销，即用户通过中心平台，就能很方便地获得“一站式”服务，无论是信息还是服务都能通过中心平台获得，无须在平台之间来回切换。二是有利于中心平台进一步发挥规模经济优势，理论上可以给参与者提供更多的福利。但事实上除了第一点好处，第二点好处完全是一个虚假的承诺——当某一领域的中心形成后，中心平台更倾向于利用中心地位强化垄断，去获取超额垄断利润。

当中心化平台处于创业期和成长期时，为了保持更快的发展速度，尽快形成足够大的规模，平台通常采取积极手段去吸引用户和内容／服务提供者。例如，免费的策略甚至价格补贴。淘宝在初期为了吸引个人开店，免收个人店铺的交易手续费。这时候平台、用户和内容／服务提供者之间的利益是一致的，三方之间呈正和关系。

而当其成长为处于垄断地位的中心平台后，平台与用户和内容／服务提供者之间的关系由正和变成零和，即平台的利益获得往往以牺牲用户和内容／服务提供者的利益为代价。

这时候平台不仅取消了过去给予用户和内容／服务提供者的好处，而且趋向于利用中心地位向某一方榨取更大价值。例如，2007 年淘宝开始向商家收取年费，收回了此前宣布“继续免费三年”的承诺。2011 年 10 月 10 日，淘宝宣布将原有商家需缴纳的每年 6000 元技术服务年费，提高至 3 万元和 6 万元两个档次，淘宝的这项新规引发了大量商家的不满，最终演变成一场中小卖家网络围攻淘宝商城的风波，导致政府官方介入，史称“淘宝 10 · 11 事变”。

由于当平台成为中心后，继续增加用户、提高销售收入的空间变小，因此最容易让公司市值增加的办法莫过于从平台的某一方参与者那里获取额外的利益。

到了这个时候，中心平台与用户和内容／服务提供者共同发展的宣传更像是一场精心设计的骗局，用以掩盖相互之间由正和的合作伙伴关系演变为零和游戏的对手方的事实。

淘宝宣称为商家赋能，让天下没有难做的生意，掩盖的是压榨商家，进而损害消费者利益的事实。电商的消费者往往有一个误区，就是平台向商家收费与我无关，并不影响我的利益。其实，平台向商家收取的各种费用，最终都会摊入商品成本，或者由更高的毛利率来消化，最终转嫁到消费者身上，即电商的羊毛从来都不会出在狗身上。

非电商的中心平台没有商家可压榨，那就一定会在用户数据上做文章，通过非法占有和出卖用户数据信息谋取超额垄断利润，如 Facebook 的做法。

在互联网再度中心化的时代，用户看似获得了方便获取信息和服务的好处，但这种好处是以牺牲用户的最终利益为代价的。

由于中心平台垄断了信息入口权，信息和服务提供者要想在众多信息中脱颖而出，就需要向中心平台支付额外的费用，如C店店主不向淘宝和天猫支付不菲的直通车费用，在今天几乎已无法正常经营，而这些费用最终还是要让消费者买单。

而用户在使用某搜索引擎获取信息资讯时，不得不忍受竞价排名的困扰，被迫接受了大量的无效信息乃至虚假信息，要想辨别真伪需要用户练就一双“火眼金睛”，而一旦用户缺乏足够的辨别力，不仅容易被误导，从而发生认知错误，造成损失，严重的时候还可能以丧失生命为代价，如“魏则西事件”。

信息和服务提供者如果不想依附于中心平台或者被中心平台控制和盘剥，看来只有两条途径：要么拼命烧钱宣传、拉新用户，要么找到用户自动传播、裂变的办法。

宣传和拉新所烧的钱迟早是要从用户身上找补回来的，即便不是直接从用户身上获得，也是通过贩卖用户数据等方式间接从用户身上获得。

用户自动传播、裂变只有一个办法，就是赋予平台社交属性。电商领域主要是依靠微商和所谓的社交电商模式自动产生用户裂变，这种方式的确可以摆脱中心平台和避免烧钱，但为了激励用户裂变，需要给主动进行传播、裂变的中间层级（如微商）足够的经济利益。因此，导致最终售价过高，明显高于实际价值，使用户付出了额外的成本。

电商领域似乎只有拼多多没有依靠中间层级提成而实现了用户分享，短时间内迅速发展出了大量用户，这不能不说是一个十分聪明的新模式设计，但拼多多模式不具有可复制性，而且始终没有摆脱“山寨”、假货的困境，最终仍然以牺牲消费者利益为代价。

主打陌生人社交的软件倒是在用户分享方面形成了“病毒式传

播”，迅速火爆而取得初步成功，例如，陌陌、探探、子弹短信、Monkey 和 Yik Yak。但这些迅速蹿红的陌生人社交软件往往难逃难以持续吸引用户的宿命，最后不是转型（如陌陌），就是昙花一现（如子弹短信和 Yik Yak），只有 Monkey 在被 HOLLA Group 收购后完成了产品迭代，继续向着成功的方向迈进。

互联网再度中心化后形成了新的集权，而处于互联网权力中心的平台正在试图扼杀所有可能挑战它们权力的创新活动。竞争是发展的永恒动力，但中心平台限制了竞争。现在的互联网变得越来越没有活力，也不再有趣和自由。

2017 年苹果下架 APP 应用的事件表明，作为中心的苹果 APP Store 可以在用户和应用软件发布者，即买卖双方都有交易意愿的情况下，让交易无法实现。这相当于一家企业生产了一款衣服，你看上了，价格也合适，但只要商城不同意上这款产品，你无论通过什么办法都无法买到。

这种情况在过去任何时候都是无法做到的，但苹果就做到了。这是由于苹果的操作系统是一个相对封闭的操作系统，除了通过苹果的 APP Store，用户无法将应用程序安装到自己的 iPhone 上。这表明在互联网中心化的时代，中心平台拥有任何时代一个企业都不曾拥有过的巨大权力。

中心化平台形成的强权使它们越来越霸道，可以无视用户的利益，肆无忌惮地为所欲为，甚至公然作恶，例如，虚假信息、大数据隐私侵犯、算法歧视等。中心化的 Facebook，在 2018 年平均每 12 天就要爆出一条负面新闻，其中包括利用假新闻影响选举、WhatsAPP 传播谣言、出售用户隐私数据等。这些问题在今后将会继续暴露，矛盾将进一步加剧。

正是因为如此，最近几年许多互联网名人都意识到今天互联网走入了一条错误的道路，像“万维网之父”蒂姆·伯纳斯·李（Tim Berners-Lee）就对互联网的现状感到不满和失望，有人甚至发出了“互联网已死”的感叹。蒂姆·伯纳斯·李干脆提出了推翻现行互联网的计划：设计一个完全去中心化的网络，并从中心化平台的手里夺回权力，使互联网重新回到正确的发展道路上来。

第三章

互联网身不由己

互联网的“病态”，并非无人察觉。相反，互联网的问题早已不是什么秘密。自家人知自家事，互联网企业和从业者对自身的毛病和痛点更是心知肚明，我相信，也一定有人想过改变。例如，打倒电商霸权，不再唯流量是从，做一个真正有责任、有担当的互联网企业。

的确，有人提出了反对电商霸权的呼声，但他们想的只是推翻旧霸主，自己取而代之。打破别人的霸权，自己独占霸权。也的确有不少互联网企业立志要成为有所为有所不为，不苟且、不妥协的好企业，还互联网一片净土。

1999 年，谷歌公司最早的工程师之一阿米特·帕特尔（Amit Patel）提出了“永不作恶”的企业宗旨，后来“永不作恶”成为互联网世界的普世价值观。

但可惜的是，不是所有互联网企业都能守住“永不作恶”这条底线。例如，前面提到的“二更食堂”、已经死亡的“快播”、导致“魏则西事件”的某搜索平台、非法贩卖用户信息的 Facebook 和曾经发誓“永不作恶”的谷歌公司。

谷歌首开搜索引擎竞价排名之先河，却并非真正负起审核职责。美国 FBI 查实谷歌广告部门为了赚钱，主动帮助卖假药者规避公司的合规性审查，使其搜索结果中长时间充斥大量假药、非法药物（如类固醇）等的广告页面，被罚款 5 亿美元；涉嫌抄袭竞争对手的网站内容，通过算法在搜索结果中把竞争对手往后挤，违背了保证搜索结果公正的承诺；涉嫌在 30 个国家非法收集用户信息而被起诉；被著名的路易威登（Louis Vuitton）公司起诉，指控其将搜索关键词“Vuitton”非法卖给路易威登公司的竞争对手、售假LV品牌产品的商店等。细心的网友发现，在2015年重组中，“永不作恶”已从谷歌官方层面消失，代之以的是“做正确的事”，意思是我认为正确的事我就做，管他作恶不作恶。

那么，是什么让互联网公司忘记初心，在追逐不正当暴利的路上越走越远，甚至公然为恶、习惯为恶呢？答案是：互联网企业已经被资本绑架，成了资本无止境追逐利润的工具，互联网已经违背了属于大众的社会性原则，堕落成了腐朽的、垄断的资本主义互联网。

第一节　互联网应该姓什么

在万维网被发明的头十年，是互联网时代的荣光，人们似乎已经找到了梦想中的乌托邦，一个没有强权、没有压迫、没有剥削的自由王国，一个超越主权、超越种族、超越文化、超越信仰、超越阶级的属于全人类的新家园。而这正是互联网先驱们的梦想。

正是这种对属于全人类的“美好新世界”的狂热追求，构建互联网基础的技术迷们纷纷选择了技术开放路线，将互联网关键技术贡献给了全世界而没有选择私有化。无论是互联网最为重要的TCP协议（传输控制协议，最初由斯坦福大学的两名研究人员于1973年提出），还是今天互联网资源共享的基础万维网（Word Wide Web，我们上网输入网址www.xxx中的www即是其缩写，发明者是蒂姆·伯纳斯·李。万维网并不等于互联网，而只是互联网的一项服务。但正是有了万维网，才形成了我们今天看到的互联网。——作者注），他们的提出者或发明者均没有申请知识产权保护。

要知道，2000年全球网民数量已达到2.5亿，2010年超过19亿接近20亿，如果蒂姆·伯纳斯·李在1991年申请了专利保护，按照美国20年的专利保护期计算，即便从2000年开始，他每年向每个网民收取1美元使用费，到专利保护期结束，蒂姆·伯纳斯·李收取的专利使用费也大约为100亿美元。100亿美元，世上不知道有多少人能抵御这样一大笔财富的诱惑。

我相信，能够发明万维网的技术天才不可能连知识产权保护都不懂，也不是因为20世纪90年代初期全球互联网用户数量很小，蒂姆·伯纳斯·李又没能预见互联网日后的飞速发展，而没有将按当时网民数量计算的那点儿专利使用费“小钱”看在眼里——1991年，全球网民数量已经达到百万级，即便按当时的用户数计算，每年收益也应该足以使技术男蒂姆·伯纳斯·李动心。

即使在比特币出现之初，还一文不值的时候，也就是在美国程序员汉耶兹用1万个比特币“买”两个汉堡之前，比特币的发明者中本聪老兄还知道给自己留下100万个比特币压箱底呢，管他今后值不值钱，总不能亏待自己。因此，促使蒂姆·伯纳斯·李等互联网先贤放弃对技术私有化的唯一原因，只能是早期的互联网精神。在蒂姆·伯纳斯·李们看来，互联网不属于任何组织和个人，它应该并只能属于全人类。

如果按照蒂姆·伯纳斯·李等互联网先贤的思想发展下去，互联网一定会成为挑战现实社会阶层秩序，促进世界大同的颠覆性力量。也许，英国人托马斯·莫尔在他的名著《关于最完全的国家制度和乌托邦新岛的既有益又有趣的全书》（通常简称《乌托邦》）里描写的美好、人人平等、没有压迫、如同世外桃源的社会——乌托邦，将借由互联网而得以在全世界范围内实现，最起码，是在互联网上实现。

出于对互联网的美好憧憬，1996 年 2 月 8 日，一个自称为“清醒的异议者”、摇滚乐队成员约翰 · 佩里 · 巴娄，以摇滚乐者的自由精神和奔放激情发表了一篇奇文——《赛博空间独立宣言》(*DECLARATION OF THE INDEPENDENCE OF CYBERSPACE*)。

所谓赛博空间，是指由计算机和互联网创造的虚拟现实，即我们今天所熟知的网络空间。因此，这篇奇文也可翻译为《网络空间独立宣言》。

文章开篇写道:“工业世界的政府，你们这些令人厌倦的铁血巨人，我来自赛博空间，思维的新家园。以未来的名义，我要求属于过去的你们，不要干涉我们的自由。我们不欢迎你们，我们聚集的地方，你们不享有主权。”

通常认为，约翰 · 佩里 · 巴娄是为了回应美国政府通过的电信法案而发表的上述宣言。但以今天的眼光看，《赛博空间独立宣言》所说的“政府”，其实应当泛指人类社会的上层权力组织——“王城”的“内城”中那些大人们控制“城外”中下阶层的工具，包括遍布现实社会的各种强力经济组织。

作为网络自由精神的先驱，约翰 · 佩里 · 巴娄激情四射地宣布:“我们正在建造的全球社会空间，将自然独立于你们试图强加给我们的专制。”他认为，“网络世界由信息传输、关系互动和思想本身组成”，“它是一个自然之举，于我们的集体行动中成长”。组成网络世界的要素之一——思想，不同于现实社会中的商品，“在我们的世界里，人类思想所创造的一切都毫无限制且毫无成本地复制和传播”。因此，网络世界里，“你们关于财产、表达、身份、迁徙的法律概念及其情景对我们均不适用”，“我们不能通过物质强制来获得秩序”，网络世界的秩序，依靠的是共同创造、共享成果的精神。“我们相信，我们的治理将生成于伦理、开明的利己以及共同福利”。宣言最后展望:“我们将在网络中创造一种心灵的文明。但愿它将比你们的政府此前所创造的世界更加人道和公正。"

约翰·佩里·巴娄的宣言代表了无数网民的心声，与发明和完善互联网的技术先驱一样，所有网民都希望互联网属于大众，属于全人类共有。因此，在我看来，互联网应该姓“社”，即互联网实行的经济制度应当是社会主义。

从经济制度的定义“人类社会发展到一定阶段占主要地位的生产关系的总和”来看，作为人类社会的一部分，互联网社会也有生产（信息资源生产），也存在生产关系。因此，互联网社会与现实社会一样存在经济制度。

按照马克思主义理论，社会主义的基础是生产资料公有制，那么咱们来分析一下互联网社会是否符合社会主义社会的基本要求。先看看生产资料的界定。

生产资料是人们在生产过程中所使用的劳动资料（劳动所需要的物资条件，其中最重要的是生产工具）和劳动对象（通俗讲就是生产商品所需要的原材料，分为两类：未加工的自然资源，如森林、矿藏；以及经过加工的原材料，如钢铁、棉花、粮食等）的总称。生产资料的定义是：劳动者进行生产时所需要使用的资源或工具。

现实社会的生产资料通常包括：土地、厂房、机器设备、工具和原材料等。这是工业时代对生产资料的认识。当今世界，科技和生产力飞速发展，生产资料的概念和含义正在进一步扩展。

那么，哪些是网络空间的生产资料呢？首先，网络地址，它相当于现实社会的土地；其次，网站，它相当于现实社会的厂房；再次，信息设备，包括计算设备（服务器、工作站等）、通信设备（通信线路、交换机、路由器等）、存储设备以及接入设备（个人电脑、智能手机等），它们相当于现实社会的机器设备；再次，软件，它相当于现实社会的工具；最后，信息资源（比特），它相当于现实社会的劳动对象（原材料）。

现在咱们来看看，网络空间生产资料的所有／占有情况。首先，网络空间的“土地”——网址是公有的，属于全体人民，获得网址使用权的机构或个人只有使用权而没有所有权，即对网址本身并无处置权。我们花钱购买网址，相当于我国国有土地的使用权转让，缴纳的是土地使用费。最关键的一点是，分配“土地”（网址）的机构都是非营利的国际组织，收取的网址使用费并不作为这些国际组织的利润，而是用于互联网协议维护等公共事务。

其次，网络空间的劳动对象，即信息“原材料”以共享为特征，采取“共享为普遍，不共享为例外”的原则。因此，基本上可以认定为公有。

而网络空间的“厂房”（网站）、机器设备（信息设备）和工具（软件）目前私有。但我们应该看到这些互联网私有资料的一个特殊性：基本上实行无偿使用。

少数采取收费制的网站，准确说是对内容（信息产品）进行收费，而不是对使用设备和工具（软件）进行收费，也不会对使用“厂房”（指登录网站）这个行为进行收费。目前对提供的设备和工具（计算能力）普遍进行收费的领域，可能只有云计算。因此，我们可以将网站、信息设备和软件工具的私用，视为一种有别于现实社会的“特殊私有”或“特殊公有”，即所有权私有，但使用权公有。

由此可见，互联网社会应当是一种“特殊的网络社会主义社会”。网络文化（Cyberculture）的观察者和代言人，有“游侠”（maverick）之称的凯文·凯利，一位思想的行者，在其著作《失控：机器、社会与经济的新生物学》（1999年著名导演沃卓斯基兄弟在拍摄大片《黑客帝国》时，指定全体演职人员必读的三本书之一）中指出：“我们正稳步迈向一种网络世界特有的、数字化的社会主义。”凯文·凯利认为：“当一场席卷全球的浪潮（指互联网信息化浪潮——作者注）将每个个体无时无刻连接起来时，一种社会主义的改良技术版正在悄然兴起。”

互联网社会的经济基础与现实社会的经济基础是分离的、相互独立的，不存在任何相关性。现实社会的经济基础不影响互联网社会的经济基础，反之亦然。

互联网社会与现实社会的唯一联系是“人”——“肉体的人”与“精神的人”之间的联系。受人类当前技术条件的限制，目前互联网社会的成员“网络人”或称“数字化人”，是现实社会“肉体的人”的精神意识在互联网社会的投影，“他们”现阶段仍然受“肉体的人”干预和制约，无法独立于“肉体的人”存在。

因此，目前互联网社会依附于现实社会存在。但随着技术的发展，特别是人工智能向人的大脑的模拟和逼近，“网络人”将越来越逼近“肉体的人”的真实意识精神世界，终将有一天，“网络人”将半独立乃至完全独立于“肉体的人”。

一方面，“网络人”将自行按照本体的思想意识、思维方式等自行思考、行动，最终形成一个与本体的思想意识高度相似，但又有所区别的新个体，即张三李四的网络版；另一方面，原先网络上（主要是游戏中）的虚拟“二次元”人物也将具有逼近真人的智能和思考能力，从而成为网络社会的正式成员。

届时，网络社会将从现实社会的附属层面上升到同一层面，成为现实社会的“平行世界”。从信息技术发展的趋势和速度看，这一天不会太远，保守估计将在百年内到来。

鉴于“网络人”是数字化的、精神的人，不是生物学上的、有形的人，互联网社会不需要也没有统治阶级和被统治阶级。同时，“网络人”本身并不需要现实社会的物质，需要的“物资”可以理解为游戏里的装备、道具等只是比特组成的虚拟物品，是可以无成本无限生产的。因此，当网络社会成为独立于现实社会的“平行世界”时，一个没有阶级、物质极大丰富、按需分配的互联网共产主义也将自动实现。而现实社会的共产主义远景实现道路还很漫长。因此，互联网将是人类最早实现的“天堂”。

第二节　共享单车后面的手

互联网应该姓“社”，应该属于社会，属于全体社会成员。那么实际上的情况又如何呢？现在的互联网到底属于谁？到底谁控制了互联网？

2019 年 3 月 17 日下午，北京城区的气温升到了 20°C 以上。进入仲春已有些日子了，路边的迎春花在微风中轻摇，不远处的围墙内一棵玉兰树努力地把枝丫探出墙外，几朵白色的花苞正散发着跃跃欲试的味道。阳光暖暖地洒落在身上，空气中跳动着欢快的节奏，远处的天空飘过一阵鸽哨。

正值周末，又赶上了久违的好天气，憋了一冬的人们纷纷走出家门，或赶去玉渊潭踏青赏樱，或三三两两漫步街头，活动活动快要生锈的身躯。好天气带给人们好心情，就连郁闷的人也暂时抛开了心中的烦恼。

在这春天的景象里，似乎一切都那么美好。除了那些散乱地躺在马路边、半倚在树干旁和墙根处的共享单车，它们大多早已落满了尘土，有的还“挂伤带残”，在那里缅怀着昔日的热闹和辉煌。非机动车

堆弃在一起的共享单车

道上不时有自行车驶过，但曾经一水共享单车的场面已消失不见。

自2018年以来，中国互联网界最热门的话题之一，就是共享单车。新闻媒体里不断出现共享单车的各种消息和文章，其热度至今未减，一如一两年以前。只不过，这一次不再是掌声和赞歌，而是各种“拍砖”和狂踩。

仅2018年12月，对共享单车口诛笔伐的文章不下二十余篇。例如，12月4日，搜狐网科技频道刊登题为《押金退不了，小黄车要黄了？｜共享单车败局，从一开始就埋下伏笔》的文章；两天后该媒体发挥痛打落水狗的精神，继续对已经被打翻在地的共享单车补上一脚：《共享单车死得有多惨，就有多活该》。

其他媒体也不甘示弱，纷纷跟进“补刀”：12月24日，《财经》杂志发表文章《共享单车大败局》；同日澎湃新闻发文称《ofo的共享单车商业模式本身可能就不成立》；12月25日，《华西都市报》刊登文章《共享单车的败局，早被大爷说穿了》；12 月 27 日，百度百家号发文《共享单车败局，秀出了创业者与投资人的智商下限》。

据不完全统计，在这短短一个月里，光是题目中包含“共享单车败局”字样的文章就达十余篇。

时间回到 2016 年至 2017 年，那时候共享单车还是天上的仙女，享受着举国上下的鲜花和掌声。在 2017 年 2 月 27 日，交通运输部官员都站出来为共享单车叫好，认为共享单车是城市慢行系统的一种模式创新，实际上也是“互联网交通运输”的一种实现方式，对于解决人民群众出行“最后一公里”的问题特别见效，并表示应该积极鼓励和支持。

2017 年 5 月，来自“一带一路”沿线的 20 国青年评选出了“中国新四大发明”，共享单车更是与高铁、扫码支付和网购一同荣膺“新四大发明”称号，一时成了国人心中的骄傲。

我查了查 2016 年到 2017 年媒体对共享单车的报道和文章，题目中自豪之情跃然纸上:《摩拜单车科技创新代表“中国智造”扬帆海外成为“中国骄傲”》《中国创新引领全球:“新四大发明”是中国骄傲》《中国新四大发明是什么？共享单车成“中国智造”名片》《“新四大发明”：标注中国，启示世界》《从中国制造到中国创造摩拜单车奏响大国品牌最强音》《拉美人眼中的中国共享单车：中国创新可以惠及世界》《中国工程院院士：共享单车向世界诠释中国创新》《共享单车、移动支付 世界创新版图跃升中国力量》《共享单车凭啥征服世界?》《中国共享单车在海外：用“逆向创新”引领新趋势》。

有的新闻媒体干脆直接给共享单车冠以“最牛”头衔。例如，《共享单车，当前最牛的创新商业模式，看完你就明白了》。有的把共享单车抬到了改变中国、影响世界的高度。例如，《共享单车改变中国：2017，中国模式的创新与创造》《共享单车怎么影响世界？英媒：汽油

共享单车便利出行

危机都缓解了》。

其实，共享单车还是那个共享单车，之前既没有那么“牛”，现在也没那么不堪。时至今日，客观地看待共享单车这一“互联网 +”的应用，我还是认为值得肯定。

作为互联网的创新业务，这的确是一个刚需市场，而非臆想出来的伪需求，仅凭这一点就足以证明，该创新是成立的。

2019 年 3 月 20 日上午，北京西二旗地铁站 A 口。调度车拉来了一些共享单车，瞬间被一抢而空，用时仅几十秒。在软件园某 IT 公司上班的小姑娘小张刚出地铁站，眼看着最后一辆车被“抢”走，只能无奈地摇了摇头。路边还散乱地放着一些共享单车，主要是摩拜和“小黄车”，也有“小蓝车”，小张抱着一丝希望过去挨个试了试，没有一辆能打开。

“运气好的时候也能碰到能骑的车，”小张说，“今天只能‘腿’着上班啦。”她家住在四惠附近的一个小区，走路去地铁站的话要十几分钟。所以，自打共享单车出现，她一直就是最忠实的用户。

小张认为，对于像她这样在一线城市依靠公共交通上下班的人来说，共享单车绝对是救苦救难的“活菩萨”，特别是在炎热的夏天。所以，她特别怀念2017年的时候，那时候共享单车比较多，基本上在小区、单位和地铁站附近都能找到。

喜爱共享单车的人不在少数。2017年4月7日，微信公众号“互联网指北”发表了一篇文章，题目叫《以人民的名义：共享单车不能垮》，代表了所有小张这类用户的心声。“我愿意每天付两块钱骑共享单车，只要还像过去那样方便，”小张如是讲道。

能够解决用户的痛点（公共交通“最后一公里”），盈利模式又十分清晰——包月或短时收费，市场规模足够大，这三点同时成立，还有什么是比这更有前途的事呢？至少当初的创业者和投资人都是这么认为的，例如，金沙江创投的董事总经理朱啸虎和ofo的创始人戴威。

实事求是地说，这三点既不是朱啸虎和戴威做梦梦出来的，也不是吹泡泡糖吹出来的，而是真实存在的。

自2018年共享单车被褪去“神光”后，共享单车“伪风口”论在一些媒体上甚嚣尘上，一如它们把共享单车夸到天上的时候，让人着实忍俊不禁。

2018年9月22日，某知名媒体刊登的一篇文章《你所在的行业，是风口还是伪风口？》，赫然将共享单车列为已停歇的“伪风口”第一位。

当然，谁都不是神仙，谁也没长前后眼，当初红火的时候捧它，没有谁规定臭了以后就不能踩它。但关键一点是：无论褒贬，但凭客观。特别是新闻媒体，这是你们的职责和底线。

客观讲，共享单车即便成功，主要的创新其实不是什么智能车锁、电子围栏等，那玩意早就不新鲜了，而是随意停放。我指的不是乱停乱放，而是指随机停放的“无桩模式”。

正是这一点小小的变化，才使共享单车真正有了生命力。因为，从概率论的角度看，越随机停放，越能方便用户使用。这就是过去政府搞的“公共自行车”没能流行起来，而共享单车流行起来的真正原因。这点看似很小的改变，却击穿了共享单车推广的最后屏障。

所以，也别小看这一点点创新，它是整个共享单车模式的精髓，是整个模式中的颠覆式创新，哪怕看起来只是一层窗户纸而已。而智能车锁，只不过是为这项颠覆服务的技术手段。

“无桩模式”打破了传统的思维局限，共享单车不仅不需要集中存放，反而希望集中投放的单车通过用户的骑行，实现动态随机分布。理论上，到最后每个需要共享单车的地方都有分布，这样用户才能在需要的时候用最短的时间找到一辆共享单车。这就是互联网思维的核心。

但仅凭这一点——它的优点显而易见，可代价是管理成本的大幅度上升，就把共享单车捧为当前中国最牛的创新商业模式，还是有吹捧的嫌疑。同样，现在把共享单车视为“伪风口”，与之前将之捧到天上一样搞笑和不负责任。

需要再次强调的是，共享单车的商业模式是成立的。真实的市场（短途出行刚需）、清晰的盈利模式（如果不打价格战的话），以及足够大的市场，重要事情说三遍。

关于用户数量，第41次《中国互联网络发展状况统计报告》表明，截至2017年12月，中国共享单车用户总数已达到2.21亿。交通运输部科学研究院、城市智行信息技术研究院与ofo共同发布的《2017年第四季度中国主要城市骑行报告》数据显示，2017年我国共享单车累计订单115亿单，其中摩拜和ofo占总数的90%。

同时，我也认为摩拜和ofo最早的收费标准也是行得通的：半小时收费 1 元，不足半小时按半小时收费——毕竟连政府补贴的公交车都早就告别 1 元以下票价了。因此，按照每单 1 元收费计算，如果不打价格战，2017 年摩拜的收入可达到 60 亿元左右（摩拜应该略高于 ofo）。

再来看看共享单车的费用支出。从美团公布的 IPO 招股说明书看（这个比较准确，水分应该不大，毕竟依据香港特别行政区相关规定，上市公司数据造假的后果十分严重），摩拜每月车辆折旧和运营成本分别高达 3.96 亿元和 1.58 亿元，共计 5.54 亿元，年费用支出合计约 66.5 亿元，缺口只有 6.5 亿元。

这还没计算用户交纳的押金产生的利息和其他收益（广告等），算上这些收入的话，2017 年摩拜收支应该可以持平。这在互联网行业，成立两年就实现盈亏平衡，绝对牛了。这不，刚刚上市的美团还亏着呢，而今日头条、美团和滴滴三大互联网新势力中的滴滴也同样亏损，不照样估值 500 亿美元以上？

即便 2017 年摩拜没有其他收益，亏损 6.5 亿元，这在互联网界算不得什么，照样是“浓眉大眼、一脸正气”的正面人物。如果剧情真按照这样发展，媒体还敢说什么伪风口吗？

2018 年年底，某互联网大佬在某商总会年会上痛批风口理论，说：“一个才没成立几天的公司，就凭着几个故事，组建了几个人的团队，估值就可以是几十亿美元。”鉴于该大佬在互联网江湖的地位高得吓人，其一言一行很是引人注目。因此，媒体纷纷猜测大佬这是在喷谁，对照大佬的话和前因后果一看，呀，这说的不就是 ofo 嘛！

可不嘛，前面说的那个金沙江创投的朱啸虎，你 2016 年投 ofo 的时候估值不过区区 1 亿元人民币，2018 年把手上 ofo 股权卖给大佬公司的时候，您要了个估值 30 亿美元的“天价”，是不是太黑了些？难怪大佬不高兴，搁我这我也不高兴啊，有句话说得好，麻子不是麻子，您这叫坑人哪。

不过该大佬好像忘了，一般来说越是大佬越容易得健忘症，毕竟“贵人多忘事”嘛。30 亿美元的估值好像贵公司是认同的，要不别人总不会强买强卖吧。我想不会，这世上能让大佬认栽的，只能是更大的大佬，而朱啸虎先生显然还没到这个级别。

读者们切莫误会，我与朱啸虎，以及共享单车没有半毛钱的关系，对该大佬的崇敬之情更是如滔滔江水。因此，我并没有要为谁站脚助威的意思，我只是看不得任何机构、任何人今天说人话明天说鬼话的做派。

所以，我坚持认为，个别媒体，特别是一些从来不为自己的言行负责的自媒体，是把人家大佬的话过分解读了，以人家大佬的水平，说的话绝对不会有所指的。真要像你们说的那样，大佬岂非太过没品？要知道，拍卖行业有个规矩，一经举牌应价就不得反悔，这道理一般人都懂得，何况大佬乎？

我说了这么多，只是为了说明一点——共享单车绝非伪风口。共享单车的确有一个很大的问题，那就是巨大的硬件投入和“无桩模式”下的巨大损耗。但这问题虽然无解，却也不至于要了共享单车的命。

从上面的分析来看，如果没有价格战，摩拜的营收应该可以持平，最不济也只是每年亏损不到 7 亿元，这对融了大量资金（截至 2018 年 1 月 F 轮融资，摩拜共获得至少 23 亿美元投资，约合 154 亿元人民币）的摩拜来说，即使全部免掉用户押金，现金流也能基本维持，绝对要不了小命的。

至于 ofo，的确它的单车低成本路线为运营埋下了巨大的隐患，导致丢失率和损坏率居高不下。据朱啸虎透露，每年的维修成本高达 1000 元／辆，这个成本是绝对躲不掉的。但走 ofo 这种便宜货路线的企业毕竟只是极少数，就只当是共享单车发展过程中的试错，不影响整个共享单车的发展，甚至在某种程度上是有益的。至少证明了哪些道路是行不通的，对于共享单车后续发展有积极的纠偏作用。

从现实情况来看，后来居上的哈罗单车的确吸取了 ofo 的教训，在摩拜的昂贵（单车成本 1000 元）和 ofo 的低价之间做了较好的平衡（单车成本 800 元，技术含量和耐用程度与摩拜相当），目前尚在扩张的道路上继续前进。

事实证明，ofo 通过试错验证，后来也意识到走单车低价路线带来的巨大问题，在 2017 年下半年发布了跑鞋胎、NFC 智能锁、NB-IoT 物联网智能锁等“黑科技”，单车成本由原先每辆 260 元上升到 700 元以上，其中单车采购单价为 369.5 元／辆，智能锁采购单价为 280 元／把。

如果没有价格战和盲目扩张的话，共享单车的商业模式是成立的，至少能够等来盈利的那天。

可惜，这一切都只是建立在“如果”上。然而对于已经阵亡的小鸣单车、悟空单车、町町单车、小蓝单车等，以及基本上快黄了的小黄车和随时准备说拜拜的摩拜单车来说，这个世界上根本就没有“如果”。

那么，如果一切重来，价格战可以不发生吗？疯狂的扩张能够避免吗？我的回答是“否”。这一切都是命中注定的，一如当初的百团大战和直播大战。那么，又是什么力量导致它们不可改变的宿命？答案是：都是出钱的金主们逼的。

有一个据说真实的故事，大约能反映资本“妈妈们”的控制能力。那还是在共享单车享受着鲜花、掌声和花不完的钱的时候，有一天某投资机构的某合伙人早晨起床，推开窗户往楼下一看，发现自家投的某颜色车与另一颜色的车（竞争对手）相比数量少了些，于是立即抄起电话打给了被投企业的创始人：“××，我今天发现我家楼下 × 色车已经盖过咱们了，这可不行啊，你得加速了，这个问题必须尽快解决！”电话那头忙不迭地应承着。

这也难怪，互联网演变到现在就是赢家通吃，谁要是搞互联网，基本套路不用教，连三岁孩子都会：画饼——融资——烧钱——再融资——再烧钱，不断重复上述过程，直到上市成功或者半道夭折，舍此别无他路。当然，上市成功的都成了传奇，而半路伸腿的就只能是垃圾。

在这种情况下，互联网创业公司的目标就只有一个：吹出更大的泡泡。至于怎样盈利什么的，那是成为独孤求败以后再考虑的事。

据ofo某前高管透露，当初投资人给戴威的要求十分简单而明确：“跑到市场第一，这是你唯一的目标，钱的事你不用管。”有了投资人的明确要求和承诺，ofo就像开了挂一样，不顾一切地蒙眼狂奔，全然不顾前面是金顶还是舍身崖。

可以说，ofo最早采用机械锁尚可理解，毕竟那时还没有可供参考的东西，但随着摩拜等竞争对手纷纷采用技术含量更高的智能锁，ofo居然继续在廉价的道路上一意孤行，背后的理由就有点儿耐人寻味了。

我们有理由认为，戴威不是不懂智能锁和高成本车身的好处，而是出于投机心理——毕竟摩拜一辆车的钱够买几辆ofo了，戴威是想以时间换空间，通过数倍于竞争对手的单车投放量迅速占领市场，最大限度地挤压竞争对手的生存发展空间，以求用最短的时间登顶成功，把各路人马远远甩在身后，只能望其项背而徒劳无功。

按照戴威的计划，这时才该哼着小曲回头顺手补补狂奔时没顾得上的短板，使梦想中的“帝国”更加完美无缺。还有一个可能的原因，也许戴威还希望通过单车成本的低廉，为一定会到来的价格战预留降价空间——如果我的车辆成本是你的四分之一，意味着我的收费标准可以只是你的四分之一。

如果真是如我猜测的那样，那么不能不说戴威的确足够聪明。要知道，能够考上北大光华管理学院本科，戴威的智商绝对达到了140分以上，要不然还真不能够。只可惜，创业不是考试答题，光靠智商是解决不了问题的。

戴威想法虽好，但独独算漏了一样东西：人性。由于不是自家东西，共享单车丢失和损坏的情况要远远高于私家自行车，这种情况下ofo科技含量低、车身简易的毛病就暴露出来了，使得ofo的维护成本远远高于竞争对手，甚至到了正常收入绝对无法覆盖的地步。出来混总是要还的，ofo用血泪诠释了这句话的含义——用了更高的代价来还买车时欠下的债。

其实到了2016年年底的时候，ofo应该可以通过一年的运营数据分析，发现其运维成本过高的问题，进而找到问题发生的原因，及时加以调整改变。而那时ofo总投放量只有区区80万辆，还不及后来的一个零头。事实上，ofo的确发现了问题，并且也做了响应。2017年1月16日，ofo发布第一代智能锁“海王星”。

但此时的ofo仍然没有从疯狂中清醒过来，快速抢占市场依然是ofo彼时的头等大事。所以，面对智能锁的问题，戴威和他的手下显然没有功夫去好好研究，而是以浮躁的心情，匆匆忙忙地推出了后来被马化腾讥讽为“小灵通”的所谓智能锁。

“海王星”名字绝对高端大气上档次，但经网友现场拆解，证明只是加了基于移动蜂窝网基站三角定位功能的伪智能锁，定位精度较差不说，官方宣传的随机密码更换功能也被视为幌子。

归根结底，这一切还是狂奔使然。要知道，一旦戴威把力气花在解决智能锁的问题上，就意味着扩张速度自动慢下来，那就会被摩拜追上，而ofo对摩拜唯一拥有的所谓优势也就是速度和规模上的那么一点儿差距，如果连这项“优势”都失去的话，对于戴威而言失去的就可能是一切。

我相信，朱啸虎在2016年9月放出“90天结束战斗”的豪言后，头一个90天没能结束战斗，戴威和朱啸虎又把赌注押在了第二个90天、第三个90天上，也许他们并不只是在忽悠别人，而是真的相信自己获得了互联网的真经——天下武功唯快不破。

这就不难理解，为什么戴威列出的2017年首要目标是：ofo投放量要达到2000万辆。从曝光的订单来看，ofo还的确下了高达1780万辆的生产订单，其中天津富士达1300万辆，飞鸽480万辆。

在ofo的疯狂攻势下，摩拜也不甘示弱，在2017年下了1560万辆的生产订单，其中天津爱玛500万辆，富士康560万辆，自产500万辆。

据有关人士透露，ofo团队作过测算，要保持市场占有优势，ofo的投放量必须保持摩拜单车投放量的1.6倍，虽然此前ofo的投放量高于摩拜单车，但由于小黄车的损坏率较高，其车辆使用率一直低于摩拜。特别是2017年2月微信扫一扫可以直接解锁摩拜单车，4月摩拜进入微信钱包后，依靠微信的加持，摩拜单车的用户数已经超过了ofo。

因此，保持与摩拜的1.6倍投放量就成了ofo不可逾越的红线。而情报表明，2017年年初，摩拜的新增投放量计划定为1100万辆。这就是戴威团队下达2017年ofo 1780万辆生产订单的原因。

如果投资者关于“钱的事你不用管”的许诺靠得住，ofo还能继续融到巨额资金的话，预计以ofo和摩拜为首的共享单车“疯投大战”还将继续。

实际上，不光是摩拜和ofo，就连曾经自封为行业第三的小蓝车，也在2017年市场最疯狂的时候，于3月22日在京召开了名为“决战紫禁之巅”的发布会，一副雄心勃勃、豪情万丈的样子，大有逆袭摩拜和ofo成为江湖新盟主的架势。

小蓝车猜到了开头，却没有猜到结尾——摩拜和 ofo 的确被人逆袭了，但不是它，而是一匹真正的黑马——哈罗单车，而他们早已提前“阵亡”。

事实证明，宁可相信世上有鬼，也不要相信投资人的嘴。到了 2017 年年末，ofo 融到的巨额资金很快就给烧没了，而它却并没有因此确立绝对的江湖大哥地位，还在与摩拜苦苦缠斗，并且越来越不像即将胜出的样子。

此时的朱啸虎心里已经打起了鼓，以至于忍不住吐槽：“投 ofo 的时候不知道这么烧钱”，并表示凡是烧钱的都是伪风口，今后不会再投这类项目了。

朱啸虎也是健忘，他投资过的滴滴可是更烧钱的。只不过这时他有一句话没讲，那就是烧不烧钱其实无所谓，重要的是他们能不能通过烧钱挣到大钱。朱啸虎自己曾经讲过，“（拟投资的项目）市场要足够大，如果判断赚不到 10 亿美元，我就不会投”。

因此，烧不烧钱那都是看对象说的，如果能挣到大钱，那就不叫烧钱，叫市场培育，就如同当年的滴滴，人家在那上面可是挣了好几个 10 亿美元呢。而凡是不能挣到大钱的那才叫烧钱，不，叫败家。

但不管怎样，朱啸虎忠实地秉承了他所遵循的理论——一旦发现公司不行了，那就止损，千万不要去救。所以，朱啸虎明确表态了：再没钱给你们这么烧了，要想拿到新的投资，那只有一条路，即摩拜和 ofo 两家合并。

这一招，当初他们用在滴滴和快的身上，挺好使的，其结果是直接促成了一个百亿美元级别企业的诞生，最后朱啸虎的 300 万美元投资增值了 1000 倍！

这一次，朱啸虎似乎又准备推上一把，再造一个滴滴。只不过，这一次不好使了，人家没听劝。于是，失去了最后一点希望的朱啸虎在不久后把手里持有的ofo股票全部卖给了阿里巴巴，套现走人。

此次交易，有证据显示估值为30亿美元。据工商登记信息显示，朱啸虎持有ofo 5.83%的股份，按照30亿美元估值计算，大约价值1.75亿美元，净赚了1.72亿美元。

虽说朱啸虎的这笔投资翻了58倍以上，但按照人家“不赚10亿美元不投”的标准来看，的确是“洒洒水啦”。难怪朱啸虎一副恨铁不成钢的样子。

说到这里，可能细心的读者发现了一个问题：既然摩拜和ofo都深受打价格战和蒙眼狂奔之苦，为什么不选择合并呢？毕竟前有网约车滴滴和快的合并之后一统江湖之榜样，后有外卖团购平台美团与大众点评合并事例之明证，再加上资本方力主合并，为何戴威竟如此不识相，甚至执迷不悟呢？

咱们必须认清一个基本事实，那就是朱啸虎作为投资人，比起其他资本大鳄来还是小朋友。大鳄们没有推动两家合并的意思，你即便是翻江鼠，又能翻起多大的浪呢？还是洗洗睡吧。

这不，朱啸虎嚷嚷了几次合并之后，一看所有大佬都没言语，就再也不吱声了。特别是当有媒体报道说经纬中国的张颖也主张共享单车合并，而张颖立即出来辟谣，并很谦虚地表示，自己只是个小投资人，不会也不应在公开场合讲这样的话之后，朱啸虎就彻底闭嘴了。人家经纬中国张颖都自称“小投资人”，你朱啸虎又算哪棵葱呢？再说了，你想合并就合并啊，人家马云同意吗？你难道不记得ofo背后的股东是阿里巴巴，而摩拜的身后是腾讯了吗？

哎呀，这一说疑点又来了。当初滴滴与快的合并时，背后的股东不也分别是阿里巴巴和腾讯吗？那时都能合并，那现在咋就不行了呢？答案是：此一时彼一时，情况不同了，不可同日而语啊。

据有关媒体报道，到2015年滴滴与快的合并前，双方经过几轮的融资，阿里巴巴成了快的的股东，而腾讯成了滴滴的股东，双方也都分别绑定了支付宝和微信支付，完成了选边站。

此后马云和蔡崇信数次亲自出手，帮助快的融资并阻击滴滴融资。例如，马云亲自打电话给软银孙正义，请软银投资快的，孙正义允诺。

因此，当时外界一致认为，滴滴和快的绝不可能合并。直到一个重量级的中间人出面说合，这事才有了转机。这个人也是IT界的大佬，两位马总也得给个面子。这位就是滴滴总裁柳青女士的父亲柳老爷子。

加上其他各方早期投资人推动，并共同决定将谈判的决策权，包括是否合并，以及合并后打车软件的支付手段选什么，统统交给滴滴和快的的创始团队，其他势力均不干预，这才说动了两位马总，同意双方展开正式谈判。毕竟经过烧钱，滴滴和快的谁也奈何不了谁，再打下去也是徒劳，而采取这种创始人说了算的方式，阿里巴巴和腾讯都有一半的概率兵不血刃地成为最大赢家。

后来的结果大家都已清楚了，合并后的滴滴出行投入了腾讯的怀抱，阿里巴巴表示很受伤。所以，后来美团创始人王兴透露，当他去阿里巴巴和腾讯寻求得到两位马总的共同支持时（当时阿里巴巴持有美团大约10%的股份），马云和时任阿里巴巴CEO张勇的态度令他大为吃惊。

他们对王兴说："你完全搞错了，我们认为滴滴合并快的对阿里巴巴来说是一个失败的例子，我们不会让这种错误再次发生。"而当美团和大众点评不可阻挡地合并以后，立即全面倒向了腾讯，阿里巴巴为了避免出现第二个滴滴，又扶持饿了么来打擂台。

所以，阿里巴巴绝对不会在共享单车上犯同样的错误，它必须尽一切可能阻止ofo和摩拜合并。从战略上讲，它宁可让ofo在自己手上烂掉，也不会冒第三次资敌的风险，哪怕理论上ofo与摩拜合并后被它收入囊中的可能性更大。

如果 ofo 就此死掉，对阿里巴巴来说也没什么可惜的，大不了再扶持一家起来，这点儿钱对于财大气粗的阿里巴巴来说，实在不值一提，只要不搞出又一个滴滴出行就成，那是阿里巴巴绝对不能接受的打击。

因此，别说这次共享单车合并缺乏像柳老爷子那种等级的“媒人”，即便再出现一个张老爷子、李老爷子什么的，恐怕阿里巴巴也不会给什么面子。

另一方面，恰恰 ofo 背后的另一个重要股东是滴滴，与传说中合并对象摩拜的背后靠山腾讯，双方在共享单车事情上处于一个十分微妙的状态，推动摩拜和 ofo 合并的事情也就不了了之。

这事很有意思，当时阿里巴巴还不是 ofo 的控股股东，而 ofo 的另一重要股东滴滴与腾讯却是母子关系，按理说母子共同使力，摩拜和 ofo 未必就不能合并成功。

可这里有个玄机，即作为母公司的腾讯和作为子公司的滴滴虽然都有推动合并的意愿，但有一个根本性的差异，都想自己控制合并后的新公司，而绝对不想让对方控制。咦，啥情况？慈禧太后与光绪皇帝吗？您还真就说对了，正是如此。

合并后的滴滴出行吞并了优步中国，终于成了网约车领域的独孤求败。回头看看，什么神州专车、易道用车、曹操专车，统统不值一提，就连新近冒出来的美团打车，挟着美团 3 个多亿的基础用户，目前也难以撼动滴滴的地位。

因此，滴滴十分希望将共享单车纳入旗下，从而形成出行领域的完整闭环——大出行系统。滴滴设想的是：在其主导下让 ofo 合并摩拜，并将合并后的新公司纳入麾下，从而统治共享单车行业，进则可向外卖领域延伸，从而分走一大杯羹；退则可阻击美团的进攻，固守大出行领域山头，稳住龙头大哥的金交椅。

此想法看上去的确很美，滴滴也的确做了尝试，于 2017 年 7 月向

ofo 派出数名高管，试图接管 ofo 管理运营权，但遭戴威强势反击，四个月后滴滴派驻高管被“集体休假”，滴滴接管 ofo 的尝试无疾而终。另外一个问题是，即便滴滴顺利接管了 ofo，并说服或强迫戴威接受了自己的想法，但腾讯会乐意吗？答案显而易见。

合并后的滴滴俨然成了互联网新势力的领头羊，隐隐有摆脱腾讯控制的势头，就如同当年亲政后的光绪一样，您觉得太后会放心吗？别忘了，这个皇帝可不是什么亲生骨肉，而是过继来的养子，一旦羽翼丰满了可是个麻烦事。

更何况，2018 年早些时候，滴滴准备 IPO，估值一度达到 800 亿美元左右，后来受洛阳空姐和乐清女孩双双被害的负面影响，估值降低到了 500 亿美元。如果滴滴整合 ofo 和摩拜成功，并将其纳入旗下，预计其估值将再次回到 700 亿美元左右，上市市值则有望冲击 1000 亿美元大关，从而与阿里巴巴和腾讯处在同一量级，而这不一定就是腾讯愿意看到的，哪怕腾讯因此增加 200 亿美元市值。

这也就是在共享单车大战之初，在子公司滴滴已经投资 ofo 的前提下，腾讯依然投资支持了摩拜。有点儿像大户人家，明明已经有了亲孙子，但奶奶还是找了个养子争夺继承权。

因此，抛开当事人 ofo 和摩拜不提，腾讯和滴滴之间谁都想整合共享单车江湖，但谁先动对方都会出来捣捣乱，最后大家形成默契，即你不动我不动，就这么保持现状挺好。

2018 年 4 月 4 日，摩拜卖身给美团，其实是腾讯最乐意看到的结果——共享单车头部企业 ofo 和摩拜分属自己的两个子公司，实行分而治之，谁也别想一家独大最好。

据知情人士透露，美团和摩拜的结合，就是腾讯牵线的结果；而摩拜最终能够被美团收购，也要归功于腾讯 20% 的投票权。就这样，在阿里巴巴、腾讯、滴滴、美团的相互掣肘之下，共享单车的合并注定只能是一个美丽的海市蜃楼，远远看得见，但永远摸不着。

腾讯打得一手如意算盘，不管是最后 ofo 胜出，还是摩拜一统江湖，反正腾讯都是受益者。但螳螂捕蝉黄雀在后，此时阿里巴巴已经在暗中准备着杀招了。

在我看来，阿里巴巴的战略可谓十分高明——先把 ofo 买过来，不是为了将其发展壮大，而是继续给摩拜施压，一步步将摩拜拖入战争的泥潭，待时机成熟时，突然入资哈罗单车，成为哈罗单车第一大股东（由蚂蚁金服控股 36%，达到实际控制人标准），然后支持哈罗打扫战场，成为最后的终结者。

可以说，由于哈罗单车在此前的混战中采取了“高筑墙、广积粮、缓称王”的正确战略，走出了一条避实击虚、稳扎稳打的发展道路，它其实早就进入了阿里巴巴的视野，成为阿里巴巴共享单车棋局中的暗子，只等时机一到，大军即刻行动，给奄奄一息的摩拜和 ofo 致命一击。

从这个角度看，哈罗单车随时都在准备着收拾残局，成为笑到最后的捡漏人。而 ofo，其实在阿里巴巴眼里始终是个“弃子”。

可怜的戴威，到现在都未曾明白：阿里巴巴给的 E 轮及 E 轮后战略投资，不是让他满血复活的急救包，而是专供炮灰享受的断头饭。像《红灯记》里李玉和唱的那样：“临行喝妈一碗酒，浑身是胆雄赳赳。”喝下阿里巴巴这碗酒的 ofo 就这样“义无反顾”地投入到了注定有去无回的阻击战。

同样可怜的是 E 轮及 E 轮后跟投的弘毅、君理两家投资机构，可笑他们想跟着阿里巴巴吃点儿肉喝点儿汤，却不知是陪着 ofo 同赴修罗场。

共享单车命运的背后，是一只看不见的手，它的名字叫垄断资本。而这只手，不仅操控了共享单车的命运，同时也操纵着整个互联网。

第三节　垄断是怎样炼成的

上一节我们发现了共享单车命运背后的操纵之手，现在咱们再顺着整个互联网的关系线理下去，看看线头儿在哪里。先看看中国互联网界。由于头绪较多、线条较乱，为使读者较为清晰地看懂中国互联网的“关系图”，咱们还是按主要领域梳理。

1. 出行领域：共享单车短途出行目前还存在的三家头部企业哈罗、摩拜和 ofo 的背后控制人是谁，上节已经说清楚了，在此不再赘述，单说网约车行业。

网约出租车领域，滴滴处于绝对领导地位，占据了 98% 的市场份额。专车和拼车领域，根据艾媒咨询发布的《2017—2018 中国网约专车行业市场研究报告》显示，滴滴出行占有网约车市场的 63%。

从每日财经网证券版 2018 年 5 月 11 日文章“滴滴第一大股东是谁？滴滴出行股东名单占比一览”看，腾讯为其第一大外部股东，占股约 10%；阿里巴巴也是滴滴出行的一个主要股东。此外，腾讯和阿里巴巴背后的投资人软银、DST、淡马锡也纷纷入股了滴滴出行。

滴滴还有一个重要股东，即 Uber（优步）全球。当初滴滴出行收购 Uber 中国时，将其作价 70 亿美元，换取了滴滴 20% 的经济权，其中 Uber 全球分到了 17.7%，另外 2.3% 归百度等 Uber 中国的其他投资人，但这只是经济权益，代表完整权益的股权是按 3∶1 兑换的，即 Uber 全球拥有滴滴 5.89% 的股权。请各位读者留意，软银也是 Uber 全球的股东，这一点很重要。

2. 外卖领域：根据中商产业研究院的调查数据，2018 年第一季度，中国外卖行业95%的市场份额被美团点评和饿了么占据，其中美团点评59%，饿了么36%。

根据美团上市公布的股东名单，美团的第一大股东是腾讯，为20.1363%，而创始人加CEO的王兴持股只有腾讯的一半多一点儿，为11%，与红杉资本并列第二大股东。有意思的是，阿里巴巴仍对美团持股约1.48%。

至于第二名的饿了么，众所周知，阿里巴巴拥有绝对控制权。2017年6月，阿里巴巴和蚂蚁金服再次对饿了么增资，持股总占比达到32.94%，获得了饿了么的实质控制权。2018年4月，阿里巴巴再次以95亿美元收购饿了么剩余的全部股份，将饿了么完全变成了阿里巴巴新零售生态的一部分。

3. 电商领域：龙头大哥阿里巴巴的情况稍后再讲（其主要电商平台包括淘宝、天猫、阿里巴巴1688.com、闲鱼等），先看看除阿里巴巴之外的其他主要电商。

排名第二的京东商城最大股东是腾讯，京东上市披露的信息表明，腾讯旗下的黄河投资有限公司占股18%，第二大股东刘强东占股15.5%。

而新近崛起，大有挑战京东和阿里巴巴地位的拼多多，第二大股东也是腾讯。从拼多多的招股书看，在拼多多的股权结构中，创始人黄峥股份比例为50.7%；第二大股东腾讯股份比例为18.5%；第三、第四大股东位高榕资本和红杉资本，持股比例分别为10.1%和7.4%。

除上述头部电商外，在美国新近上市的蘑菇街第一大股东依然为腾讯，持股比例为18%，高瓴资本、挚信资本、贝塔斯曼亚洲投资、启明创投和红杉资本分别持股10.2%、8.2%、8.2%、6.3%和4.6%。

号称专做特卖的电商唯品会，目前第一股东是CEO沈亚，持股为12.7%，但美国证券交易委员会的文件显示，2018年12月17日到21日，腾讯公司在二级市场买入唯品会5821606股，股份比例上升到7.8%，加上京东持有的5.5%股份，合计持股共13.3%，已经超过了沈亚。

国内首家网上超市、曾经最大的B2C食品电商1号店，2016年6月被京东从美国零售业巨头沃尔玛手中收购，从此成为京东旗下电商。

此外，新近崛起的二手电商转转二手交易网本是腾讯控制的58同城孵化的，2017年4月18日，腾讯与58同城达成协议，向转转二手交易网投资2亿美元，已将转转二手网接入微信钱包。

而近年发展势头不错的苏宁易购的第二大股东为阿里巴巴旗下的淘宝（中国）软件有限公司，股比为19.99%，与第一大股东苏宁集团创始人张近东相差不到一个百分点。

奢侈品电商魅力惠的控股股东为阿里巴巴，持股比例超过50%。

十分火爆的内容电商小红书，早在2016年3月腾讯就领投了其C轮融资，占股不到10%，但2018年8月，阿里巴巴抢到了小红书D轮融资的领投权，超过腾讯成为小红书最大的投资者，占股比例约10%。从阿里巴巴的发展战略以及与小红书的合作黏性来看，小红书基本已经决定倒向阿里巴巴，后面的E轮、F轮融资，阿里巴巴必定会继续领投，最终将成为小红书的大股东。

在电商领域，阿里巴巴占据优势地位，并整合互补性电商形成了电商龙头阿里巴巴系。而腾讯通过相对控股或参股（最低成为第二大股东）其余主要电商，形成了对抗阿里巴巴的电商腾讯系。两大电商系加在一起的市场份额已超过90%。

电商领域有一个重要的细分市场是二手车交易网站，因其具有较强的特殊性，阿里巴巴等传统电商无法将其覆盖，故单独予以分析。

关于二手车电商的排名，各方资料差距较大。例如，号称权威品牌评鉴机构DBRank发布的《2018二手车交易行业数字品牌价值与心智占有率数据分析报告》称，优信二手车在传播度、参与度、好感度、用户心智占有率几方面均处于第一，排名第二的是大搜车，第三名是人人车，瓜子二手车仅排在第十位，但传播度和参与度两项却遥遥领先所有二手车平台。

关于市场份额，相对可信的是一家第三方机构智察大数据公布的数据：2017年第四季度二手车市场第一、第二名是人人车和瓜子二手车，市场占有率分别为40%和38%。而权威数据百度指数表明，二手车平台搜索方面，瓜子二手车、优信和人人车占据前三甲。

综合各方资料，瓜子二手车、优信、人人车、大搜车应占据二手车电商的前四名。

2015年瓜子二手车由58赶集网拆分出来独立发展，隶属于车好多旧机动车经纪（北京）有限公司。同时属于车好多的还有毛豆新车网。目前无法确认车好多公司的股权结构，但可以肯定的是，2018年3月车好多采用AB股制度接受腾讯领投的8.18亿美元融资，表明经过数轮大额融资后，以CEO杨浩涌为首的创业团队已经失去大股东地位。

AB股模式即同股不同权模式，即将股票分为A、B两个系列，其中对外部投资者发行的A系列普通股有1票投票权，而管理层持有的B系列普通股每股则有N票（通常为10票）投票权。实行AB股模式，可避免创始人由于失去大股东地位而丢掉对公司的控制权。

此外，2019年2月28日，车好多宣布获得软银15亿美元的战略投资，其中9亿美元用于购买老股东股份。据悉，此次交易完成后，车好多最大股东将由软银取代。

优信二手车创始人戴琨持股24.9%，为优信集团第一大股东；所有董事和高管总持股比例为28.9%；优信主要外部股东百度持股10%，老虎环球基金持股9%，Hillhouse UX Holdings Limited持股8.4%。

人人车近年来下滑严重，百度搜索指标代表的品牌影响力目前已降到2015年的1/5，APP月度独立设备数和月度车辆交易量也几乎下降了一半。因此，估值不升反降。据融资资料分析，2017 年 9 月滴滴战略投资后，人人车最大的股东已变成滴滴，持股超过 40%，但未达到 50%，据悉是为了避免合并人人车不佳的财务报表。此外，滴滴的母公司腾讯据悉持有约 20% 的人人车股份。

阿里巴巴为新近突然爆发的大搜车除管理层以外的最大股东。

从上述分析看，BAT 和滴滴均已控股或战略投资了二手车交易平台的头部企业。

4. 旅游平台：前瞻产业研究院发布的“2018 年中国在线旅游发展现状分析”显示，2017 年携程占据了中国在线旅游市场 36.6% 的份额，为第一大在线旅游平台，去哪儿占据了 18.8% 的市场份额，为第二大在线旅游平台。

携程向美国证券交易委员会（SEC）提交的 2018 年年报表明，其第一大股东为百度，股份比例为 19%；第二大股东为苏格兰一家独立的投资管理公司 Baillie Gifford & Co，股份比例为 8.7%；第三大股东为全球在线旅游巨无霸企业 Booking Holdings 旗下的 Booking Entities，股份比例为 8%。而携程创始人、董事长梁建章与联合创始人范敏的股份加在一起，只有 4%。

2015 年年底前，在线旅游市场排名第二位的去哪儿由百度控股，2015 年 10 月，携程通过与百度换股，成为去哪儿最大的股东，拥有 45% 的表决权。2016 年 6 月，远洋管理有限公司对去哪儿发起私有化收购要约，从 SEC 公布的文件看，去哪儿私有化的买方财团有 9 名成员，包括携程和发起方远洋管理有限公司，私有化后携程仍是去哪儿的大股东，拥有 43.2% 的股份，远洋管理有限公司成为另一个大股东。但经查实，远洋管理有限公司与私募股权基金 Ocean Imagination L.P 是母子关系，而 Ocean Imagination L.P 的出资人之一正是携程。因此，通过私有化，携程已完全掌控了去哪儿。

腾讯成为合并后的同程艺龙的第一大股东，持股 24.92%，携程为第二大股东，持股 22.88%。此外，携程也是途牛股东之一。

在线旅游平台，携程通过并购形成携程系控制了市场，而腾讯控制了携程。

5. 社交平台：社交平台的绝对霸主是腾讯公司，其所属的微信和 QQ 是基于及时通信软件的社交网络，分别排在中国社交平台的第一、二名。关于腾讯的股权关系后面单独再讲。排名第三的是新浪微博，到 2018 年 9 月，当月活跃用户数已到达 4.46 亿。

根据新浪微博向美国 SEC 提供的 2017 年年报，截至 2018 年 3 月，新浪公司持有微博 45.6% 的股权，仍是第一大股东，而阿里巴巴持有微博 31.5% 的股权，为第二大股东。

除去前三名头部平台，大社交网络似乎已经没有太多值得讲述的。中国第一个实名制 SNS（社交网络服务）、有中国 Facebook 之称的人人网早已面目全非，里面充斥着游戏、导购广告、分期借贷、“网红”脸，曾经青少年的社交平台已消失不见。2018 年 11 月，人人网卖给了某传媒公司，仅得到了区区 2000 万美元现金和价值 4000 万美元的该公司股权。

以城市白领用户为主的社交网站开心网也迅速衰落，2013 年开心网正式向游戏领域转型，2018 年其社交服务收入仅占其总收入的约 13%，已彻底演变成一家手机游戏公司。两年前，开心网即已“委身”一家非互联网领域的上市公司，两年来未见任何起色。

而曾经专注于陌生人社交的陌陌，自 2016 年起即悄然向直播平台转变，虽然其宣传的定位是“视频社交”，但不可否认的是社交属性已急剧淡化。有鉴于此，阿里巴巴在 2016 年大量抛售其持有的 20.7% 陌陌股票，迅速从大股东名单中消失。这从一个侧面证实：阿里巴巴已不再将陌陌定义为社交平台。

2018 年 2 月，陌陌 100% 收购陌生人社交领域排名第二的探探，一方面表明陌陌试图稳定已经十分虚弱的社交功能，另一方面反映陌生人社交领域的集体迷茫和焦虑。我认为，合并后的陌陌不仅不会迎来细分市场垄断的发展良机，反而可能在坚守陌生人社交阵地的努力失败后加速逃离社交网络。

其实，在社交网络领域，自微信诞生以来就不断遇到挑战。例如，小米科技的米聊、网易的易信、阿里巴巴的来往，但这些社交软件都没能掀起多大浪花，现已先后消失在公众的视线里。

2019 年 1 月 14 日，原“快播”创始人王欣在恢复自由后再次创业推出的陌生人社交工具“马桶”MT 开放注册；一天后，今日头条的视频社交工具“多闪”和锤子科技罗永浩打造的熟人社交平台“聊天宝”上线，社交网络新一轮的挑战赛集中爆发。

然而，热身赛尚未结束，比赛便已宣告落幕：春节过后，“马桶”MT 的项目经理递交了辞呈，团队中陆续有人离职，“马桶”MT 官网的下载链接截至 3 月底仍然处于关闭状态；3 月 5 日下午，“聊天宝”团队宣布解散，开发布会如同开相声专场的罗永浩退出股东行列；尽管排名急剧下滑，但“多闪”仍在扩张，至少看上去是 1 月 15 日那三款社交软件中最有可能活下去的一个。

在网络社交领域有一类需要单独列出，这就是相亲网站。互联网婚恋市场不大，整体年收入不超过 50 亿元，在社交平台中的占比很低，但考虑到影响较大，故单独进行分析。

根据 Analysys 易观发布的“2018 年第一季度中国互联网婚恋交友市场分析”，在互联网婚恋市场，珍爱网以 39.1% 的份额占据第一位，百合网与世纪佳缘合并后的百合佳缘以 27.2% 紧随其后，有缘网以 14.6% 名列第三。

值得注意的是，由于相亲网站属于“一锤子买卖”，用户在相亲成功后即不再关注婚恋网站，用户留存度低。因此，融资情况一直不温不火。同时，BAT、TMD集团既无人投资婚恋网站，也无人推出自有品牌的婚恋相亲网站，表明BAT、TMD集团均不看好这一领域。仅网易和58同城推出了自己旗下的婚恋交友平台——网易花田、网易同城约会和58同城交友，但都不属于传统的相亲网站，而是主打异性交友、约会的社交网站。

6. 搜索引擎：根据美国一家网站通信流量监测机构的统计报告显示，2018年1月，百度中国市场份额为69.74%，排名第一；360搜索第二，市场份额为15.76%；神马第三，市场份额为7.51%；搜狗第四，市场份额为3.96%。

处于垄断地位的百度股东情况在后文单独介绍。排名第二的360搜索属于上市公司三六零安全科技股份有限公司的旗下业务，但360搜索的市场份额主要得益于其PC端搜索，在移动端搜索领域360的占有率仅为2.17%，排在第四位。

整体排名第三的神马只做移动端搜索，其在移动端搜索的市场份额达到了19.9%，随着移动端应用的持续上升，预计神马在搜索领域的市场占有率将进一步上升，最终有可能超过360。神马搜索由UC优视与阿里巴巴联合发布，而2014年6月，UC视频被阿里巴巴全资收购，成为阿里巴巴旗下的移动UC事业群。因此，神马搜索已成为阿里巴巴的旗下业务。

排名第四的搜狗2017年IPO招股书表明，腾讯为第一大股东，持股比例达到了45.37%，搜狐为第二大股东，持股比例为39.21%，搜狐董事局主席兼CEO张朝阳的投资主体Photon Group Limited持有搜狗9.58%的股权，为第三大股东。

7. 资讯网站：由于中国新闻媒体的特殊性，资讯网站缺乏市场份额统计。从猎豹大数据公布的2018年上半年新闻类APP排行榜看，排名第一的是今日头条，第二名是腾讯新闻，第三名是今日头条极速版，第四名是趣头条。再以下是天天快报、新浪新闻和搜狐新闻。新浪、搜狐为中国互联网发展第一阶段——门户网站时代的统治者，类似于今天的 BAT。

排名第一的今日头条是近年来诞生的互联网新势力，是中国互联网第二集团 TMD 中的一员。今日头条 A 轮融资由 SIG 海纳亚洲投资，投资额不详。今日头条 C 轮和 D 轮融资均由红杉资本领投，其中 C 轮融资 1 亿美元，估值 5 亿美元，D 轮融资 10 亿美元，估值 120 亿美元。

2018 年 11 月，今日头条的母公司字节跳动完成 Pre-IPO(上市前)融资，软银为领投方，云锋基金代表阿里巴巴参与投资。此轮融资高达 40 亿美元，今日头条估值已达到 750 亿美元，超过百度排在中国互联网的第三位。Pre-IPO 轮融资表明，今日头条已在腾讯与阿里巴巴之间选择阿里巴巴，二者将结为同盟。

排在第四名（实为第三名）、有媒体界“拼多多”之称的趣头条第一大股东为创始人谭思亮，持股 39%；腾讯旗下投资机构 Image Flag Investment (HK) Limited 持股为 7.8%，是最大的外部股东。

排名第五（实为第四）的天天快报是腾讯旗下的个性化阅读平台，与今日头条和趣头条一样，是利用人工智能推荐用户感兴趣的个性化内容的资讯网站。

资讯领域主要形成了今日头条和腾讯两强相争的局面，目前略微领先的今日头条已取代百度，成为中国互联网产业的“第三极”。

8. 视频网站：视频网站分为在线视频和短视频两大类。在线视频方面，根据比达咨询（BigData Research）发布的《2018 中国在线视频市场年度报告》数据，以月活用户数排序，爱奇艺 5.597 亿排在第一位，腾讯视频 4.956 亿排在第二位，优酷土豆视频 4.05 亿排在第三位，芒果 TV 1.202 亿排在第四位，PPTV 4618.15 万排在第五位，前三名基本垄断了市场。

2013年5月7日，爱奇艺合并PPS(全称PPStream)，这是视频行业第二大并购案，合并后的爱奇艺PPS用户数和使用时长立即跃升行业第一。目前爱奇艺的最大股东是百度公司。爱奇艺招股书显示，截至2018年3月，最大股东百度持股69.9%，第二大股东小米持股8.4%，而爱奇艺创始人兼CEO龚宇仅持股1.8%。

2012年3月，优酷视频与土豆视频合并形成了今天的优酷土豆视频，这是视频行业的第一大并购案。2015年10月，阿里巴巴在已是优酷土豆第一大股东的情况下，对优酷土豆发起了要约收购，彻底将优酷土豆并入旗下文化娱乐集团。

而芒果TV是湖南电视台的旗下视频网站，PPTV则由苏宁云商控股（占股64%）。由此可见，在线视频领域，除第四名芒果TV外，市场基本已被BAT瓜分。

作为视频网站的新生力量，近年来短视频APP获得了飞速发展。按用户月活跃量排名，快手以2.194亿排在第一，抖音以2.092亿排在第二，“南抖音、北快手”的两强局面已经形成。西瓜视频以6586.93万排在第三，火山小视频以4732.61万排在第四，快视频以3581.71万排在第五。

快手视频目前的前两二大股东仍然是创始人宿华和程一笑，持股比例分别为32.32%和25.86%。但腾讯在快手D轮和E轮融资中，出人意料地取代了C轮领投的百度，成为新的领投者，表明快手在BAT中最终选择腾讯作为战略合作者。

排名第二、第三、第四的抖音、西瓜视频和火山小视频均属于今日头条，其中火山小视频直接对标快手。

快视频是360旗下的一款短视频APP。目前看，短视频是唯一没有被BAT垄断的互联网大领域。但在短视频大类的直播细分市场，腾讯分别成为了头部平台虎牙和斗鱼的第二大股东。

9. 网络游戏：前瞻产业研究院的研究分析报告显示，2018 年第一季度，腾讯游戏占据了半壁江山，市场份额约为 55.7%；网易游戏紧随其后，所占份额约为 13.6%，腾讯、网易两大巨头加在一起份额将近七成，市场集中度进一步提高。第二梯队则以三七互娱、完美世界和游侠网络为代表，市场份额合计不超过 10%。

在占据了游戏市场 62.5% 的移动游戏（手游）领域，腾讯游戏和网易游戏仍然高居榜首，市场份额分别为 54.62% 和 16.36%；智明星通以 14.8% 的占有率紧随其后；第四名是完美世界。

尽管以上数据来源不同（游戏全行业统计数据来自前瞻产业研究院，移动游戏统计数据来源于中商产业研究院），且相互之间略有矛盾（按照移动游戏领域的统计，智明星通在游戏全行业占比应当达到 9% 左右，排在全行业第三位，而前瞻产业研究院的统计中，智明星通在全行业占比未进入前五。这也是我分别引用了两家数据的原因），但都表明腾讯在网络游戏领域一骑绝尘，占据了半壁江山，与网易合在一起两家市场占有率达到了七成。

10. 其他领域：网络安全方面，奇虎 360 一枝独秀。生活服务平台，58 同城与赶集网合并后占据绝对优势，市场占有率已达到 90% 左右。目前腾讯为 58 赶集网最大股东，持股比例约 22.9%。

K12（kindergarten through twelfth grade，学前教育至高中教育）在线教育领域，新东方在线、洋葱数学和 51talk 分别处于综合网校、在线数学和在线英语的垄断地位，其中新东方网校在综合网校市场占据 65% 份额，洋葱数学在在线数学市场占比达 62%，51talk 在在线英语市场拥有 49% 比重。

新东方网校的母体新东方在线的最大股东是新东方集团，持股比例为 66.72%，第二大股东为腾讯，持股比例为 12.06%。

洋葱数学股权结构不详，但2018年2月的最近一轮融资中获得了腾讯产业共赢基金领投的1.2亿元投资。

51talk第一大股东为美国风投DCM，持股为23.3%，拥有25.7%的投票权；第二大股东为创始人兼CEO黄佳佳，持有公司19.7%股权，有25.1%的投票权；红杉资本持有16.8%股权为第三大股东，拥有20.3%的投票权。

此外，腾讯战略投资了近年来名声很大的在线英语VIPKID，成为其重要股东。情况表明，腾讯十分看好K12在线教育，正通过战略投资向主要平台渗透。

通过上述股权关系梳理，我们不难发现，中国互联网基本已被腾讯、阿里巴巴、字节跳动和百度公司所垄断、控制。

而众所周知，腾讯最大的股东是南非米拉德国际控股集团(MIHTC Holdings Limited)，其持有腾讯的股份为31.17%，马化腾持股仅不到9%；阿里巴巴最大的股东为日本软银，持股比例29.2%，二股东是美国雅虎，持股比例为15%，马云持股仅7%；百度最大的股东是美国德丰杰全球创投基金（Draper Fisher Jurvetson ePlanet Ventures），持股25.8%，李彦宏持股为22.9%。此外Integrity Partners、半岛基金（Peninsula Capital）、谷歌和高盛也持有一定的百度股份，美资持股比例高达51%。

从某种意义上说，中国互联网早已沦为国际资本的猎物，不管创造了多大价值，本质上还是在替资本家打工。

美国互联网的情况也好不到哪里去。目前，美国乃至国际互联网早已形成以FAG（Facebook、Amazon和Google）为代表的垄断族系。

1. 亚马逊（Amazon）系：IMDb（互联网电影资料库公司）、Junglee（数据挖掘公司）、Planetall（社交网络公司）、Alexa Internet（专门发布网站世界排名的网站）、CD Now（亚马逊在线音乐商店过去的竞争对手）、中国的卓越网（一家网上书店）、CustomFlix（DVD制作商）、Shopbop（女性时尚购物网站）、East Dane（男装购物网站）、6pm(折扣服装网站)、Fabric.com（专门的布料电商网站）、Box Office Mojo（计算电影票房的网站）、Dpreview（数码相机测评网站）、Audible（有声读物网站）、ZAPPos（在线鞋店）、Woot（团购网站）、BuyVIP.com（欧洲在线购物网站）、Quidsi（母婴电商）、The Book Depository（网上书店）、Lovefilm（视频网站）、GoodReads（书评网站）、Push button（亚洲最成功的设计师品牌之一）、Kiva Systems（自动化机器人公司）、comiXology（数字漫画发行平台）、Double Helix Games（视频游戏公司）、Twitch（视频游戏流媒体直播平台）、Curse（游戏信息和通信平台）、GameSparks（网络安全和游戏公司）、Tenmarks.com（教育资源网站）、DPReview(数码相机网站)、PillPack（在线药房）、Souq.com（总部位于迪拜的电子商务平台）、Woot！（电子商务交易网站）、Junglee（印度电商平台）。目前，亚马逊子公司达100个以上。

2. 谷歌（Google）系：谷歌本身已是一个遍及互联网每个领域的庞然大物，近年来又通过并购，使自己的互联网疆域一眼望不到边。谷歌与互联网相关的并购主要有：YouTube（全球著名的视频内容分享网站）、BufferBox（电商储物服务公司）、Waze（导航软件公司）、Boutiques网上商城（个性化女性服饰购物网站）、Blogger（一家大型的博客网站，现更名为Google Blogs）、Orkut（社交服务网络）、Picasa（图片管理工具网站，现已更名为Google Photos）、Tenor（大型GIF搜索网站）、DoubleClick（网络广告服务商）、DeepMind（国际顶尖的人工智能公司）、AdMob（移动广告发布平台）、ITA SoftWare（以提供航班信息服务为主的在线旅游网站）。

截至目前，谷歌并购的公司已有200家。现在谷歌已占据了全世界77%的搜索引擎用户，可以说除了14亿中国人之外的世界都已经纳入了谷歌的版图之中。除此之外，谷歌还拥有世界第一的电子邮件服务体系Gmail；世界第一的视频平台YouTube；世界第一的浏览器Google Chrome；世界第一的地图程序谷歌地图；世界第一的手机操作系统Android和应用程序商店Google Play。当然，谷歌还拥有仅次于亚马逊的世界第二云存储服务Google Drive。

3. 脸书（Facebook）系：Instagram（风靡全球的图片社交平台）、WhatsAPP（简约极致的手机通信工具）、Messenger（类似微信的及时通信平台），以上三个如雷贯耳的名字构成脸书旗下三大移动社交平台，是支撑社交帝国的基石。此外，脸书帝国包括：friendfeed（社交聚合网站）、Oculus VR（沉浸式虚拟现实技术公司）、Wit.ai（自然语言软件平台）、QuickFire Networks（视频内容发布工具开放平台）、Divvyshot（照片分享网站）、Parakey（网络操作系统平台）、Bloomsbury AI（英国自然语言处理技术开发公司）、Sharegrove（为亲朋好友共享内容而创建隐私群组的小型社交网络）、Nextstop（社交旅行推介网站）、ChaiLabs（网络内容服务商）、HotPotato（社交网站）、Drop.io（文件共享网站）、Rel8tion（移动广告公司）、Beluga（消息群发服务商）、Snaptu（手机应用开发商）、DayTum（数据收集与组织创业公司）、Vidpresso（视频互动服务公司）、Confirm.io（身份认证技术公司）。

目前，脸书帝国已构建了宽广的护城河，势力范围遍及世界上168个国家，还差29个国家就将“征服”世界，月活跃用户数达到了24.31亿，除中国以外全球60%的互联网用户都是脸书帝国的“臣民”。脸书来自广告的收入仅次于谷歌，位列世界第二。

事实上，今天的互联网是个矛盾的怪胎：互联网协议层是完全社会化的、共有（公有）的，而互联网应用层却早已被垄断资本控制，成了垄断的资本主义互联网。

互联网的垄断不仅仅表现在市场集中度高和头部企业的并购上，还包括互联网再度中心化。在今天，即使是独立的互联网公司，要想被用户从浩瀚的互联网服务中发现并认可，也是一件十分困难的事情。

唯一的办法，是依附于中心的那些垄断企业，由它们提供通向用户的通道。当然，病毒式传播可以解决用户增长问题，但一般需要用户将网站或 APP 下载链接通过主流通信软件发给其他人。因此，仍然离不开 Facebook、微信等中心。

我们经常遇见这种情况，如好友张三发来一个链接，希望你帮他点赞或接力，但你打开链接，发现显示一个红色的大惊叹号，页面无法打开。你不用惊讶，这代表微信已经关闭了链接通道，换句话说，这个链接被微信在其平台上封杀了。

在网上传播文章或视频也同样如此，能否流传开来，其实有个先决条件，那就是没有被微信封杀。当然，有一些是依据法律或道德规范应当予以封杀的，比如违反公序良俗的内容，但相当一部分是根据微信自己的规则封杀的，甚至有一部分纯粹是基于腾讯保护自我利益的需要，比如封杀关于腾讯及其阵营的负面消息。

至于所谓的友商想利用微信这一开放、免费的平台，分享发布与腾讯发展战略冲突的产品，那是休想。对于有可能触动自身利益的一切行为，腾讯向来不会手软，坚决予以封杀。

那么这种垄断能否被打破？情况可能并不乐观。通过一个事件，我们可以清楚地看到垄断的顽固。魏则西事件后，百度面临巨大的信任危机。公众对百度的不满在 2019 年 1 月 23 日达到了顶点。

这天，一篇题为《搜索引擎百度已死》的文章传遍了社交平台，文章称："最近半年使用过百度的朋友，可能会注意到一个现象：你在第一页看到的搜索结果，基本上有一半以上会指向百度自家产品，尤其频繁出现的是‘百家号’。”文章还举了几个例子，指出部分百家号内容存在虚假信息，会误导用户。

此文一出，如一石激起千层浪，立即引来了网民的口诛笔伐。一时之间，民怨沸腾，舆论汹汹。有人改写宋代大词人辛弃疾《青玉案·元夕》的名句，将百度搜索结果的不公正展示形象地描绘为“众里寻他千百度，那人却在三页后”。

而后百度的官方回应，不仅没能平息舆论，反而有扬汤止沸、抱薪救火之嫌。回应称：“目前百度搜索结果中，百家号内容全站占比小于10%。”实话说，看到百度的回应，我的第一反应是：我的天哪，这么拙劣的解释也行？

要知道，对应一个关键词搜索，一般情况下结果成千上万，如我试着搜索“癌症治疗”，百度显示“百度为您找到相关结果约32100000个”。实际浏览，有将近76页，每页10个链接，共实际展示了756个链接（最后一页只有6个链接）。

百度回应“百家号内容全站占比小于10%”，那么咱们姑且按9%计算，上述关于“癌症治疗”的搜索展示结果中，有68个结果是百家号内容，足足可以排满7页。

现实情况是，在上述搜索结果中，第一页的9个内容（只有9个）有4个是百家号内容，分别排在第一、第五、第八和第九位，还有一个是百度百科内容，排在第二位。剩下的四个内容，两个均来自名为盛诺一家的网站，分别排在第三和第六位，一个来自名为“好奇心日报”的网站。

而打开盛诺一家的链接，发现这是一家号称“海外医疗服务专家”的机构。因此，来自盛诺一家的两篇内容均可视为广告，出现在首页基本可以肯定是竞价排名的结果。而“好奇心日报”到底是哪路神仙我不得而知，该文出现在首页也疑似竞价排名结果。

第二页的10个搜索结果中，5个来自第一页盛诺一家相似的医疗机构、1个来自百度百科、1个来自百度文库、1个来自百家号，只有2个来自网易和搜狐。

需要特别指出的是，上述出现在前两页的“医疗机构”没有一家是公立医院，但名字都挺高端大气上档次，其中一家叫“全球肿瘤医生”，首页显著位置出现了“北京大学肿瘤医院合作会诊平台”“北京大学肿瘤医院专家会诊中心”字样，貌似好权威的样子。

经查，这个网站属于北京环宇达康医疗科技有限责任公司，而非北京大学肿瘤医院。

以上搜索发生在2019年4月1日，距离《搜索引擎百度已死》发表已有60多天，而百度竟然未有丝毫改进。

因此，百度公司的官方回应，不仅没有丝毫营养，而且有糊弄的嫌疑。

但是，不管网民如何抨击百度，也不管搜索引擎的百度是否已死，一个我们不得不正视的现实是：我们能就此抛弃百度吗？从最新的流量监测网站数据看，答案不言而喻。既然我们那么不待见它，可又离不开它，原因究竟是什么？难道真是因为无可替代吗？弄清了这个问题，就能知道互联网垄断为什么腐而不朽、大而不倒，招人厌却又天天见。

经济学有个理论，叫“路径依赖”(Path – Dependence)。它是由美国经济学家、历史学家道格拉斯·诺斯在其著作《经济史中的结构与变迁》中首次提出的，道格拉斯本人也因该理论获得了1993年诺贝尔经济学奖。

路径依赖理论认为，人类社会中的技术演进或制度变迁均存在某种“惯性”，即一旦进入某一路径（无论是好还是坏），就可能对这种路径产生依赖。汽车靠左行驶抑或靠右行驶制度的形成，是最能说明这一理论的例子。

目前世界上，英国、日本、英联邦成员国和东南亚原英属殖民地在内的77个国家实行汽车靠左行驶制度，而以美国、中国、俄罗斯、法国、德国为代表的其他国家实行汽车靠右行驶制度。

其实，对驾驶员而言，靠左行驶和靠右行驶差别并不大，无非是习惯问题，而习惯是可以被改变的。例如，我一个在日本生活的朋友，由于他经常往返于中日之间，左方向盘车和右方向盘车开得都很溜。我本人去过一次马来西亚，租车开过，除了刚开始时有点儿别扭，几个小时后就驾驶自如了。

许多人把路径依赖的成因归结为人的思维惯性，认为决策者的固有认知和思维定式，决定了他或他们会继续沿着原来的路径走下去。为此，有人还专门做了实验，来验证这一推断的正确性。

实验如下：将5只猴子放在1只笼子里，并在笼子中间吊上1串香蕉，只要有猴子伸手去拿香蕉，就用高压水枪去教训所有的猴子，不管其他的猴子有没有参与拿香蕉。

如是几次后，没有1只猴子再敢动手了。做到这一步后，就用一只新猴子替换出笼子里的1只猴子。香蕉对于猴子的诱惑不亚于酒之于酒鬼，而新来的猴子又不知这里的“规矩”，自然就本能地伸出爪子去拿香蕉，结果激怒了笼子里原来的4只猴子，于是它们不等人来惩罚，先把新来的猴子暴打一顿，直到把它打服为止。

在原来的猴子们看来，那串香蕉是毒药，谁碰了大家都要跟着倒霉，因此凡是胆敢去尝试拿香蕉的猴子就是群猴的公敌，必须加以惩戒，否则大家都会有无妄之灾。

按照这个套路，实验人员不断地将最初被高压水枪“收拾”过的猴子换出来，最后笼子里的猴子全是没有挨过高压水枪惩罚的，但有意思的是，再也没有一只猴子敢去碰香蕉。

起初，猴子怕受到“株连”，不允许其他猴子去碰香蕉，这是合理的。但后来人和高压水枪都不再介入，而新来的猴子却固守着“不许拿香蕉”的规矩不变——尽管它们都不清楚为什么。这其实就是一种心理暗示，即这里的规矩就是这样，没有为什么，反正就是不能去碰香蕉，谁碰谁就该挨揍。

这个实验其实只能说明一个问题，即心理认知和思维定式的确在路径依赖的形成中发挥了作用，或者说心理认知和思维定式有助于强化路径依赖。但这个实验并未揭示一个问题：产生路径依赖的根本原因。

上述实验可以继续下去，我们来看看新的实验情况。由于找不到猴子做实验，我把实验对象换成了狗（请所有爱狗人士勿骂，没有虐狗，先行告罪）。

将想法对一个专门卖宠物狗的朋友说了，朋友推荐用蝴蝶犬做实验，据说聪明程度排在犬类前十位，智商相当于四五岁小朋友。朋友自己没有这么多蝴蝶犬，帮我找其圈内朋友借了些，一共凑了 11 只。

由于条件有限，大铁笼子和高压水枪无法同时满足，实验地点选在一个小型私人洗车场，铁笼子换成了一间洗车房。先牵进去 4 条蝴蝶犬，一人拿洗车的高压水枪堵在门口，其他狗狗关在较远的车上。

实验开始，扔进去一块煮熟的猪肉（没放盐），立即有狗上去抢，打开高压水枪喷所有狗狗。很快就没有狗狗敢去抢肉吃了，然后按前述猴子实验的步骤，将屋子里 4 只狗狗依次换成新的。4 只新狗均不敢去抢肉吃，第一阶段实验结束，证明将实验对象换成蝴蝶犬依然有效。

第二阶段实验系本人自行设计：将屋内 4 只狗牵出，由两人牵好立于门前，所有狗面向屋内（但无法进入），然后抱入第 9 只狗，第 9 只狗立即将地上猪肉吃了。

将第 9 只狗抱出，再放入一块煮熟的猪肉，换入第 10 只狗。重复，直到第11只狗入屋吃掉猪肉。以上过程，第5至第8只狗全部目睹。最后再放入一大块新肉，将第5至第8只狗放回屋中，所有狗狗均加入到争抢行列，"规矩"被打破。

以上实验证明：第一阶段实验形成的路径依赖是很容易打破的，只要改变认知（如笼子里的香蕉是不能碰的）即可。比如，从我家到公司开车一共有4条路径，我过去在长达5年的时间内一直走B路径，几乎从未改变过。

有一次和一位朋友同车去我公司，朋友十分不解我的选择，他告诉我有一条C路径比较通畅（C路径比较偏僻，我当时不太了解，而且导航软件从来不会推荐C路径）。

我听后不以为然，告诉他我早已习惯了B路径，并且我认为北京五环以内根本不存在不塞车的路，所以在我看来走哪条路都差不多，没必要换。此后我依然走B路径，从未考虑过换路。

直到有一天，我打车去公司，的士司机走的正是C路径，我发现的确畅快，并且比走B路径早到了10分钟（由于天天开车，我几乎能精确知道上下班所用的时间），从此以后我就改走C路径，目前已持续了3年时间。

还有一类强路径依赖，就是我们即使知道原来的路径不好，但也很难重新选择新路径。因此，我认为研究路径依赖产生的原因，重点应当研究强路径依赖。

道格拉斯·诺斯等学者的传统理论认为，路径依赖产生的原因，是背后都有对利益和所能付出的成本的考虑，对组织而言，一种制度形成后，会形成某个既得利益集团，他们对现在的制度有强烈的要求，只有巩固和强化现有制度才能保障他们继续获得利益，哪怕新制度对全局更有效率。

对个人而言，一旦人们做出选择以后会不断地投入精力、金钱及各种物资，如果哪天发现自己选择的道路不合适也不会轻易改变，因为这样会使得自己在前期的巨大投入变得一文不值，这在经济学上叫沉没成本。沉没成本是路径依赖的主要原因。

我认为传统理论关于路径依赖产生原因的判断很片面。对于社会组织，特别是国家而言，既得利益集团会强化现有制度的判断是正确的。

这种情况下，如果沿着错误路径下滑或者进入无效率锁定的状态，通常依靠组织自身的力量是很难破解的，大多数情况下只有借助外部效应，引入外生变量或依靠决策者的变化，才能实现对原有方向的扭转。

但对于经济组织，恐怕既得利益集团阻碍制度方向转变的判断有些站不住脚。对于经济组织而言，其利益或报酬就是经济收益。因此，当组织的经济收益，即报酬递增时，经济组织有强化现有体制（路径）的动力，路径依赖得以内在强化。

而当组织的经济报酬下降时，经济组织其实有改变现有制度（路径）的动力，即中国人所说的“穷则思变”，但阻碍制度（路径）转向的原因是风险性，即路径改变带来的结果有可能更糟，这时组织宁可“相信”沿着现有路径走下去会重新迎来报酬递增——毕竟现有路径在过去是成功的，而且组织只要把一些小问题解决掉就可能做得更好。

当经济组织获得报酬的情况进一步恶化，对于未来的预期已经跌落到“无信心”区间时，风险因素已经不再是路径依赖产生的原因，此时组织往往倾向于“赌一把”，决定路径依赖的因素变成了新增成本，即为转变路径所产生的成本是否小于预期收益，或该成本组织是否有能力负担。

对于个人而言，沉没成本只是路径依赖产生的原因之一。多数情况下，沉没成本形成了经验、习惯和情感，使个人愿意沿着原有的路径继续下去。

比如换工作，我们很少愿意从事新的行业，而更多是在原来的行业中选择新的企业，因为更换行业意味着你过去积累的与行业有关的经验将失去价值。更多情况下，个人产生路径依赖的原因是新增成本——如果路径改变的成本支出过大，则改变是不成立的。

比如，我一个朋友曾经试图改变自己的职业，他原来是做企业高管的，后来很想去做投资，但经过尝试，他发现说服金主（LP）把钱交给他新搞的基金管理公司实在太困难，需要他付出巨大的时间成本和学习成本。因此，他就果断地放弃了做投资的想法，继续老老实实地当他的企业高管。

总体来看，路径依赖的成因首先应区分国家与社会组织和经济组织与个人两类。国家与社会组织由于存在利益集团，会出现许多“明知该改但不愿意改”的特殊路径依赖。而现实生活中更多是不存在人为力量固化的路径依赖，这种路径依赖产生的原因是最值得研究的。

普通路径依赖产生的原因有两个。一是已有价值（已获得的好处）形成的惯性，二是成本（沉没成本和新增成本）形成的阻力。前者使组织或个人认为没有改变路径的必要，后者使组织或个人在试图改变路径时难以实施。

前者属于弱路径依赖，即阻止路径改变的力量很弱，只要想改变路径，基本上就没有什么困难。因此，只要给予组织或个人足够的刺激是可以打破弱路径依赖的。而后者属于强路径依赖，即阻止路径改变的力量很强，通常即使组织或个人有改变路径的想法但也很难实施。

在交通左、右侧通行规则演变事例中，英国在20世纪60年代曾出现过试图与国际接轨，将左侧通行改变为右侧通行的提议，但由于测算改变的经济成本高达数十亿英镑，而这项改变并不能使英国获得明显的好处，因而最后不了了之。

成本包括社交成本、信息成本、时间成本、认知成本和经济成本等。沉没的社交成本指长期形成的朋友关系，包括电话号码、微信号、QQ 号、Facebook 账号等联络方式。沉没的信息成本包括长期形成的各种数字内容，包括数字化的照片、文档、视频以及各类应用软件等。

社交成本和信息成本的重要性越来越高，很多时候已经超过了经济成本等其他成本。例如，某人丢了一部手机，他可能最在意的不是损失了多少钱，而是手机里的电话和微信通讯录（如果他没有留下通讯录备份的话）。

社交成本使通信社交平台具有强路径依赖。由于社交网站的封闭性，即 Facebook、微信等社交通信工具只允许本系统内的用户之间进行通信，而不能像电话一样不同的运营商之间必须保证互联互通，同时其通讯录不可被用户带到别的社交平台使用。因此，用户要使用其他社交通信平台就意味着原来已经积累的巨大社交成本归零，而这是用户无法承受的代价。

再比如，以开放源代码 Linux 为内核的操作系统成本很低，有些甚至是可以免费下载的软件，照理说应该取代微软公司的 Windows 操作系统才对，就像免费的 360 杀毒软件迅速取代了曾经风靡一时的卡巴斯基、小红伞、瑞星、江民等收费的杀毒软件，一统个人计算机杀毒软件江湖一样。

但奇怪的是，Linux 推出也有很多年了，而且得到了许多专业人士的认可，但目前市场占有率只有区区 2% 左右，不仅没能取代 Windows 操作系统，而且并没有明显提高市场占有率的趋势。

其实最重要的原因，就是信息成本。由于微软的 Windows 操作系统和 Linux 系统使用不同的源代码和数据结构，那些有使用 Linux 的用户如果希望运行基于微软操作系统的应用程序所产生的数据，就必须将其从微软的数据结构转换为 Linux 的数[illegible]

运行于 Windows 上的应用程序不能直接在 Linux 上运行。

虽然 CodeWeaver 的 CrossOver 办公软件包可以帮助用户在 Linux 环境下运行基于 Windows 的应用程序，但更多的应用软件还不能实现在 Linux 下的互操作。因此，哪怕 Linux 不要一分钱，用户也还是选择购买和使用 Windows。

而认知成本是在长期习惯于某种东西或某种行为之后，会使使用者或行为主体趋向于“认为”哪种东西或行为更好，从而不愿意尝试使用其他东西或尝试其他行为。

要改变这种认知，需要投入很大的宣传费用。例如，在不能使用谷歌搜索引擎的情况下，用户倾向于“认为”百度的搜索引擎功能更强。因此，用户虽然对百度的竞价排名、把百家号等自有产品放在搜索结果靠前的位置等做法十分反感，但由于认知成本的存在，用户相信他们转换搜索引擎将产生一些损失。哪怕他们并不清楚到底有哪些损失，但只要他们“相信”会有损失就足够了。

我询问过许多朋友，99% 的人表示会继续使用百度，原因基本上都是“认为”百度的搜索技术更好、功能更强，尽管其中绝大部分人并没有做过与必应、360、搜狗等其他搜索引擎的对比。在用户没有消除这种潜意识中“认为”百度功能更强的认知之前，他们是不会选择“用脚投票”的。

要消除这种认知成本，要么其他搜索引擎能让用户直观感觉到更好，而这一点十分困难，因为在目前的技术条件下谷歌和百度的技术水平已经达到现阶段的顶点，很难被超越；要么花费大量的钱进行宣传和用户教育，使用户相信使用其他搜索引擎不会造成潜在损失。

互联网垄断产生的第二个原因是网络效应。网络效应也称网络外部性或需求方规模经济，是指某种产品对一名用户的价值取决于使用该产品的其他用户的数量。例如，在电信系统中，当人们都不使用电话时，安装电话是没有价值的，而电话越普及，安装电话的价值就越高。

由于网络效应，网络的价值随着用户数量的增加呈几何级增长。梅特卡夫（Metcalfe）定律表明，网络的价值是其用户数的平方。一个用户 100 万人的网络与一个用户 1000 万人的网络之间，价值相差是 100 倍而不是 10 倍。

当某个网络的用户数扩大时，所有用户均可从规模的扩大中获得更大的价值。以色列经济学家奥兹 · 夏伊 (Oz Shy) 在《网络产业经济学》(*The Economics of Network Industries*) 中证明：具有网络效应的产业存在“先下手为强”(first-mover advantage) 和“赢家通吃”(winner-takes-all) 的特点。因此，在互联网产业中，首先达到最大用户数的平台理论上可以给其用户提供更大的利益，很容易形成和巩固垄断。

互联网垄断产生的第三个原因是双边市场。维基百科 (Wikipedia) 对双边市场的定义是：双边市场也被称为双边网络 (Two-sided Networks)，是有两个互相提供网络收益的独立用户群体的经济网络。或者说，两组参与者需要通过中间层或平台进行交易，而且一组参与者加入平台的收益取决于加入该平台另一组参与者的数量，这样的市场称作双边市场。

比如，文学网站就是一个典型的双边网络，如果网站的内容越多、越好，就能吸引到更多的用户，而网站的用户越多，就越能吸引更多的作者提供更多的内容，因为只有更多的用户阅读才能给作者创造更大的价值。因此，当某个双边网络一旦形成优势地位，交易的双方（如作者和读者）就越容易留在该网络上，而不会轻易尝试离开。

在双边网络中，先发优势十分明显，一旦出现了占领导地位的平台，就会形成天然的“护城河”，而新进入市场的步履维艰，把交易的双方或多方“拉到”平台上的困难和成本与没有行业领导者时相比成倍增加。除了及时通信软件等少数领域，绝大多数互联网应用都属于双边网络。

正因为双边市场的特性，在互联网界向来有“快鱼吃慢鱼”的说法，这就是在团购、网约车、共享单车、直播等新业态出现时，所有参与企业都不惜一切代价抢速度，拼命扩大规模的根本原因。

因为只有跑到第一的企业，才最有可能形成最后的“赢家通吃”。而一旦形成垄断，双边市场特性会进一步强化垄断。

互联网的垄断就是这样炼成的。

第四章

资本恋上互联网

1993年新年伊始，一场引发后来全球互联网海啸的地震爆发了——世界上第一个供大众使用的图形化网页浏览器Mosaic在美国伊利诺伊大学的国家超级计算机应用中心（National Center for Supercomputing Applications，简称NCSA）诞生。

虽然早在1990年瑞士人蒂姆·伯纳斯·李发明的万维网就已经构建起今天互联网的基本模式——Web服务器（Web Server）发布信息，浏览器（Browser）获得信息，但由于早期的万维网只有文本，没有图像、声音，更没有类似Windows的交互界面，对互联网的使用仍然很麻烦。

Mosaic的出现，给万维网的超文本语言（HTML）增加了一些新特点，特别是可以显示图像，这使用户可以很方便地浏览互联网的内容。

因此，Mosaic刚刚面世就受到了追捧，短短几个星期内，全世界就有数以十万计的用户下载使用，并由此带动了Web服务器站点数量的飞速增长。

可以说，Mosaic的出现使互联网真正进入了公众的视野。与此同时，嗅觉灵敏的投机资本也盯上了互联网这一新生事物。

1994年3月的一天，NCSA Mosaic工作组的中心人物、Mosaic浏览器的提出者马克·安德森，一个出生于美国中西部小镇的小伙，像往常一样坐在电脑前，一封陌生的电子邮件出现在他的邮箱内，而这封邮件即将把他推向人生的巅峰。

一个名叫吉姆·克拉克的老头在邮件中说："你可能不知道我是谁，但我是 SGI（硅图公司，一家生产高性能计算系统的跨国公司）的创始人……"

吉姆·克拉克是美国风险投资的大佬级前辈，直觉告诉他新兴的互联网是个巨大的金矿——"增长这么快的市场一定有钱赚"（克拉克后来回忆时所讲）。因此，他希望投资与信息高速公路相关的产品，但没有远见的 SGI 董事会其他成员并不同意，于是他决定离开 SGI 重新创业。

克拉克成功地说服了安德森，后者一开始并未想过靠与 Mosaic 相关的技术产品赚钱。克拉克投资了 300 万美元（这在当时是一笔巨款），与安德森一起创立了 Mosaic 通讯公司。一年以后，3 个人的公司发展到 220 人，成功占领了 80% 以上的互联网市场，并更名为网景通信公司（Netscape Communications Corporation）。

1995 年 8 月 9 日，在公司成立 16 个月后，网景公司成功上市并且获得了巨大成功。与网景公司相比，中国互联网公司上市的速度不值一提。网景公司首次公开发行（IPO）原定的股价是每股 14 美元，后来临时决定改为每股 28 美元。即便股价比原定价格涨了一倍，但发行的 500 万股仍然在两小时内被抢购一空。

在这一天里，网景的股票价格最高爬升到 74 美元，全天交易总量几乎达到了 1400 万股，这意味着当天发行的 500 万股股票差不多平均倒手了三次。股票的收盘价格是 58.25 美元，按此计算，网景公司市值为 22 亿美元，几乎赶上了国防承包商巨头通用动力。克拉克的 300 万美元投资获得了巨大回报，当天最高时达到了 7.18 亿美元，收盘时稳定在 5.65 亿美元。

作为互联网资本元年（注意，不是美国在线 AOL 上市的 1992 年），1994 年绝对是互联网发展史上重要的一年。在 Mosaic 通讯公司成立的同时，斯坦福大学的两名研究生大卫·费罗和杨致远搞了个架设在校园网上的名称土得掉渣的网站——“Jerry和David的网络指南信息库”，以帮助人们在网上搜寻内容。

当时的互联网可以说是一片荒漠，作为方便大家上网的工具，该网站很快就获得了大家的认可，访问量冲到了10万级，不堪重负的校园网只得请他们走人。

被赶出校园的费罗和杨致远于1995年3月成立了雅虎公司，4月份就得到了著名的红杉资本200万美元的天使投资，一年后又得到了日本软银6000万美元的上市前最后一轮投资。13个月以后的1996年4月12日，雅虎成功上市，开盘后股价就由发行价每股13美元直接跳到24.5美元，当日以33美元收盘。

根据当时官方披露的数字，雅虎上市时红杉资本持股521.2万股，约占总股份的24%，按上市首日收盘价每股33美元计算，红杉资本持有雅虎的股份约价值1.72亿美元，账面投资回报率为86倍。到2000年，雅虎的市值一度冲到了历史最高点，达到了惊人的1300亿美元。

受网景公司和雅虎资本造富神话的刺激，风险资本开始追逐互联网行业。在见证了互联网公司股价的创纪录上涨和节节攀高的投资回报率后，风投基金一改往日谨慎小心的作风，抱着“宁可投错，不可错过”的心态，对互联网公司采取了“撒大网”的投资策略，几乎只要是互联网创业公司都能得到风险投资的青睐。甚至很多互联网创业项目根本缺乏切实可行的商业计划，仅仅凭着新颖的“概念”就能拿到投资。

在2000年3月网络泡沫破灭前，最离谱的时候，中华网（中国第一个登陆纳斯达克市场的互联网企业，也是中国互联网第一股）仅凭一个域名就可以被美国资本市场接纳。

到1999年，美国投资于互联网相关领域的资本达到了287亿美元，约占当年风险投资总量的52%。而1999—2001年三年间，全球共有964亿美元的风投资本涌入了互联网创业领域。

风险投资对互联网的“青眼有加”自有其道理，咱们看看风投的发展史就一目了然了。

第一节　只有革命才有机会

20世纪40年代中后期到50年代末，是人类科技发展史上最重要的“黄金十年”之一，以第一颗原子弹的爆炸（1945年7月16日）、第一台计算机的出现（1946年2月14日）、第一颗人造卫星发射成功（1957年10月4日）为标志，人类正式宣布进入原子能时代、计算机时代和太空时代，开启了所谓的第三次科技革命，也促使了风险投资的诞生。

在这场技术革命中，人工合成材料发展十分迅速。材料的应用水平一直是人类生产力的重要指标之一，历史学家也以材料作为时代划分的标志：石器时代（新旧）、青铜器时代、铁器时代……

合成材料又名人造材料，简单点儿说就是通过化学合成，将小分子有机物合成大分子聚合物。因此，人们所说的高分子材料也是它。有机合成材料的出现，使人类摆脱了天然材料的束缚，第一次可以制造和利用自然界原本没有的东西，这使人类改造自然的能力大大向前进了一步。

合成材料被称为高分子材料的时候，往往使人有“不明觉厉”的感觉（主要是“高分子”一词有点儿唬人），但其实它可没你想象的那样“高大上”，那玩意儿可接地气了。咱们天天见到的塑料就是三大有机合成材料之一。还有我们熟悉的尼龙，它属于三大合成材料之一合成纤维的范畴。

1930 年，美国杰出的化学家华莱士·休姆·卡罗瑟斯和他的团队发现了人造纤维的雏形，但因为这种从高聚酯熔融物中拉出的丝很不稳定，在 100° C 以下就会熔化，而且特别容易溶于各种有机溶剂，因此不适合用于纺织。

经过继续研究，1935 年 2 月 28 日，卡罗瑟斯在实验室里首次合成出聚酰胺 66，拉出的纤维具有天然丝的外观和光泽，稳定的结构也接近天然丝，而强度和耐磨性却强于当时已知的任何一种纤维，其耐磨性至少是纯棉的 10 倍以上、羊毛的 20 倍以上。

美国化工巨头杜邦立即意识到巨大的商机，果断决定对其押注。1938 年 10 月 27 日，杜邦宣布世界上第一种人造纤维诞生了，并将之命名为“尼龙”（Nylon）。

1939 年 10 月 24 日，第一批工业化的尼龙长袜在杜邦公司总部所在地威尔明顿市的百货公司试销，立刻引起了轰动，试水投放的 4000 双尼龙丝袜在三个小时内被抢购一空。

《纽约时报》第二天的长篇报道称：“第一批上柜的长筒袜到下午一点就告罄。当天的大部分时间里，柜台前始终排着三列长长的顾客，他们中许多是男人，许多人来自外地。”

1940 年 5 月 1 日，杜邦首次在全美公开发售尼龙丝袜，尽管每人限购一双，但 500 万双尼龙长袜当天就给“抢没了”，其疯狂劲头丝毫不比中国春运抢火车票差。

虽然，对尼龙丝袜的市场前景十分看好，但显然实际的火爆程度还是远超过了杜邦公司的预期。此后一段时间，杜邦公司加班加点赶制尼龙袜，才勉强满足了市场需要。

但女性们的好景不长，随着第二次世界大战的深入，杜邦公司发

排队等待买尼龙袜的顾客

现尼龙更大的新用途——制造降落伞和战争大量需要的尼龙绳，这使得用来制造丝袜的尼龙数量大为减少。

拥有一双尼龙袜成了广大美国妇女可望而不可即的梦想，至于美国以外的女性，连想想的资格都没有，毕竟人家美国人都还“怨声载道”呢！

据说当时有点儿地位的美国男人和欧洲一些权贵们，会动用一切资源和手段为他们心爱的女人搞到一双尼龙丝袜，以博得美人一笑。

没有什么能阻挡女人对美丽的向往，她们的爱美之心实在是太太太强大了，一些根本就没有任何希望得到尼龙袜的美国女性，干脆想到了匪夷所思的办法——在腿上画上一双丝袜。

这种脑洞大开的办法一经“发明”，立即受到了“苦无丝袜久矣”的女性欢迎，一时之间，美国本土上无论是美容院还是鞋店，都会为顾客提供画丝袜的“业务”，据说生意很是不错。

美国女性在腿上画丝袜

尼龙的出现绝对称得上划时代。此后，一批新的人造纤维不断应运而生。

聚酯纤维（中国称为“涤纶”）1941 年由英国人 J.R. 温菲尔德和 J.T. 迪克森在实验室内研发成功，1953 年美国生产出商品名称为达可纶（Dacon）的聚酯纤维，随后聚酯纤维在世界各国得到迅速发展。

聚丙烯腈纤维（中国称为“腈纶”，俗称“人造羊毛”）1942 年被德国人 H. 莱因和美国人 G.H. 莱瑟姆同时发现，1950 年由杜邦公司首先实现工业生产。

聚乙烯醇缩醛纤维（中国称为“维纶”，国际上称为“维尼纶”，俗称“人造棉”）1939 年由日本樱田一郎、矢泽将英，以及朝鲜李升基在 1930 年德国瓦克公司发明的聚乙烯醇纤维基础上，经甲醛处理而得到，从而真正成为实用的人造纤维，1950 年在日本首先实现工业生产。

聚丙烯纤维（中国称为“丙纶”）1954 年由意大利化学家居里

奥·纳塔发明，1958 年由意大利 Montecatini 公司首先生产。

尼龙等人造纤维问世后迅速发展，很快就超过了羊毛产量。

橡胶在近现代战争中有着广泛的应用。例如，一辆坦克需要 800 多公斤橡胶，一艘 3 万吨的军舰更是需要 68 吨橡胶，其他如汽车、飞机、防化服、帐篷等都离不开橡胶，差不多军事装备、国防设施都有橡胶的身影。

但作为战略物资的天然橡胶过去只产于南纬 10° 以北、北纬 15° 以南的热带地区（20 世纪 80 年代初中国打破了巴西橡胶树不过北纬 15° 线的“禁区”，终于在北纬 17° 以北，接近北纬 25° 的广西、福建一些地区种植成功），一是产量有限，二是受阻于海运。因此，人工合成橡胶在 20 世纪 30 年代至 50 年代成为化学家们重点研究的方向之一。

其实，德国拜耳公司的前身，佛里德里西·拜耳染料厂早在 1906 年就开出了一个发明悬赏：如果谁在 1909 年 11 月 1 日前成功“研制出制造橡胶或橡胶替代产品的方法”，将获得该公司奖励的 2 万马克现金。在当时，2 万马克算得上一笔重奖了——相当于一个工人 15 年的工资。

受这笔重奖的诱惑，德国化学家弗雷兹·霍夫曼于 1909 年悬赏期限前成功地开发出了世界上第一种合成橡胶——甲基橡胶，愉快地拿走了 2 万马克的奖金。

但由于甲基橡胶成本较高，耐压性能不理想，并且容易在空气中分解，因此很快就于 1913 年停产，随后在第一次世界大战中再次被天然橡胶匮乏的德国人捡起来，战后又立即彻底消亡。直到 1937 年，世界上第一种接近天然橡胶的合成橡胶——丁苯橡胶在德国法本公司研发成功，为希特勒发动战争提供了底气。

此后，以美国为首的西方国家加紧对合成橡胶的研发，并在 20 世纪四五十年代取得了多个成果：丁基橡胶于1943年由美国埃索化学公司首先实现工业生产；氯丁橡胶的第一条生产线于1940年在苏联亚美尼亚共和国首都埃里温建成投产；丁腈橡胶1941年在美国大规模生产；与天然橡胶基本一样的异戊橡胶于1955年在美国首次合成，不久后用乙烯、丙烯两种最简单的单体（均可从石油中大量提炼）制造的乙丙橡胶也获得成功。

20世纪四五十年代也是塑料发展的黄金时代。第二次世界大战以后，大量油田被发现，仅1946—1950年，五年间平均每年在中东发现的石油资源就多达270亿桶，是过去世界石油年产量的九倍。因此，以石油为原料的树脂合成工艺迅速取代了煤化工的地位，各种塑料新品如雨后春笋般出现。由于石油化工产品相对于煤化工产品要廉价很多，成千上万的塑料制品涌向市场，给人们的生活带来了极大的便利。

1941年，杜邦公司首先开发出聚酰胺模塑料，加工成了齿轮、轴承和电缆等；1943年，有“塑料王”之称的特氟龙（又称为特氟隆、特富龙等）由美国杜邦公司首先推向市场；1948年，世界上第一个有机玻璃浴缸在美国科勒公司诞生，标志着有机玻璃的应用进入新天地；1952年，制造食品塑料袋这一现今必需品的低压聚乙烯在德国齐格勒公司实现工业化；1954年，美国陶氏化工开始生产今天我们经常使用的聚苯乙烯泡沫塑料；1957年，广泛用于普通机械零件、耐腐蚀零件和绝缘零件的聚丙烯塑料在意大利纳塔公司实现工业化。

塑料以其廉价、轻便、绝缘、不腐烂、不生锈等优点，以惊人的速度逐步替代了金属、木材等结构材料，到20世纪50年代产量已超过金属铝，随后很快又赶超了铜和锌。

在20世纪四五十年代合成材料科学和技术发展的带动下，世界上第一家私人风投机构在美国应运而生。1964年2月，美国风险投资的开山祖师约翰·惠特尼与纽约律师本诺·施密特合伙成立了惠特尼公司，初始资本约1000万美元，其中惠特尼本人出了500万美元（惠特尼是个富二代，他先后从父母那里继承了1亿美元的财产）。

为了表明投资的性质与过去不同，惠特尼专门创造了一个新词“风险资本”（Venture Capital）。

几个月后，在战争部长罗伯特·帕特森和陆军参谋长艾森豪威尔的鼓动下，前哈佛商学院院长、美国陆军准将乔治·杜利奥特和波士顿联邦储备银行（组成美联储的12个联邦储备银行之一）主席的拉弗·弗兰德斯，联合了一批新英格兰地区的企业家，成立了美国研究与发展公司（简称ARD），专门支持波士顿地区的科技研发成果转化。因此，ARD通常被认为是第一家具有现代意义的风险投资机构。

没过多久，洛克菲勒家族的劳伦斯·S.洛克菲勒组建了洛克菲勒兄弟公司（1969年改名为Venrock），也加入风投的行列之中。

我认为，1946—1956年是风险投资发展的第一阶段，即雏形阶段，这一时期美国的风险投资主要集中于以高分子新材料及其新产品、新应用为代表的制造业领域，特别是各种塑料成为风投的最爱，类似于今天的“风口”。

在雏形阶段，美国风投的中心位于新英格兰地区，一个原因是新英格兰地区的波士顿和紧邻新英格兰地区的纽约州聚集了当时一群美国非常有钱的大家族，如洛克菲勒家族、惠特尼家族、费普家族等，紧靠“金主”方便募资。

另一个原因是新英格兰地区教育资源得天独厚，美国常青藤联盟的八所学校有一半都在新英格兰地区，它们是耶鲁大学、哈佛大学、布朗大学和达特茅斯大学，举世闻名、被誉为“世界理工学院之最”的麻省理工学院也在此地，人才丰富，技术创新机会大。

实际上，在1957年以前，整体环境其实并没有给风投留下太多大展拳脚的空间。当时美国的制造业已经发展到了相当成熟的程度，重要的技术创新都集中在大企业，而大企业基本已经上市，即便没有上市也不需要风投支持。

在传统制造业垄断已经形成的情况下，科技人员即便取得了发明成果，但要想靠一个新产品在行业巨头的夹缝中生存下来，并且独立上市，机会十分渺茫。毕竟类似尼龙丝袜的奇迹在同一领域再次发生的可能性不大。

因此，当时风投对创业企业的投资，目标基本上都是奔着被大公司收购这条路去的。已经成型的产业，哪怕还在高速增长期，但由于想象空间有限，充其量就是个“水库”，对于风投来说好比龙游浅滩，被困住了手脚，不够它兴风作浪的。

只有人迹从未到过的“处女海”，才是最适合它的天地。那里的地盘足够大，水也足够深，能让它掀起滔天巨浪。

第二节　这一次多亏了“叛徒”

风投翘首以盼的“处女海”总算在1957年出现了。要完整捋清整个脉络，恐怕还要从头说起。

1956年，一件足以影响整个电子信息技术产业发展的大事在美国旧金山的硅谷发生了——诺贝尔物理学奖得主、“晶体管之父”威廉·肖克利的肖克利实验室股份有限公司成立，由此揭开了半导体产业发展的序幕，并开启了属于硅谷的时代。

就算在今天，威廉·肖克利也绝对是天才中的战斗机。他在1947年圣诞节前的两天，与两位同事一起成功研制出了世界上第一只晶体管，三年后又研制成功了第一只结晶型三极管——今天所有集成电路的“爷爷”。那时他还是美国电话电报公司（AT&T）下属贝尔实验室的研究员。

在晶体管出现之前，计算机、收音机、电视机等电子设备统统依靠真空电子管才能工作，但电子管有个大毛病，就是傻大黑粗，导致设备体积大、重量大。例如，用电子管构成的第一台计算机的总重量达到了 30 吨，占地面积更是达到了惊人的 150 平方米。能否生产出比电子管更小、更轻便的电子元件，是各种电子设备小型化的关键。而且，电子管还有不少缺点：功耗大、寿命短、噪声大，特别是制造工艺还很复杂——这意味着成本也高。

因此，在 1904 年电子管发明后不久，人们就开始寻找其替代品。肖克利的发明就是这么重要，够得上划时代级别的。肖克利功成名就了，但他并不满足于此，他还想要更大的成功——成为产业巨子。一句话，又要名又要钱。

世界上第一只晶体管

世界上第一台电子计算机

1955 年 8 月 7 日，日本一家名叫东京通信工业株式会社的小公司通过秘密购买的晶体管专利，生产出了世界上首台晶体管收音机。

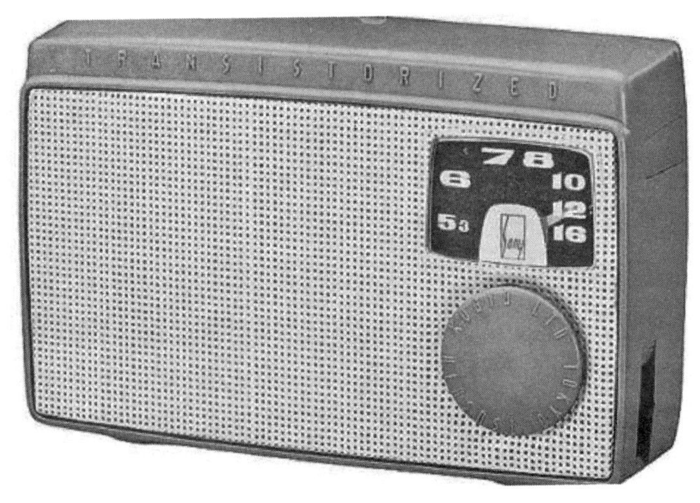

索尼发布的世界首台晶体管收音机

之所以说“秘密购买”，倒不是因为日本人秘密，而是美国人秘密。因为当时晶体管还处于实验室阶段，离产业化还有一段距离，而这段距离有多长，谁也说不清，反正贝尔实验室说不清。

因此，当日本人提出购买技术时，专利拥有者贝尔实验室不仅只要了个区区 25000 美元的地板价，而且嘱咐日本人不得声张，因为在他们看来，这种不知道什么时候才能产业化的技术卖 25000 美元有点儿亏心，而作为世界顶尖的科研机构，他们虽然也爱钱，但面子更重要，“坑人”的事传出去实在有失身份。

顺便提一句，那家日本小公司后来改了一个世人皆知的名字——索尼。

这件事可看出三点：第一，面子害死人；第二，科学家在和商人的较量中永远处于下风；第三，有时候成功的企业家对世界的贡献绝不比科学家小多少。

日本人的成功刺激了肖克利，他在当年便离开了贝尔实验室，回到加州老家，在硅谷开始了他的创业之旅。

肖克利选择硅谷作为梦想起飞之地有两个原因：一是那里气候干燥，有利于半导体研发和生产；二是他在加州理工学院读书时的老恩师阿诺德·贝克曼教授在那里办了一家名叫贝克曼仪器公司的企业，他去老师那里化缘去了（贝克曼仪器公司的确为他提供了资金支持）。

肖克利从老师那里搞到了钱，但他还得需要人才，靠他一个人可不行，在这点上，他还是很清醒的。肖克利回到人才集中的东部招兵买马，他的名望很快就吸引了大批的年轻俊才。虽然，他还要等几个月后才能获得诺贝尔奖，但“晶体管之父”的头衔已经够了。

不能不说，肖克利挑人才的本事和他的技术水平一样厉害，他从众多人才中挑选了八员天才级别的战将。其中，有戈登·摩尔和罗伯特·诺伊斯，这两人后来创建了今天的芯片霸主 Intel 公司，前者更是著名的集成电路铁律“摩尔定律”的提出者；杰里·桑德斯，Intel 公司最强大的对手美国超微半导体公司（AMD）的创始人；约翰·霍尔尼，集成电路平面制造工艺的发明者；尤金·克莱尔，与红杉资本齐名的凯鹏华盈基金两大创始人之一；剩下的人也没有一个是池中之物，今后无一不是名震一时之人。

如果肖克利的经营管理水平也和他的选才能力一样，可能故事就得重写了。可惜，这位仁兄的情商与智商恰恰成反比，他的技术有多牛，他的管理就有多烂。很快，这位“伯乐”亲自挑选的八匹千里马中的“七马”就准备尥蹶子不干了，而剩下的一匹马最后也加入了他们集体“叛逃”的行列。

现在网上有些人都把肖克利描写成“渣男”，对此我有点儿不敢苟同。经查历史资料，我并没有发现肖克利可以算得上“渣”的证据，反映出来的最多就是不太听得进去意见，按今天话讲有点儿“独”，还有似乎有点儿傲慢，但即便有这些问题，说他是“渣男”也的确过分了。

还有许多人认为，肖克利是个“十足的废物”，理由是“据戈登·摩尔后来透露，肖克利本来的目标是生产 5 分钱一只的晶体管。这个价格到 1980 年还无法达到，更何况是 1955 年”。

但据我看来，这点儿证据证明不了肖克利的“废物”评语，而只能说明他太过于理想主义。不能不说，商场更是一个“成王败寇”的地方，输家在世人眼里除了一无是处外，什么也不会剩下。

其实从市场的角度来看，大幅度降低成本永远是正确的方向，是生产经营的“王道”，只有这样才能引爆市场。因此，我认为，肖克利绝对具有超前的战略眼光。

肖克利的眼光很“毒”，应该是毋庸置疑的。挑人才就不说了，光从他辞职创办晶体管公司来判断，他对市场前景的把握绝非常人能够媲美的，而通过他对晶体管“白菜价”的极致追求来看，他在商业逻辑上的眼光也十分独到。

客观来说，他追求极致的低成本是无可厚非的，但坏就坏在他太理想化，也太固执了，以至于罔顾现实的情况和实现的可能性。要不说理想是丰满的，而现实是骨感的呢。如果换作一名理智的企业家，肖克利应该将理想先放一放，而将工作重点和有限资源放到产品研发方面，以尽快实现产业化。

可惜肖克利终究还是缺少了一些东西——成为一名合格企业家所必要的理性和决断力，这使他偏离了正确的路线，最终折戟沉沙，败走硅谷。

不管如何评价肖克利，但他的公司在1957年年初的时候的确看上去前景不妙。这时候肖克利的另一个短板暴露出来了，作为企业老板，他还缺乏团结力。因此，没有什么人准备与他共渡难关。

除了罗伯特·诺伊斯暂时没有加入外，包括摩尔、桑德斯在内的七个人决定跳槽，不陪肖克利玩儿了。一开始，他们只是想一块儿跳槽，找个能够一起雇佣他们七个人的公司。他们中的尤金·克莱尔（就是后来凯鹏华盈基金的创始人之一）找到了负责他父亲企业的银行业务的纽约海登斯通投资银行，打算通过这层关系找找路子。

这时候一个后来影响了整个风投行业的重要人物登场了，他就是日后有“风投教父”之称的亚瑟·洛克（Auther Rock），彼时海登斯通投资银行一名年轻的分析员。

亚瑟·洛克敏锐地发现了这里面蕴藏的巨大机会，于是立即给克莱尔回信：“好，先坚持下去，我们会找到人把你们搞出去的。”并说服他的老板科伊尔一起去加州见这七个人。亚瑟·洛克成功地说服了七人，让他们相信他们不应该找什么雇主，而是找到大公司投资，自己开公司。

收藏在斯坦福图书馆的签名版 1 美元纸币

由于没有事先准备协议书，科伊尔干脆拿出 10 张 1 美元的纸币，让大家在上面签字，一起合伙开公司，他和亚瑟·洛克负责找投资。所有人都签了字。

亚瑟·洛克帮他们找了三十多家大公司，没有一家有兴趣。眼看着伟大的创业计划因为钱的事情就要“黄了”，纽约一家摄影器材公司的老板像天使一样出现在他们面前。

这家公司名称为 Fairchild，音译“费尔柴尔德”，但通常意译为“仙童”。仙童摄影器材公司的董事长谢尔曼·费尔柴尔德先生同意给他们投资 150 万美元，但有个条件：找个靠谱的人来管理公司，毕竟这七位看上去都不像有管理天赋的样子。

要不说谁都没生前后眼呢，他们中不少人还真就是管理天才。例如，后来创立 AMD 的桑德斯。反正人家投资人的条件开出来了，七个人一商量，回去忽悠唯一准备留下的罗伯特·诺伊斯入伙，因为诺伊斯在团队里一直扮演着“带头大哥”的角色，像个管理人才的样子。

随着罗伯特·诺伊斯的加盟，半导体行业发展史上有着开创地位的仙童半导体公司就这样横空出世了。

当“八骏”齐刷刷拿着辞职信去找肖克利的时候，他气急败坏地大骂八人是白眼狼，并送给他们一个“光荣”的称号——“叛逆八人帮”(The Traitorous Eight)。

不过这个称号真的很光荣，因为此后他们将搅动风云，撑起美国半导体行业的整个天空。1957 年 9 月 18 日，“叛逆八人帮”向肖克利辞职的那天，后来被《纽约时报》评为改变美国历史的十个日子之一。

仙童半导体公司的成立，标志着风险投资进入第二个阶段——起步阶段。从此，风险投资与 IT 产业结下了不解之缘，而世界风投的中心也由纽约和波士顿向硅谷转移。

1958 年，美国国会通过了《小企业投资法案》(*Small Business Administration Act*)，允许美国小企业管理局（SBA）向私营的小企业投资公司（SBIC）发放牌照，由其在政府优惠政策支持下，资助和管理美国的小企业创业。

1961 年，美国西海岸第一家出色的风险投资公司戴维斯 & 洛克合伙企业成立，创始人之一就是凭借仙童公司一战成名的亚瑟 · 洛克，另一位合伙人是房地产投资商托马斯 · 戴维斯。

戴维斯 & 洛克合伙企业成立后，便于 1962 年以区区 30 万美元领头投资了新成立的科学数据系统公司（SDS），八年后该公司被施乐公司以 10 亿美元的天价收购。

另外三家著名的风险投资公司——德雷帕 & 盖瑟 & 安德森投资公司、萨特 & 希尔投资公司和梅菲尔德投资公司也在 20 世纪 60 年代出现。这四家风险投资公司为硅谷的发展定下了基调。

虽然经历了 1969 年年末的股市暴跌，以及美国国会把长期资本收益税率从 29% 提高到 49%，对风险投资造成的毁灭性打击，但新兴的 IT 产业对资本市场仍然有着致命的诱惑。特别是 1971 年微处理器（具有中央处理功能的大规模集成电路，分为通用高性能微处理器、嵌入式微处理器和数字信号处理器三类。简单说，计算机的中央处理器 CPU 即为通用高性能微处理器，但图形处理器 GPU 等一般不称为 CPU 的芯片也是微处理器）的发明，使资本看到了信息技术革命的巨大前景。

1972 年，斯坦福北缘沙丘路上最著名的三大风投公司中的两家先后诞生。先是世界上最大的合伙制风险资本凯鹏华盈（KPCB）基金成立，创始人之一是咱们熟悉的“叛逆八人帮”成员尤金·克莱尔，另一位是汤姆·帕金斯，系美国三个有资格被称为“风投之父”的人之一乔治·杜利奥特的得意弟子。这两位一个对 IT 产业情有独钟，一个身上具有浓厚的风投基因。因此，两人的合作似乎是天经地义的事情。紧接着，出身于仙童半导体公司和 AMD 公司的唐·瓦伦丁成立了大名鼎鼎的红杉资本。

整个 20 世纪 70 年代，美国经济都处于“滞涨”，通货膨胀率一路高升，到 1980 年达到了 18%，而失业人数和失业率有增无减，银行利率达到第二次世界大战后的最高水平，经济陷入低速发展区，企业投资也出现下降。但令人诧异的是，从 1978 年美国国会“痛改前非”再次将长期资本收益税率降到 28% 开始，风险投资呈现“井喷”，表现出与经济发展不一样的诡异态势。

这一年，硅谷沙丘路上第三家标志性的风投公司——新企业协会(New Enterprise Association，简称 NEA）成立。到 1981 年，美国风险投资额已从 1977 年的 25 亿美元急剧增长到 120 亿美元；基金公司数量从 1977 年的不到 20 个增加到 60 多个，增幅超过了 200%。这一年被称为美国“企业家黄金十年”的开始。

进入 20 世纪 80 年代，美国的风险投资家把目光瞄向了个人电脑及软件等相关领域，风险投资迎来了真正意义上的第一个春天，也进入了第三个阶段——发展阶段。

1982年2月，康柏公司（Compaq）成立，创始人罗德·凯宁凭借在餐巾上勾画的产品设想，得到了风险投资家本杰明·罗森250万美元的投资；同年同月，太阳微系统公司（Sun Microsystems）成立，并且很快就得到了凯鹏华盈公司的风险投资。

此外，一批与个人电脑相关的企业涌现出来，也纷纷成为风投的“菜”。

1982年成立的赛门铁克公司（Symantec）和莲花软件公司（Lotus Development Corporation）的“金主”是凯鹏华盈；红杉资本则投资了1984年成立的思科公司（Cisco）。著名的数据库开发商甲骨文公司（Oracle）虽然是1977年成立的，但也在1984年拿到了红杉资本的投资。

可以说，在这一阶段风险资本的兴趣和关注点首先是计算机行业，然后才是生物产业。

在此背景下，1983年美国资本市场出现了有史以来的第一个狂潮，整个投资界对于以计算机为代表的高科技产业达到了一种疯狂的地步，只要是沾上计算机、生物这两大产业的边，风险投资就会一拥而上，投资决策时间从两三个月缩短到几周甚至几天，因为晚了就会被别人“捷足先登”。

这种“饥不择食”的情形很有点儿2016年年底2017年年初中国同行追逐共享单车时的样子。随之而来的，是投资单笔投资额上升。

1977年单笔风险投资平均为400万美元，到1983年涨到了800万美元，翻了一倍，这也反映出风投对计算机、生物等高科技项目的竞争趋于激烈。

1983年的企业首次公开发行（IPO）也达到了顶点，从事计算机行业的康柏电脑、莲花软件、商地公司（Businessland）、Trilogy全球研发中心、艾萨半导体（LSI）、Stratus，从事生物医药的安进

（Amgen）、Biogen、Chiron……一大批科技公司在风投的推动下成功登陆纳斯达克市场，数量达到了 150 家以上，规模超过以往任何时候。

这一时期，风投由此前的稳健转向激进，高回报、高风险项目受到追捧，据说标准的风投应该是这样的，只会投资预期三年回报一百倍但成功率只有 25% 的项目，而不会投资预期三年成长三倍但成功率达到 80% 的项目。

但很快被资本吹大的科技泡沫就撑不住了。从 1984 年开始，科技股受到重创，IPO 变得十分困难。

有意思的是，就在这种大环境下，微软公司、甲骨文、太阳微系统公司、Adobe（世界领先的图形设计、影像编辑等数字媒体软件开发公司）、赛普拉斯半导体公司（Cypress Semiconductor）等 IT 企业还是抓住 1986 年的机会上市了。

可以说，整个 20 世纪 80 年代，风投与 IT 产业的结合无疑是成功的。但在互联网出现前，IT 产业对于风险资本还存在两个问题。

首先，风投对于靠技术开发形成产品的 IT 公司而言很重要，但并非必不可少。这主要是因为技术型的 IT 公司本质上还是开发产品—卖产品挣钱的模式。只要市场认可，就能迅速回笼资金滚动发展。因此，除了在初期开发阶段特别需要风险资本的支持外，其他时候对风投并不十分热衷。

比如，戴尔公司依靠创始人迈克尔·戴尔开创的新商业模式，即去掉库存和中间环节的个人电脑“直销”模式，辅以高效的生产流程和科学的成本控制管理，在 1984 年创立后就迅速打开了市场，成立仅仅几个月就取得了 100 万美元的销售业绩，1986 年销售收入暴涨到 6000 万美元。因此，戴尔公司从一开始就几乎没有经历缺钱的痛苦，自然也就没有风险投资家们啥事。

还有微软公司，1986 年上市时几乎见不到风投的身影，只有关系良好的风投公司 TVI（Technology Venture Investment）凭借面子在上市前突击入股了 6.1%。

其次，增长空间仍嫌不够。由于计算机领域老霸主国际商业机器公司（International Business Machines Corporation，即著名的 IBM 公司）早已在 1915 年上市，新霸主如微软公司和戴尔公司又对风投不感冒，因此，风险资本能从新兴的 IT 产业挣到多少钱，全看他们投资的那些企业的表现了。

而美中不足的是，在 IBM、微软和戴尔这些新老霸主的市场强势地位面前，年轻的太阳微电子公司、康柏、思科、甲骨文等公司在 20 世纪 80 年代还不够强大，盈利水平还不够高，因而在当时股市上的表现还远没有后来抢眼。

比如，今天如日中天的苹果公司，在整个 20 世纪 80 年代和 90 年代表现都非常一般，1985 年乔布斯被忍无可忍的董事会赶走的时候，股价已经跌到了每股 27 美分。直到 1997 年乔布斯被实在玩儿不动的投资人再度请回来的时候，苹果公司的股价仍然只有每股 49 美分，长期在不到一美元的区间徘徊。

因此，胃口被吊起来的风险资本急于寻找新的乐园。

第三节　风投的春天在哪里

互联网的出现对于风险资本的价值不下于雪中送炭、瞌睡送来枕头。

实际上，全球第一家上市的互联网企业不是网景公司，而是美国在线（American Online，AOL）。这家曾经的互联网巨头前身是成立于 1985 年的“量子信息数据公司”，主要业务是为网民提供互联网接入服务，当时还是用电话线提供拨号上网。

到 1992 年的时候，美国在线已经拥有了 18 万客户，每月收取的上网服务费达到了 300 万美元以上，这对于 1992 年上市时员工才刚刚 120 人的小公司来说，运营费能覆盖掉。因此，美国在线在 1992 年上市时是处于盈利状态的，而且盈利约 3000 万美元。

这就是前文没有把互联网资本元年定在 1992 年而是 1994 年的原因。事实上，当美国在线上市的时候，《华尔街日报》甚至没有把它称为互联网公司，而是“以电脑为基础的客服供应商”。

到了 1994 年 12 月，另一家互联网接入服务提供商 Netcom On-Line Communications 委托旧金山一家小型投行 Volpe Welty 发行了共计 185 万美元的股票，发行价格为每股 13 美元，这使 Netcom 的公司估值达到了 8500 万美元。

鉴于 Netcom 尚未盈利，也没有分红，如何计算股票价格成了头疼问题。

在此之前，计算股票价格最简单的方法是脱胎于“红利折扣模型”（由经济学家约翰·波尔·威廉姆斯提出）的 PE 市盈率，也就是用公司的股票价格除以每只股票的盈利能力得到市盈率，以此判断公司股价是否合理。

比方说 A 公司的股票价格是 10 美元一股，而在上一个财年每股股票盈利 1 美元（总利润除以总股份数），那么市盈率就是 10。在 20 世纪，美国股市的市盈率平均约为 14。如果用市盈率等传统的基于利润的计算方法，Netcom 公司当时的股价应该为零，也就是说一钱不值。

但这可难不倒素来以“创新”见长的美国金融家们，他们为 Netcom 公司股价的计算“发明”了一种全新的玩法，即用户价值公式。

按照他们的逻辑，Netcom 当时大约有 41500 名用户，而用户肯定是要花钱的，是有价值的。如果说 Netcom 每年向每位用户收取 120

美元（当时这个收费标准很正常，美国最老牌的在线接入服务提供商CompuServe每月向用户固定收费9美元，并且还要额外收取每小时上网费），那么预估17.5年的收费，每名用户的价值就能达到2100美元，这就能支撑Netcom公司13美元的股价，即公司估值超过8500万美元。

这还是在公司用户数保持不变的情况下，如果公司用户明年发展到8万人的话，预估9年的收入就足够了。如果用户数持续增长呢？那情况又会怎样？

要不说美国金融家的脑子就是好使，这个新的估值办法实际上是为不久后的互联网公司上市松了绑。正如太阳微系统公司的高管埃里克·施密特评论的那样，“这是一只被发射上天的火箭，火箭一旦升空就谁也阻止不了了”。

几个月后，Netcom公司的股价就翻了一番，这似乎证明了新估值法的合理性，至少在投机者看来是这样的。到了1995年春天，又有两家互联网接入服务商按照同样的估值方法上市，发行价分别是12美元和14美元，市值均在四五亿美元，特别是位于弗吉尼亚的UUNet公司，上市当日股价就几乎上涨了一倍。这些事情都为网景公司的上市和估值奠定了基础。

实际上，在网景公司原始投资人吉姆·克拉克1995年6月第一次提出公司上市时，年初刚被聘为CEO的吉姆·巴克斯戴尔表示反对。这位上任不久的首席执行官认为，公司在1995年第二季度的收入仅仅只有1200万美元，而且还在赔钱砸市场，现在公开上市为时尚早。

更为关键的是，网景公司浏览器采用“免费但并非免费”（free but no free）的发行策略，即学生与教育机构可以免费下载这款浏览器，其他人有90天的免费试用期，试用期过后要支付39美元的一次性购买费。到1994年12月网景公司推出Netscape浏览器1.0版时，虽然在三个月里下载量超过300万份，但绝大多数浏览器都是免费提供的，只有一小部分付了费。

但即使是付费版，也只是一次性的收费。因此，网景公司如果要上市，还真不好采用此前那些互联网接入服务公司的用户价值公式。

这时候摩根士丹利站了出来，极力鼓动网景公司立即上市，并且发明了一个更为新颖的估值方法，即点击率估值。也就是说，以网景公司的点击量与竞争对手的点击量之比来计算市场占有率，进而“预估”未来的收益前景。尽管网景公司未来是否真的能占领市场以及怎样取得收入还是未知数，但只要投资者们相信描绘的前景就成。

当时网景公司并非没有竞争对手，而且说起来最大的竞争对手还不是外人，是自己“大哥”——马克·安德森过去主导开发的Mosaic浏览器知识产权归属伊利诺伊大学，在安德森离开以后人家依靠这项知识产权成立了一家名叫Spyglass的公司，继续在网上推广Mosaic浏览器。

当然，安德森再度指导开发出来的网景新浏览器比过去的产品速度更快，也更加稳定可靠。因此，网景浏览器的点击/下载量远高于Mosaic和各位“表亲”（其他以Mosaic为启发开发的浏览器），市场占有率已经超过了60%。

如果说互联网接入服务公司估值采用的用户价值公式还有一定的道理，那么新的点击率估值除了想象还是想象，属于典型的“盈利基本瞎掰，价格基本胡拍”。

后来的故事大家已经知道了，缺乏任何依据、基本上靠拍脑袋想出来的股价（根据路演的火爆情况，摩根士丹利建议将发行价定为每股31美元，但网景公司CEO巴克斯戴尔觉得太高，吵着坚持降到了28美元），不仅被接受了，而且当天就被炒翻了。事实证明，要论胆大心黑，金融家还是要更胜一筹。

网景上市四个月后，摩根士丹利分析师玛丽·米克尔与同事合作发表了论文《互联网报告》，总结提出了 DEVA（Discounted Equity Valuation Analysis）估值理论，首次提出互联网公司的价值与用户数量存在指数关系。

网景公司的上市以及基于点击率的估值方法，为互联网企业上市彻底扫清了障碍。这相当于为互联网企业提供了一个“特权”，不仅可以在没有利润，甚至看不到盈利前景的前提下上市，而且估值可以完全摆脱利润乃至现金流的约束，光靠点击率就能“商量”出来。

2000 年互联网泡沫后，点击率估值很快就被用户数估值替代，近些年又改成了按流量估值。但万变不离其宗，核心还是一个，我称之为“跑马圈地”估值法，即谁占的地盘大，谁的估值高。

之后的互联网公司上市，基本上都遵循了这一准则。一年后雅虎上市，将互联网资本狂潮推到了第一个高峰。

到 1999 年的时候，一家根据用户预算推销机票的互联网公司——普利斯林公司（Priceline）准备上市，该公司除了一个未经验证的想法，就只有几台高档计算机和一点儿软件。他们在招股说明书里“坦承”：“我们并不盈利并预期继续亏损”“我们的商业模型非常新颖，尚未得到实证”“我们的品牌可能无法实现成功所必需的广泛认可”“我们可能无法满足未来的资本要求”。

但这一切都不算什么，投资者眼里只有一样东西——普利斯林公司的股票，因为他们的故事太“伟大”了，按照他们描绘的前景，他们将在旅游业乃至汽车销售行业和理财行业掀起一场革命。

华尔街信了，称他们为继雅虎、eBay 之后新的“互联网蓝筹股”，据说只有一些与承销机构关系良好的客户才能在上市前买到一点儿普利斯林公司的股票。3 月 30 日普利斯林公司正式在纳斯达克上市，一天之内股价暴涨了 425%，当天市值就达到了 100 亿美元，比联合航空、大陆航空与西北航空捆在一起还要值钱。

剧情发展到这里，风投的春天真的来临了。此时互联网在风险投资家们的眼里，绝对比饿狼面前的小肥羊还要诱人。互联网之于风险资本，只可以用“久旱逢甘霖”来形容，其珍贵之处表现在以下三个方面。

第一，挣脱了利润这个“紧箍咒”的束缚，互联网公司可以快速上市，并且可以为资本家们希望的估值找到合理的解释，从而打通了风险资本快速退出的通道。

第二，不看利润的另一个直接影响，就是互联网公司可以拼命“烧钱”，达到在最短时间内把某些指标或某种指标（比如用户数）增长 100 倍的目的，以满足风险资本“三年增长 100 倍”（注意不是利润增长 100 倍）的要求，实现风险资本需要的造富神话。

这种神话越多，风险资本就越能够从 LP（Limited Partner，有限合伙人，可以简单理解为出资人）那里募到所需要的资金，或者管理更大的资金盘子，从而挣到更多的管理费（一般是基金规模的 2% 左右 / 年）和更多的分红（一般是基金收益的 20%）。否则，募不到资金，风险投资家们就都得喝西北风去。

第三，互联网是迄今为止所有行业中唯一一个必须靠不断融资才能活下去的行业。

互联网自 20 世纪 90 年代兴起以后，业界一直流传着一个理论，叫“快鱼吃慢鱼”，即在互联网领域，企业大小不再是决定胜负的关键，游得慢的大鱼会被游得快的小鱼吃掉。因此，没有哪家互联网公司敢不拼命抢用户、抢流量、抢地盘，至于盈利，那在成为可以高枕无忧的霸主前是绝对顾不上的。

比如亚马逊，在其长达 20 年的经营时间内，大约只有两三年处于阶段性盈利（注意，亚马逊不盈利不是因为毛利率低，而是拿挣的钱继续拼命扩张）。

这就导致互联网企业从筹划开始就必须依靠风险投资，没有风投的支持，互联网可以说根本就玩儿不转。甚至在上市前，基本上都需要从风投那里获得一轮轮的融资，哪一轮掉了链子都可能意味着完蛋。就像共享单车。

这一点是互联网所独有的特性，也是风险资本最看重的要素之一。这样一来，像微软那样的资本市场神话却没有风投啥事的“惨痛历史”，在互联网时代就可以翻篇了。只要进入了互联网的范畴，不管最后谁成功，都不外乎是风险资本餐桌上的一道菜而已，区别只是进了哪家的碗。

基于以上三点原因，互联网与风险资本可以说是“一见钟情”，立即成为“棒打不散”的同命鸳鸯，其“忠贞不贰”的程度足以让古往今来的一切爱情故事为之逊色。

当然，“恋爱”中的男女也分主次，一般来说条件优越的一方处于主导地位，而在资本与互联网的“恋爱”中，虽然一开始是资本上赶着追互联网，但追上以后，发现互联网没有资本活不了，资本也就开始翘起了尾巴，反过来对互联网企业挑三拣四了。

但不管怎么说，风险资本是给惯出了一点儿毛病，但人家人品还是靠得住，并没有“移情别恋”，对互联网的感情绝对算得上“痴心不改”，即便在世纪之交让互联网泡沫给“坑了一把”，可资本这家伙仅仅只郁闷消沉了两三年，结果还是忘不了互联网的好，很快就“记吃不记打”，再次愉快地和互联网玩耍开了，并且轰轰烈烈的程度再创新高，充分验证了“爱情需要考验”和“不经历风雨怎能见彩虹”这两句话的正确性。

当然，在互联网界，也有个别不受资本待见的行业。其中最具代表性的，就是中国的婚恋相亲网站。由于相亲网站固有的用户留存率低问题，加上中国的相亲网站一直无法解决的虚假用户信息顽症，中国相亲网站自 2011 年世纪佳缘登陆纳斯达克市场后，一直表现欠佳，市值长期在 2 亿美元左右徘徊。

需要说明的是，世纪佳缘作为中国相亲网站的头部玩家，背靠中国巨大的市场，在 2015 年私有化退市前，3 月份会员数即已达到 1.35 亿，且自 2009 年以来连续盈利，但退市时市值仍只有区区 2 亿美元，实在是不符合如此多用户数量的互联网估值。

要知道 2014 年京东上市时活跃用户数不到 1 亿，且当年巨亏 50 亿元，但上市时市值仍然达到了约 300 亿美元。

好吧，京东营收很大，咱不和它比。可就连用户数远不及世纪佳缘且 2018 年净亏损 6.79 亿元的易车网市值还有 11.58 亿美元呢！

可见世纪佳缘属于互联网行业的“另类”，估计出门都不好意思和别人打招呼，真是“丢网”丢到家了。而自世纪佳缘以后，中国相亲网站再也没有上市成功的第二个例子。

这也从一个侧面反映：资本市场对于互联网的追求，不在于是否盈利，而在于流量，在于想象空间。毕竟，对资本而言，前景就等于“钱景”。

至于世界最大的在线婚恋交友提供商 Match Group（截至 2019 年 3 月 30 日，市值高达 157.63 亿美元），其实与中国的相亲网站是有较大区别的，它旗下的 OkCupid 和 Tinder 是美国版陌陌，所以人家其实主打的是网络社交，自然是人见人爱、花见花开的大美女。

人家资本对互联网的感情，那绝对是没谁了。成天供着不说，该给钱的时候从来就没含糊过，而且出手还越来越大方。对于大家看好的互联网大美女，现在更是到了一次给个十亿八亿美元都不带眨眼的地步。

常言道，拿人手短，吃人嘴软，互联网美女们也不能一点儿表现没有。互联网企业能给资本男友回报的，也就只能是坐实资本给的估值，一句话，别“掉价”就行了。那么现在问题来了，那些拿了人家大钱的互联网企业，即便是大美女，但是不是真的就值天价呢？

仅以美国四大科技巨头GAFA（指谷歌、亚马逊、脸书和苹果，相当于中国的BAT）中的三大互联网公司为例。谷歌2004年度净利润3.89亿美元，2004年8月上市时市值为230亿美元，静态PE为59.1倍；Facebook 2010年度净利润约6亿美元，2011年1月估值为500亿美元，静态PE高达83倍。至于亚马逊，不好意思了，即使按照其最好年份2018年的利润测算，PE也达到了（亚马逊2018年全年净利润100.73亿美元，而2018年市值突破了1万亿美元）100倍，而在2014年亚马逊的PE高达653倍（2014年利润2.41亿美元，2014年6月市值为1575亿美元）。

咱们说一只股票的价格贵不贵，或者说一个公司的市值或估值高不高，主要还是看未来的收益能不能支撑得住，那么就以上市时PE值相对较低的谷歌来看，假设其净利润一直保持当初不到4亿美元水平的话，230亿美元的市值要靠59年的利润才能把窟窿补上，这还不算利息和通货膨胀率，要是再算上这些，差不多要80年。

这样一看，谷歌之类的互联网公司如果不尽快提高净利润的话，就实在太过分了，毕竟您能不能支撑80年只有上帝才知道。因此，为了对得起自己的身价，给投资人一个交代，互联网公司到了一定的时候还得把利润做上去，把PE降到一个比较合理的程度，比如25左右。

从谷歌和脸书的发展情况看，它们这么想的，也的确是这么做的。目前谷歌和脸书的净利润都增长到了百亿美元级别，PE降到了30以下，已经基本正常了——对股票市场来说，投资人30年回本还是说得过去的。

在GAFA和中国的BAT中，只有亚马逊和京东的市盈率过高，但估计接下来这几年亚马逊必定会将重点放在大幅度提高利润，显著降低 PE 上面。而京东估计还顾不上利润的事，对它来说当务之急还是扩张，但在投资人和舆论的压力下最起码要保住盈利这条底线，否则乐子也不会小。

而像滴滴、美团、哈罗单车、拼多多这些还没有盈利并且一时半会还看不到盈利希望的互联网公司，要支撑起巨大的市值，就只有一个办法，那就是继续拼命“圈地”扩张。然后每过一段时间就得给市场亮出一些更鼓舞人心的数据，这样上市公司就能维持住当前的股价甚至继续拉升股价，而非上市公司则可以引诱新的投资者进入，通过放出部分新股权进一步提高估值，如此反复，直到问题解决。实在不行的话，拿吹大的市值加点现金收购些有利润的企业，利润不也就出来了吗？

说到底，这套方法就一个要点，即继续画饼。这就是大多数互联网公司为了用户数、流量等数据不择手段的内在动因，一句话，都是资本逼的。

俗话说，人在江湖身不由己，人在资本喂大的互联网江湖，不仅身不由己，恐怕连心也不由己了。从资本恋上互联网的那一刻起，有些事就已经注定，这就是互联网企业逃不掉的宿命。

但是，难道真的就摆脱不了吗？

第五章

网络价值谁创造

互联网企业是典型的轻资产企业，绝大部分网站也不生产任何产品（包括数字内容产品）。即便是提供数字内容产品的网站，大多数产品也并非自产，而是由网民生产。

如文学网站、音乐网站、视频网站，网站只是发布或转发而已，区别只是内容生产者在哪家网站首发，如果在 A 网站首发，则 A 网站可以将该内容产品（作品）称为原创内容，而其他网站在提供该作品时只能标注为转发。

新闻网站的部分产品由网站自己生产，而真正完全自己生产内容产品的，大约也只有自媒体和在线教育了。

同时，绝大部分网站基本谈不上拥有什么技术（撑死也就是技术的应用者），其真正有价值的也就是商业模式（其中绝大部分的商业模式还并非原创）。

更有意思的是，除了通过买卖赚取差价或收取中介费的电商与撮合交易平台（如外卖平台和打车软件）、少部分提供收费服务的网站（如会员制付费网站）以及卖虚拟商品（装备、皮肤等）挣钱的网游，大部分互联网业态与实体经济不同，并不直接从用户身上产生收益。

而除了游戏，上述电商、撮合交易平台、收费网站很大一部分长期处于不盈利乃至巨亏状态，如某外卖平台公布的 2018 年财报，一年巨亏 1155 亿元，算是创造了中国互联网企业亏损的纪录，有的互联网企业甚至很难看到盈利的希望，可估值却依然高得令人咋舌。

那么，互联网的巨大价值究竟是谁创造的？这些价值又去了哪里，被谁拿走了？接下来，我们将逐步揭开一个互联网隐藏多年的惊天大秘密。

第一节　羊毛能出在狗身上？

互联网有个著名的“理论”，叫“羊毛出在狗身上，猪买单”，据说是某互联网大佬发明的。这句话很是生动形象，揭示了互联网“免费”午餐的背后机制。因此，流传甚广，甚至被借用到了互联网以外的许多场景中，有成为国民语言的趋势，大约只要不是落后到家的人都听过这句话。

这句话的意思大家都知道，一言以蔽之，就是互联网企业没有从网民们身上赚钱，证据是你我上网冲浪、查信息、看视频、玩游戏、刷朋友圈等，人家互联网企业可没收过咱一毛钱（花钱买皮肤、装备、买 VIP 会员的不算在内）。

这句话十分“经典”，自发明以后就备受追捧，一时之间成了商业模式创新的代表，有人甚至还据此总结出了所谓的四种典型商业模式，或叫作商业模式的四个发展阶段，现摘录如下，供大家分析。

1. 百年老店商业模式——羊毛就是羊毛价，从不打折。

2. “羊毛出在羊身上”——两种商品其一免费。例如，买件衣服送双袜子，拿点儿小恩小惠来吸引消费者掏钱。

3. “羊毛出在猪身上”——客户免费、第三方收费。比如，美国著名的低价超市 Costco，这个超市有一个重要的原则就是便宜。一个新秀丽的箱子，国内卖几千人民币，在那只要 150 美元。

Costco 的商品毛利率平均只有 6.5%，如毛利率高于 14% 则需要

CEO特批。那么Costco怎么赚钱呢？答案是会员制，向顾客收会员费。通过会员费的金融回报就是利润，据说商店70%的利润来自金融。

4.“羊毛出在狗身上，猪买单”——第四方买单。四川航空曾以9万元的价格购入150辆客车，购入价比市场价低7万左右（市场价15.8万），四川航空给车商的补偿是为其免费做广告。

然后四川航空把这批车以每辆19万元（高于市价2万元）的价格卖给客车司机，四川航空每辆车挣了10万元，一共挣了1500万元，但是承诺客车司机每为四川航空拉一名顾客，就会从四川航空得到25元钱。凡是购买四川航空5折以上机票的乘客，都可以免费乘坐这批客车往返于机场与市区之间。

按照网友的分析，在此案例中，四川航空低价购车、高价卖车，从中赚了钱；顾客免费乘车，少花钱，付费的其实是客车司机，也就是第四方（猪来买单）。

网友从“羊毛出在狗身上，猪买单”这句话上“总结”出来的商业模式，无非是为了证明“羊毛出在狗身上，猪买单”有多么牛，第三方买单都不够了，变成第四方买单了。

关于以上四种商业模式或商业模式发展四个阶段的“总结”，我看后实在是大为“叹服”，虽然我完全没有看懂，或者说上面的逻辑十分混乱，有些东西风马牛不相及。比如说第三个所谓的客户免费、第三方收费模式，我就不懂所举的Costco例子能说明什么，好像最多也就说明不靠每单生意挣钱吧，但这不还是“羊毛出在羊身上”吗？

当然，如果说Costco真的有70%的利润来自金融运作，那么这个模式还真有点儿“羊毛不是出在羊身上”的味道，最起码不是都出在羊身上。但只可惜，这个说法是完全臆想出来的，世上没有任何金融项目能挣出比本金高两倍的利润。

真实情况是：Costco 70%的毛利润来自会员费。2014年，Costco

会员收费为24亿美元，而商品利润在10亿美元左右，扣除了所得税后，Costco净利润在20亿美元左右，刚好跟会员费总额差不多。

还有最后一个模式中的四川航空案例也不知所云。四川航空卖车一共就挣了1500万元，可顾客免费乘坐一次就得补贴25元，只需要60万人次免费乘坐就花光卖车利润了。

2015年四川省国资委的企业介绍材料表明，四川航空年旅客运输量突破了1238万人次，如果有50%的顾客购买了5折以上机票的话，一年有600多万人次可免费乘坐四川航空的大巴车，卖车挣的那点儿钱一个半月就能赔个精光。

四川航空的这波操作，我实在没看出有多么神奇。之所以能够让部分旅客免费乘坐大巴，本质上还是5折以上的机票对于航空公司而言是有利润的，这点与前面所说的买衣服送双袜子没有任何区别，无非都是吸引顾客的手段罢了。

本人才疏学浅，智商有限，对上述“四种商业模式”实在有些发蒙，但不妨碍我被有些网友的想象力所折服。就这么一句通俗易懂的话，能被网友“总结归纳”出这么高大上的理论，而且还上升到了人类商业模式发展阶段的高度，不能不说是太有才了。

其实要说商业模式，本质上就只有两种，一种是直接向用户收费，一种是不直接向用户收费。

一般来说，“羊毛出在羊身上”这句老话没有任何歧义，这里“羊毛”指的是利润，“羊”指的是消费者，意思是说不管商家给了你什么优惠，但商家最终是要利润（“羊毛”）的，而利润始终来自消费者。这是传统的商业逻辑。

而“羊毛出在狗身上，猪买单”，说的是商家需要的利润（“羊毛”）并非出自消费者（“羊”），而是来源于其他的主体（“狗”），至于最后由谁买了单，其实并不重要了，重要的是“羊”没被“薅羊毛”

就行。但真是这样吗？

这个逻辑其实是有问题的，那就是产出利润（“羊毛”）的其他主体（“狗”）是谁？在哪里？在互联网世界里，并不存在这么一群消费者（“羊”）之外的但是能产生利润（“羊毛”）的活动主体。

互联网世界里活动的个体（人），除了消费者（网民），只有内容生产者（如各个论坛发帖的人和直播网站的主播）以及网站和平台管理者（网站员工），难不成他们就是生产“羊毛”的“狗”？显然也不是，虽然网民有时把那些不负责任胡编乱造的小编骂为“狗编”，但人家真的不是出“羊毛”的“狗”。

如此看来，“羊毛出在狗身上，猪买单”应该这样理解：“狗”是指消费者（网民），“羊毛”还是指利润，“羊毛”虽然出在咱们这些上网“狗”身上，但它并非我们身上固有的东西，也就是说不是“狗毛”（指咱口袋里的钞票）。

因此有人（“猪”）愿意掏钱买“羊毛”，“猪”乐意，养“狗”的人（互联网企业）乐意，“狗”有啥不乐意的呢？反正又没在“狗”身上拔“狗毛”，“狗”们是没有损失的。这就是“羊毛出在狗身上，猪买单”的实质。

在这里，其实买单的“猪”只是配角，到底谁买的单，“狗”不关心，养“狗”的人也不关心，“狗主人”关心的只是拿到了钱，没有白白养着“狗”（网民免费上网有人给买单了）。

故事中的关键词只有两个：“狗”和“羊毛”。“狗主人”肯定是没有白养“狗”的，因为“猪”出了钱，现在问题的重点是“狗”是否白吃了主人的饭而没有任何付出，需要对主人感激涕零？

如果我们网民是“羊”的话，“羊毛出在狗身上”自然是咱们喜闻乐见的，要说“羊”白吃白喝白玩还真没错。既然值钱的“羊毛”并不是从“羊”身上薅的，那么“主人”薅了多少羊毛都与“羊”无关，那是“主人”有本事，“羊”反而希望“主人”能多薅些羊毛，这样的话“主人”财大气粗，没准还能提高提高“羊”们的饮食标准。但我们都被骗了，咱们根本就不是“羊”，而是“狗”。

“羊”在故事里压根就没有出现过，出现的只是“羊毛”，而且还不是“羊”身上出来的，这里的“羊毛”与“羊”的唯一联系，就是都有一个“羊”字，就像“喜羊羊”与“羊痫风”的关系一样。

其实通过语义分析就能看出，“羊毛出在狗身上，猪买单”理论里只有两个主体和一个客体。唯一的客体是“羊毛”（利润），两个主体一是“狗”二是“猪”，哪里来的“羊”？“羊”在这里连隐含主体都不是，隐含主体是薅羊毛的“主人”。

其实最早的“羊毛狗理论”里是没有“猪”的，引入“猪”完全是为了把水进一步搅浑，因为关系越多、越复杂就越不容易厘清，同时将该“理论”进一步推高。不仅值钱的“羊毛”不是从“羊”身上产的，就连买单的主体都变了。

这颇有一些“隔山打牛，牛没死猪死了”的味道，倒是很互联网，就如同“不想当将军的厨子不是好裁缝”一样，很是符合现代人的“跨界混搭穿越风”。就凭这点，该“理论”的发明者（或许不是一个人，而是一群人）绝对了不起，最起码把《倚天屠龙记》里的“乾坤大挪移”神功练到了九层封顶。

“羊毛狗理论”的高明之处就在于通过“羊毛”与“狗”的“违和”设定，把二者生生割裂，让消费者相信互联网企业获取的价值与我们无关，是由互联网公司变戏法变出来的，或者是天上掉下来的馅饼。

因为我们网民要么是“羊”，要么是“狗”，反正不是买单的“猪”。这也是在该“理论”中引入“猪”的另一个好处，即显著区分买单者。

如果网民是“羊”，那“主人”薅“狗”身上的羊毛有啥关系呢？这就如同一道脑筋急转弯的题：青春痘长在哪里不会让你担心？答案是长在别人脸上不会让你担心。

但在“羊毛狗理论”的设定中并没有“羊”的身影，那么咱们网民就只能是“狗”了。可如果咱们是“狗”的话，那么问题来了：值钱的羊毛能出在狗身上吗？常识告诉咱们，那是不可能的，羊毛只会出在羊身上，一定不会出在狗身上。

有些读者肯定对我说的羊毛不会出在狗身上的论断不以为然，因为随着生物学特别是基因重组技术的进步，理论上长羊毛的狗是可以存在的，只要把长羊毛的基因嫁接在狗的基因链里就行了。

但如此一来，狗已经不能再叫狗了，比如该叫“羊狗”，最关键的是这种情况下主人再去薅羊毛，“羊狗”还会无所谓吗？这与在羊身上薅羊毛和在狗身上薅狗毛有什么区别呢？

我们说“羊毛出在狗身上”羊不担心，那是因为不是在羊身上薅毛，就像“狗肉出在羊身上”狗不担心一样，核心不在于被薅的东西叫羊毛还是叫狗毛，而是在于出在谁身上，出在狗身上羊不担心，但狗担心。

其实情况已经很清楚了，互联网“免费午餐”理论应该是这样的：过去主人养狗是要吃狗肉的，狗肉就是“狗”（网民／消费者）提供的价值（钱）。但是现在“主人”（互联网企业）发现这种办法不好，因为“狗”越杀越少，还有些给吓跑了，数量不够吃了（互联网收费模式曾经试过，但有点儿竭泽而渔的感觉）。

因此，为了圈养更多的“狗”（网民／消费者）给“主人”提供源源不断、快速增长的利益，“主人”发明了一种办法，一种不用杀鸡取卵、不会吓跑其他“狗”，但又能替代狗肉给“主人”贡献价值的好办法，即薅“狗毛”。

过去“狗狗们”也产“狗毛”，但不值钱，没人要（这就是2000年左右互联网遇到的问题：如果不收费，用户数量倒是多，但无法变现）。后来有聪明的“主人”发现“狗毛”里能提取一种物资，“猪”很稀罕（这只是比喻，诸位读者切莫当真），这玩意儿能卖给“猪”（这就是“猪买单”的道理），所以薅“狗毛”替代“割狗肉”的办法很快就流行开了。

“主人”们圈养的“狗狗”越来越多，钱也挣得越来越多，“主人”很开心，“狗狗”也很满意。因为终于不用“割狗肉”了，那玩意儿着实疼啊，而且“狗毛”反正过去也不值钱，“主人”薅走就薅走吧，反正自己留着也没用，“主人”不薅走也得掉毛，还不如换点儿“主人”“白给”的午餐来得实惠。

顺着问题的脉络理到这里，不知道读者们是否已经看明白，“羊毛出在狗身上，猪买单”其实就是一个彻头彻尾的弥天大谎，目的是掩盖互联网企业利润或价值的来源。

这一“理论”先是通过“羊毛”把我们引向了一个根本不存在的主体——“羊”，然后再编造出另一个主体——产“羊毛”的“狗”，并且诱导网民相信，自己就是那只根本不存在的“羊”。再次强调一遍，网民不是“羊”，而是“狗”，被薅走的毛其实也不是与“狗”无关的“羊毛”，而是“狗毛”，有价值的“狗毛”。重要事情说三遍！

我想说明一点，揭穿“羊毛出在狗身上，猪买单”的谎言，不是说改“割狗肉”为“薅狗毛”的方式不好，毕竟“割狗肉”让“狗”着实心疼加肉疼，对双方都不利，而“薅狗毛”并不损害“狗”的健康，那玩意儿反正“狗”身上比较多，而且今天薅了明天还会长，对“狗”而言不心疼。

所以，改“割狗肉”（用户直接付费）为“薅狗毛”（用户间接支付费用），绝对是商业史上的进步，称得上是商业模式的一次大创新，的确可以成为商业发展阶段的里程碑。

我在2001年北京大学高级工商管理硕士（EMBA）毕业论文里提出了一个观点：在信息时代，如果一件实物商品（比如一个鸡蛋或是一台电脑）上附着的广告信息足够多，或者足够有价值（指客户愿意支付较多的广告费用），那么该产品有价值和使用价值，但价格可以趋向于零，即在信息介入的条件下，商品的价值与价格有可能彻底松绑。

我在当年提出上述观点，是为了论证随着信息化时代的发展，信息的价值将越来越高，最终信息将成为最值钱的商品。我在论文中提出的上述观点，在当时还未得到证实，因此在答辩时引起了很大争议（毕竟在当时看来太过于荒诞，违背了价格围绕价值波动的经济学基本常识），要不是一位评审老师力挺，恐怕连论文答辩都通不过。

现在看来，我提出的观点，就是一种消费的转移支付，即“狗吃饭猪买单”的互联网商业模式（我实在不想再提“羊毛出在狗身上，猪买单”的论调）。

我之所以揭穿“羊毛出在狗身上，猪买单”的谎言，只是为了证明：网民们上网，取得互联网的各种信息和服务，是支付了报酬的，并非互联网企业给的“免费午餐”。希望读者们记住，世上真的没有免费的午餐，只是由谁付费而已，除非政府或公益组织提供的人道援助。而且，揭露这一谎言，是为了后文揭示更大的秘密做铺垫。

看到这里，也许有读者会说：你不是讲“狗吃饭猪买单”吗？只要不是我买单就行，管他饭店（互联网公司）是真免费还是收了别人的钱，反正我没掏钱，对我来说就是“免费的午餐”。这里有个问题，那就是别人为什么替你买单。

经济学上有个概念，叫机会成本(opportunity cost)，是指企业为从事某项经营活动而放弃另一项经营活动的机会，或利用一定资源获得某种收入时所放弃的另一种收入。从另一个角度说，机会成本是指获得某个东西或机会所必须付出的代价的价值。

我们都知道一句老话：世上没有无缘无故的爱，也没有无缘无故的恨。抛开家人、亲戚、朋友的情感因素不谈（因为替你买单的“猪”既不是你的亲人也不是你的朋友），你吃饭别人替你买单，无非三种情况：要么他欠你的，通过吃饭买单来还你；要么他有求于你，你吃饭他买单只不过是要你无法拒绝他的请求，毕竟“吃人嘴软”；要么是你给了他相应的价值交换。

因此，不管别人为你买单是基于以上哪种情况，如果他欠你的或即将有求于你的，或你已经给予他的价值交换，小于他替你买单的价值，那么从经济学上你是正收益（赚了）；如果正好等于他替你买单的价值，你不赚不赔；如果高于他替你买单的价值，那么从机会成本的角度看，你的收益为负（亏了）。

现在的问题是：负责为你买单的“猪”会替你付高于你的价值的代价吗?

第二节　狗嘴里吐出象牙了

刚开始的时候，“主人”从“狗”身上薅的“狗毛”还不怎么太值钱，可能也就刚好抵消过去“狗肉”的价值。但随着“狗毛”的价值不断被发掘，“猪”发现这东西比以前吃的草和饲料都好，营养价值更高。因此，越来越多的“猪”加入到求购“狗毛”的行列中，“狗毛”的市场需求呈爆炸式增长。虽然“狗”的数量增加也很迅速，但很快就达到瓶颈了，生产“狗毛”的“狗”增长速度开始慢下来了。

更要命的是，大家发现“狗毛”虽然薅了又长，但它也不是无限制生长的，基本上在一定时间内，每只“狗”就只有那么多“狗毛”。而需要“狗毛”的“猪”增长速度那叫一个快，想停都停不下来，并且后来连“野猪”“牛”“马”这些买主也加入进来了，因为他们发现“狗毛”提取物对他们也都很有益处，因此“狗毛”的市场缺口越来越大。

物以稀为贵，“狗毛”的价格打着滚地往上涨，现在都快赶上象牙的价格了。于是，“主人”发现了一个挣大钱的秘密，那就是“狗嘴里吐出象牙了”。

发现这一秘密的“主人”很兴奋，但他们没有到处去宣传。反正“狗”是不知道这个秘密，他们以为“狗毛”还像过去那样，不怎么太值钱，“主人”能卖出去那都是全凭“主人”的智慧，而且“主人”那么挖空心思地把原来不值一文的“狗毛”卖出去，还不是体谅“狗”不想被“割狗肉”的难处？

所以“狗”继续心安理得地过着无忧无虑的生活，反正有的是“主人”提供的免费餐，还有什么不满足的呢？这样混吃等死的日子真的是太幸福了。

后来，有一些“狗”被选去帮“主人”工作。例如，帮“主人”分发食物，因为“主人”养的“狗”数量太庞大，“狗毛”买主群体也以惊人的速度在扩张，“主人”忙不过来了，需要一些帮手，于是就让一些“狗”参与管理。

这样一来，一些“狗”就开始知道“狗毛”的价值了，但他们都没有对其他“狗”说，因为帮“主人”管理是一件“高狗一等”的事，不仅能够得到除免费餐之外的其他福利，而且在“狗”中拥有很高的地位，深得未来丈母娘的喜欢。

因此，帮“主人”干活的“狗”很有自豪感，对“主人”有种近乎狂热的崇拜，他们很快就自动忽略了“狗毛”高价值的事实，而是选择相信“狗毛”涨价是“主人”商业运作的结果，其中也包括他们的努力。

久而久之，帮“主人”工作的“狗”对“狗毛”价格飞涨的现象早已见惯不惊，并且他们都坚信这是商业运作的“奇迹”。因此，在“狗”中间开始流传一种叫“互联网思维”的论调，这个论调讲了很多“狗毛”提取物的营销技巧，但唯独没有讲“狗毛”提取物根上是从哪来的。

再后来，不知道是“主人”还是帮“主人”干活的“狗”群策群力，大家干脆把“狗毛”提取物直接叫作“羊毛”，以示与过去低贱不值钱的“狗毛”的区别。其实把“狗毛”提取物叫作“羊毛”只是个形象的比喻，如果叫成别的，比如“狗象牙”啥的也行。

但把“狗毛”提取物叫作“羊毛”以后，时间一久大家就忘了那东西本来叫什么，只知道叫“羊毛”。这时候有聪明的“主人”觉得发现了新大陆：“羊毛”为啥来自“狗”身上呢？这可是颠覆认知的巨大发现啊！于是一个“重大”的“理论”横空出世了：“羊毛出在狗身上，猪买单”。

这个“理论”一出，立即受到了各方的追捧。“主人”觉得好极了，因为这样一来，不仅掩盖了“狗毛”提取物出在“狗”身上的真相，避免“狗”有朝一日了解到真相后要求提高待遇，而且“主人”因此成为像魔术师一样神奇的“新经济”引领者，到处享受鲜花和掌声。

“狗”也觉得好，因为这个“理论”不仅解释了他们免费餐的来源，让“狗”可以更加坚信他们赶上了好日子，从而愈发生活得惬意，而且还可以满足他们心中对于童话的需要——谁都喜欢美丽的童话，不只是小朋友们。

其实这时候已经有不少“狗”知道了“羊毛”的价格，毕竟有些“狗”在帮“主人”干活，多多少少也会给父母家人、亲戚朋友讲点儿在“主人”那里的见闻，而且有些“狗”的亲朋中也有“猪”“牛”“马”这样的买主。因此，时间一长“羊毛”很值钱就不再是秘密。

但由于这玩意儿已经叫“羊毛”了，跟“狗”的关系还真不容易看清楚，因此没几个“狗”能把事情与自己联系在一起，反而崇拜起“主人”来。

在帮“主人”干活的“狗”中，有个别脑子比较活泛，也开始学着当“主人”，自己圈了块地，挂个“××狗狗福利中心”的牌子，也玩起了给“狗”提供免费餐的套路，目的自然也是要“狗毛”。

当然，为了吸引其他的“狗”到自己的“福利中心”来，新的“主人”会搞点儿新花样。例如，提供与别的“主人”不一样的免费餐，或者把“狗”组织起来玩某种游戏，反正目的只有一个，让更多的“狗”到自己的“福利中心”来生活。

在某个“狗狗福利中心”刚开张的时候，由于刚来的“狗”已经被别的“主人”薅过“狗毛”了，要长出新的“狗毛”还要等一等，特别是要等“狗”的数量足够多才有价值。“狗毛”这种东西有个特点，量太少是不值得提炼的，不提炼就不能直接变成“羊毛”，也就是说刚开始不能卖钱，但免费餐却少不了，这意味着有一段时间是赔钱的。

新的“主人”可比不了财大气粗的老“主人”们，他们很多前不久还是帮老“主人”打工的“狗”呢，即使有点儿积蓄也不够前面往里贴的，这可咋办呢？

这时候，一群“鳄鱼”出现了，他们早就眼馋“薅狗毛”这项前途远大的事业，而且由于他们处在食物链的高端，手头积蓄不少，加上还有其他猎食者把吃不完的食物委托给他们经营。可别小看了“鳄鱼”，他们看起来行动迟缓，好像比较蠢，并且还会流眼泪骗人，但实际上这帮家伙既凶狠又狡猾，反正老虎、狮子、鹰等是玩不过他们的。但他们主要的活动区域不在陆地上，因此自己干不了“养狗薅毛”的营生。

就这样，各个“狗狗福利中心”刚一开张，这帮家伙就闻着味找来了，挑几个看上去比较有吸引力的“福利中心”，拿出食物当投资，当起了甩手掌柜。

当然，如果有的“狗狗福利中心”还没等到提炼出“羊毛”就倒闭了，毕竟看老“主人”挣钱是一回事，自己当“主人”又是另一回事。碰上过早出局的情况，那投过资的“鳄鱼”只能自认晦气倒霉。但一旦成功等到“狗狗福利中心”提炼出“羊毛”，那大把的钱就会像流水一样进入新“主人”和“鳄鱼”的口袋。

总之，在“羊毛出在狗身上”理论的蛊惑或鼓舞下，整个动物界都沸腾了，仿佛天上掉下了大馅饼似的，只是谁都没去探究过“羊毛”从哪里来。

终于有一天，一只“狗”发现了不对劲的地方。这只“狗”曾经也被“羊毛出在狗身上，猪买单”理论忽悠得五迷三道，自己也曾津津乐道地分析研究过这一“理论”的合理性，是这个“理论”千万个忠实的粉丝和鼓吹者之一。但吹着吹着就吹出问题来了，因为有个始终绕不过去的坎横亘在面前，那就是不管那个“猪”花钱买的东西叫什么，也不管它到底出在谁身上，被薅毛的那个群体其实是有付出的，除非它是天上掉下来的，否则这终究是一场零和游戏——有人获得就得有人付出。

如果“狗”付出的“狗毛”等于获得的免费餐价值，那么付出与回报是对等的，哪怕从“狗”身上薅的“狗毛”价值略高也算合理，因为“主人”不能白干，总得有些收益才行。

但现在的问题是这只“狗”也发现了“主人”早就掌握的秘密——“狗嘴里吐出了象牙”，就是说从“狗”身上薅下来的“狗毛”产生的最终价值远远大于“主人”提供的免费餐，甚至比象牙都值钱了，怎么“狗”还是免费餐那点儿待遇?

好了，现在咱们暂且从比喻里跳出来，回到现实生活中。“羊毛”就是互联网世界的硬通货——流量，互联网企业的一切生存法则都是基于流量产生的。

流量经济是互联网企业变现的不二法门。为了流量，一些互联网企业什么事情都干得出来。

互联网企业的巨大价值来源于何处，答案已经很清晰，那就是网民。是网民创造了互联网企业乃至互联网的巨大价值，离开网民，互联网什么也不是。

这就是2000年互联网泡沫破灭以来，关于互联网虚拟经济与实体经济之争产生的原因。娃哈哈集团董事长宗庆后就多次“怼”过互联网，在宗先生看来，互联网不如实体经济，甚至直斥某互联网大佬提出的“新零售”是“胡说八道”。

我本人算得上泛互联网行业的从业人员，自然是看好互联网经济，但有一点我还是赞同宗庆后先生的，那就是互联网经济以实体经济为依托。也就是说，互联网产生的价值，最终还是要回到实体经济才能实现最后的变现。

不管互联网经济与实体经济谁更厉害，我们必须清楚的是：网民，也只有网民才是互联网价值的创造者。网民创造了互联网价值，最主要的载体是流量。

2019年3月11日，美团点评披露了截至2018年12月31日的年报，爆出了惊人的1154.93亿元巨亏，亏损额甚至达到了其市值的1/3以上，其中经营性亏损为110.86亿元。

这一财报如果出现在传统企业身上，股价大跌基本上是跑不掉的了，甚至有可能“跌跌不休”。例如，主营血液制品生产销售的上海莱士，爆出2018年前三季度净利润亏损12.93亿元后，12月7日复牌到18日收盘连续八个跌停板，股价由复牌前的19.54元暴跌到8.41元，跌幅达到56.96%，市值从近千亿元人民币跌到只剩下418亿元，相当于八天蒸发了500亿元。

还有比亚迪，这个曾被股神巴菲特看好的明星企业、民族骄傲，2018年第一季度财报显示净利润在扣非（主要是扣除政府补贴）后为−3.92亿元，同比下滑了173%，结果股价应声大跌，到5月初跌到了自2017年9月以来的最低点，市值较2017年最高的11月斩掉了34%，700亿元市值灰飞烟灭。

就连顶着中国人工智能第一股、曾被美国《麻省理工科技评论》评为“2017年度全球50大最聪明公司”之一的科大讯飞公司，也没能逃过“年报灾难”。

2017年的科大讯飞正值春风得意，在当年11月北京召开的年度发布会上，科大讯飞一口气发布了多个领域里10款以上的人工智能产品，范围遍及教育、医疗、智能家居、智能手机等领域，呈现出强劲的发展态势。受此影响，该公司股价一飞冲天，最高达到了74.76元，市值一度站上了1560亿元的高度。

但随着其2018年不佳的业绩不断被披露，特别是2018年三季度财报显示利润大降九成左右，使得科大讯飞股价出现断崖式下跌，到2019年1月31日下午已跌至27.29元，市值缩水到570亿元，约1000亿元市值化为乌有。到2019年4月19日，科大讯飞股价有所反弹，止于35元，总市值回升到732.39亿元，但仍较高峰时腰斩一半以上。

但如此巨大的亏损在互联网企业身上那是“洒洒水啦”，美团点评的股价仅在当日从58.9港元跌到53.45港元，下跌9.25%，这在个股没有涨跌幅限制的港股市场真的只能说是“意思意思”，算是市场给财报一个“面子”，要不实在是对不起人家报的巨亏。

这种情况下，著名的投资银行瑞士信贷银行股份有限公司（Credit Suisse AG，简称瑞信）仍然给出了“跑赢大市”的评级，并将目标价由 54 港元上调到了 59 港元。没多久，美团点评的股价又开始缓慢回升，截至4月17日收盘已经回到了55.2港元，仅比年报公布前低了3.7港元，跌幅不到6.3%，还赶不上中国证监会随便打个喷嚏A股跌得多，这也太不把巨亏当回事了吧！

看起来股市对于互联网企业的盈利能力不怎么关注，最起码不是十分在意。例如，2018 年 5 月 4 日，阿里巴巴公布的财报显示其业绩增长达到了 58%，创下了阿里巴巴 IPO 以来的最高增速，而当阿里巴巴财报公布后开盘股价仅仅涨了 4.3%。这里的原因，恐怕与近年来京东分流阿里巴巴用户与流量，以及 2018 年拼多多强势崛起，进一步分流流量有关。

说到京东，2018 年估计是这个公司最窝心、最憋屈的一年，先是突如其来的“明尼苏达事件”，差点儿让公司找不到带头大哥，然后是公司股价大跌，跌幅较年初超过一半，几乎离破发只有一步之遥。

目前，京东依靠 2018 年第四季度财报的较好表现，市值重新回到 400 亿美元以上，但与 2018 年年初最高时的 719 亿美元市值相比，相差不是一星半点儿。这与 2017 年京东曾一度无限逼近百度市值，差点儿把 BAT 的 B 换成了 J 的风光相对照，只能用“无可奈何花落去”来形容。

京东目前的市值，与盈利前最好的时候相比甚至都颇有不如（2015 年 6 月 8 日，京东市值首次突破 500 亿美元，而京东财报显示该公司直到 2017 年才盈利），这找谁说理去？合着忙乎两年，好不容易整了点儿利润，结果一夜回到解放前。

各种数据表明，京东市值之所以像泄了气的皮球迅速瘪下去，主要原因是其流量增长乏力导致机构投资者失去兴趣。2019年2月28日，京东发布的2018年财报显示，京东活跃用户数量已经连续两个季度没有增长了。

2018年第四季度京东活跃用户数为3.05亿，与第三季度持平，比第二季度甚至减少了900万，仅比第一季度多300万。这应该是拼多多在给敌军阿里巴巴造成打击的同时，也伤及友军的结果。

但不管怎样，京东用户和流量停步不前，导致机构投资者从6月份开始纷纷离场，持有京东股票的机构数量由年中最高时的581家锐减到三季度末的155家，持股总数从6.177亿股减至4081.563万股，与逃难差不了多少。苏东坡说“春江水暖鸭先知”，作为在股海里成天游泳觅食的“鸭子”，机构投资者无疑是最敏感的。

腾讯公司的情况也说明，互联网企业的市值与盈利能力之间并不存在必然的关系。

2017年11月21日午间收盘时，腾讯公司的股价再创新高，达到了435.4港元，这使腾讯市值突破4万亿港元，达到了41358亿港元，按当时汇率1美元=7.8127港元计算，合5294.2亿美元，是唯一市值超过5000亿美元的亚洲公司，并超过脸书成为全球最值钱的互联网社交平台（当天脸书市值为5193.8亿美元），在全球市值最高的公司中排名第五，仅次于苹果、谷歌、微软和亚马逊（按当时市值排序）。

2019年3月21日腾讯发布的2018年财报显示，腾讯公司全年总收入为3126.94亿元，同比增长32%，归属权益持有人的利润为787.19亿元，比去年增长10%。

但就在腾讯公司利润较2017年进一步增加的前提下，腾讯公司市值却不升反降，而且下降幅度较大，达到了10%左右（截至2019年4

月 18 日 16 时，腾讯公司市值为 3.73 万亿港元，较最高时缩水 4000 亿港元）。

特别是 2018 年上半年，仅三个月的时间，腾讯公司的市值就蒸发了 6400 亿港元，缩水幅度一度超过 15%。这不仅使腾讯公司让出了市值亚洲第一和全球最值钱的互联网社交平台两个宝座，而且让老对手阿里巴巴在市值上反超（截至 2019 年 4 月 18 日，阿里巴巴市值仍略高于腾讯）。

一边是美团点评巨亏但市值缩水不到 6.3%，一边是腾讯利润增长 10% 却市值下降 10%，这做网的差距咋就这么大呢？这不是给马总添堵吗？

难道说腾讯人品拼光啦？不对啊！人家腾讯可是既没有百度那样的负面新闻，也没有发生“明尼苏达事件”那种说不清道不明的事，甚至马总都不是一个喜欢到处发表“高见”的人，说人家人品败了那是胡扯。

还是说股市实在太神奇，谁都看不懂什么道理？那也说不过去啊！谁都看不懂的那是 A 股，可人家又没在 A 股上市，涨跌还是有迹可循的。

其实道理很简单，美团点评虽然巨亏，但市场预期并没有下降，而腾讯虽然持续保持利润增长，市场预期反而不如过去。

造成市场预期出现这种差距的根本原因在于：随着中国国民收入的不断提高，人们变得越来越“懒”，越来越多的人愿意花钱请人跑腿。因此，美团点评虽然也受到了来自饿了么的强烈竞争，但整体外卖市场仍然呈快速发展趋势，美团点评的流量增长目前还未现疲态。

与此相反的是，随着中国智能手机用户增长进入瓶颈，人口红利已基本走到尽头——这在互联网社交领域表现得尤为突出，总流量已无太大增长空间（毕竟每个人的时间是有限的），不同社交平台之间的关系由正和逐渐变成零和，而近年来腾讯在短视频等新兴社交方式方面较为迟钝，接连错失“风口”，致使抖音、快手等新势力崛起、坐大，分流了部分社交流量。一句话，腾讯市值大缩水背后，反映出腾讯遭遇的流量危机。

同样的事例还有百度公司。众所周知，美国互联网有 FAG（脸书、亚马逊、谷歌），中国互联网有 BAT（百度、阿里巴巴、腾讯）。如果说阿里巴巴是中国的亚马逊，腾讯是中国的脸书，那么百度对标的是谷歌。

但任何事情到了中国这块神奇的土地上总要有所变化，互联网也不例外。与 FAG 三巨头大致等量齐观不同，中国的 BAT 如果光从市值上看早已名不符实。

作为 A 的阿里巴巴和 T 的腾讯公司市值咬得很紧，呈现出你追我赶之势，时而阿里巴巴领跑，时而腾讯反超，并且都进入了全球市值最高的 10 家公司之列，与亚马逊、谷歌和脸书处于同一量级。但作为 BAT 中排头的 B，百度在市值上不仅与其美国同行相差甚远，就是和 A、T 相比也完全不在一个档次。

截至 2019 年 4 月 18 日，百度公司市值仅为 597.48 亿美元，而阿里巴巴市值为 4845.83 亿美元，是百度的 8.1 倍，说百度连人家的零头都比不了还真没冤枉它。

由于市值差距太大，以至于一直有人试图用其他互联网企业取代百度，重组中国互联网第一方阵。打个比喻，现在的百度就有点儿像长春亚泰足球队，年年都在为中超保级奋斗，随时都离中甲只有一步之遥。

与已经没落的老牌贵族百度相比，互联网新贵们显然在估值上要强上许多。今日头条最新一轮估值已达到 750 亿美元，还未上市就已超过百度，据有关机构估计，其上市后的市值将有望冲破 1000 亿美元，届时 BAT 将成为历史，取而代之的将是 TAT。

如果仅从利润、营收等财务数据看，今日头条估值高过百度市值就显得完全不可思议。2019 年 1 月 16 日，网易科技报道称，据国外媒体消息，“目前全球估值最高的初创公司北京字节跳动科技有限公司勉强实现了 2018 年的营收目标”，达到了年初张一鸣许诺的 500 亿元。

利润？不好意思，互联网企业讲利润太低级，还是要谈愿景和每日活跃用户。反正从公开资料看，今日头条 2017 年是没有盈利的，估计 2018 年乃至 2019 年第一季度也没有盈利，要不然今日头条肯定满世界嚷嚷开了。要知道，人家是不谈利润，但是如果一旦有了利润，那是一定要大书特书的。

再看看百度 2018 年财报，其 2018 年总营收为 1023 亿元，同比增长 28%，其中，核心业务收入为 783 亿元，同比增长 22%；净利润 276 亿元，比 2017 年增长 51%，其中，核心业务贡献的净利润为 336 亿元，比 2017 年增长 52%。

百度的财报说明了几个问题：第一，百度营收继续保持快速增长；第二，百度的利润不仅高速增长，而且增速明显高于营收，说明百度的盈利能力在提高；第三，百度的利润全部来源于其核心业务。

营收保持高增速，盈利能力大幅度提高，特别是核心业务的盈利能力提高，核心业务净利率达到了惊人的 42.91%，这在传统行业那是打着灯笼难找的好企业。

但互联网就是互联网，它向来不按规矩出牌。2018 年 3 月 10 日，百度股票收盘价为 263.58 美元，对应市值达到了 915.22 亿美元，并引发了百度“千亿美元市值”论。到 5 月 16 日，百度股价大涨 4.47%，市值达到了 985 亿美元，创下历史新高，只要再小涨 1.53% 就能实现市值破千亿美元的心愿。

但好景不长，随着百度公司前总裁兼首席运营官陆奇于 5 月 18 日离职，百度市值一夜蒸发 94 亿美元，随后股价开始一路狂泻，最低时只有 150 美元左右，市值几近腰斩（跌幅超过 46%）。即便百度发布了还算不错的 2018 年报，但对于股价回升也没有起到多大作用。到 2019 年 4 月 18 日，陆奇的离职已经使百度损失了近 2600 亿元（约合 387.5 亿美元）市值，堪称史上最贵的离职，就连乔帮主（乔布斯）去世对苹果的影响也没这么大。

这么看来，陆奇对于百度实在是太重要了，重要到了相当于一个福特汽车公司价值的程度（截至 2019 年 4 月 18 日，福特汽车公司市值为 381 亿美元），即使用价值连城来形容都毫不为过。

但如果你真这么想就大错特错了。陆奇远没有那么重要，甚至谁都没那么重要，离开谁地球都照样转。之所以市场出现如此大的反应，不过是投资者对百度长期积压的信心缺失集中爆发而已。

除了几年前收购去哪儿和爱奇艺算得上成功，近年来百度在互联网新业务开拓方面着实乏善可陈，不仅在中国互联网新势力 TMD（指今日头条、美团点评和滴滴）崛起过程中基本上连一口汤都没有喝到，而且在 O2O 领域的布局接连遭遇滑铁卢：先是百度外卖委身饿了么，包括手机百度、百度糯米等流量入口总共作价 8 亿美元，然后糯米影业以区区 2 亿美元下嫁爱奇艺。

2015 年李彦宏在百度糯米“会员 +”战略发布会上“先拿 200 亿元来把 O2O 做好”的许诺言犹在耳，然而百度的 O2O 战略已是明日黄花，早已“零落成泥碾作尘”，连点儿香味都不曾留下。

而且更为要命的是，在移动互联网时代，百度遇到了 PC 时代不曾遇到的挑战，行动迟缓，进退失据，明显掉队。

据艾瑞数据发布的 2018 年 11 月移动 APP 排名显示，到 2018 年 11月，去掉“手机”二字的百度APP终于排名进入前十，位于第九位，仅略高于高德地图，但仍然不如旗下的爱奇艺 APP（爱奇艺 APP 排名第七位）。

反观腾讯和阿里巴巴，不仅核心产品微信、QQ、淘宝和支付宝分别霸榜前四名，而且就连腾讯的副产品腾讯新闻都位列第八，排在百度 APP 之前。

所以资本市场对于百度的失望其实由来已久，虽然在 2018 年第三季度靠着 2017 年 9 月发布的百家号（自媒体内容平台）和陆奇主抓的 AI（人工智能）战略，似乎让投资者找到了兴奋点，使百度市值重新站上了 900 亿美元，但这种如同吃了某种蓝色小药丸的刺激，来也匆匆去也匆匆，和陆奇先生一起很快就消失得无影无踪。

陆奇的去职只是压倒骆驼的最后一根稻草。而且陆奇也不是近年来第一个离开的百度高管。自 2010 年年初首席技术官（CTO）李一男和首席运营官（COO）叶朋相继离职以来，百度已经接连走了好几个高层：汤和松、吴恩达、李明远、曾良、王湛、王劲……其中在陆奇离职前最引起轰动的离职发生在吴恩达身上。

据统计，从 2007 年到 2017 年，百度至少有十位副总裁、二十多位高管因种种原因离职。对于绝大部分人的离开，百度官方给出的解释都是"因家庭和个人原因"，与陆奇的离职原因一样。据了解百度内情的人透露，这种情况一般是干得不愉快主动辞职或者被劝退，反正不伤和气离职的官方说法。

还有一种情况，是因为某人负责的业务出了问题，百度决定开掉但又打算"以儆效尤"的特殊离职，如王湛因"魏则西事件"发酵被处理，还有坊间传说的"太子（李明远）篡权"被废，百度给出的官方辞令是"违反职业道德行为规范，损害百度利益"。

纵观百度公司的用人策略，似乎对于名气和出身极为看重，这点读者们只需要在网上查查近十年来百度空降的高管背景就清楚了。而且有意思的是，百度很喜欢任用微软公司出身的 VP（副总裁）以上高层，如我的朋友汤和松、曾良和张亚勤，当然还有我不熟悉的陆奇。

在陆奇之前，百度的COO职位已经空置达七年之久。对于一个互联网企业，首席运营官的重要性可想而知，而COO长期缺位，不能不说是一大奇观。

对于陆奇的到来，百度董事长兼首席执行官李彦宏曾用《史记·淮阴侯列传》里的一句话"秦失其鹿，天下共逐之"来形容，把陆奇放到了国士级别，很有点儿刘备"孤之有孔明，犹鱼之有水也"的意思。

但很可惜，李彦宏先生不是蜀汉先主，陆奇也没能成为武乡侯，而百度离"三分天下有其一"更是越来越远。

讲述百度的文字在本书中多次出现，占了很大篇幅，是因为百度的情况十分独特：它曾经是中国互联网企业的龙头，是阿里巴巴和腾讯都需要仰望的存在；它目前在中国的互联网界仍然处于行业垄断地位，并且仍然是信息入口的副中心之一，但市值却始终不大上得去，可以说百度成功地复制了谷歌的搜索引擎模式，却无法复制其洋师父的统治地位。

我们没有理由说百度已经衰落，也不能说百度把一手好牌打得稀烂，但百度没有利用好手里曾有的"双王""四个二"却是不争的事实，这点与雅虎到有几分相似。作为中国互联网的明星企业，但愿百度不要步雅虎的后尘。

百度现象十分具有代表性，以后如有机会我再单独分析，现在还是让我们回到本节的主题。

通过以上事例，我们可以得出互联网的估值规律：(1) 对互联网企业的估值不是由当前盈利能力决定的，而是由未来盈利能力决定的；(2) 互联网企业的未来盈利能力与当期利润增长率无关，而与流量增长预期正相关；(3) 电商企业的未来盈利能力由当期活跃用户数、流量增长预期或所处市场的购买力增长空间决定。

现在问题已经十分清楚了，互联网企业的估值，或者说互联网企业的经济价值主要来源于流量。而流量是由互联网企业的活跃用户创造的，用户通过上网行为，使用互联网企业提供的服务的频次和有效时长产生了流量，用户未来可能使用互联网企业提供的服务的愿望形成了流量预期。

流量和流量预期就是“狗嘴里吐出的象牙”，它不是凭空产生的，而是用户消耗了不可再生的时间成本产生的。

与无产阶级革命导师卡尔·马克思在《资本论》第一卷中论述的“劳动力的消费过程，同时也是商品和剩余价值的生产过程”相似，用户在互联网上消耗时间（冲浪）的过程，同时也是互联网企业的价值生产过程。

“千金散尽还复来”，金钱花了可以再获得，而时间用掉了却永不再增加。

第三节　我的数据他的钱

欢迎各位再次回到“狗”与“主人”的故事中来。“主人”养“狗”薅“狗毛”的快乐日子一天天过去，大家都已经习惯了这样的生活，谁都没有打算去改变。

有一天，一名能力很强的“主人”在整理分析养“狗”的经验时又有了新发现：“狗”日常的行为，比如说喜欢吃什么、喜欢哪个异性、喜欢去哪里撒欢等，乃至“狗”的生理周期，如果收集整理出来，就可以形成关于“狗”的数据，这玩意儿很有价值。例如，可以指导自己引来更多的“狗”，并且把他们留住、养好，这样就可以多产“狗毛”、多产优质“狗毛”，自然得到的“羊毛”更多，挣的钱更多。

刚开始，这名“主人”把这个新发现的秘密藏在心里，只是自己悄悄加以利用。的确，这让他发展很快，不仅养的“狗”数量增加了不少，而且单只“狗”出产的“狗毛”数量和质量都有了明显提高。这名“主人”因此挣了很多钱，甚至还并购了周围几家“狗狗福利中心”，生意越做越大，很快就名声在外，成了同行中的翘楚。

但不久之后，这个秘密就不再是秘密了。原因是这名先知先觉的“主人”有一次为了在同行中显摆自己的能力，以便得到一名漂亮的女同行的仰慕，在一次行业座谈会上嘚瑟的时候说漏了嘴。

这也不能全怪他嘴上没把门，谁让那个漂亮的女同行一直没正眼瞧过他呢，尽管他挣到的钱比别人都多，但他言谈举止粗俗，很难得到女神的青睐。

这个秘密一经公开，引得满座皆惊，就连平常不带搭理他的那位美女，那个骄傲得像只小孔雀一样的女孩，都频频看向他这边，眼里还满是小星星。看到这种情景，他就像三伏天吃了哈根达斯冰激凌一样，心里别提有多痛快了。

会后，那位女神有事没事就来向他请教，着实从他那里套走了不少秘密，连操作细节都无一遗漏。很快他就高兴不起来了，因为那位美女嘴巴比他还大，像个小喇叭似的，所有内容迅速在圈子里传开了，是个“主人”都知道。

这样一来，他就再也没有什么“独门招式”了，和同行比拼就只能看谁的“功力”更深厚，玩儿的都是硬碰硬的路数。这让他很是郁闷了一阵子，内心很后悔自己当时的冲动。老话说得好啊，色字头上一把刀，当初自己咋就这么沉不住气呢！

这世上什么东西都有卖的，唯独没有后悔药可卖。因此，他只能安慰自己：周朝君主周幽王为了博得美人一笑，竟把江山给搞丢了，我仅仅是泄露了自己的独门秘籍嘛！这么一想，他又有点儿自得。

他就这样在后悔与自我安慰的交替中度过了一段日子，而同行们也都纷纷效仿他的经验，把数据分析玩儿得越来越溜。这时候，他又发现了一个生财之道：既然大家都很重视数据，那为什么不可以在自己分析使用数据之余，把数据卖给有需要的人呢？毕竟他养的“狗”比别人都多，数据自然更丰富，在数据量上绝对有优势。

例如，那些经营“狗”配种业务的家伙，如果买了数据，就可以在“狗”有生理需要的时候，将“狗”引去配种，这样便可以省下一笔配种费。而他也没有任何损失，反而凭空多了一项收入。

还有，他可以把数据卖给那些“狗”用品商店，这样商店就可以精准地推销商品。甚至他还在想，是不是可以把数据卖给那些仓库、写字楼的人以及别墅区的那帮有钱人。告诉那些买主，晚上在各自的门口弄几只猫，这样就可以引诱其他家“狗”跑去玩“汤姆和斯派克”的角色扮演游戏。

你想啊，如果谁家门口每晚都有一群“狗”待在那里，哪个蠢贼会去偷东西呢？这样数据的买主不就可以省下雇保安的钱了吗？

这也是一个无本的买卖。只要他家出去玩的“狗”天亮后知道回来就行，不耽误“薅羊毛”的工作。这样看来，把数据分析的秘密公开出去也没什么了不起的，没准还是好事呢。想到这里，他不禁为自己的机智点赞。

这位“主人”又一次引领了发展的潮流，并且不出意外地再次引起了轰动。

这一次，因为涉及与外界的交易，所以没有必要保密。既然如此，不如做个顺水人情。因此，他很聪明地在第一时间把想法主动分享给了那个大嘴巴的小美女。

经他策划和授权，小美女干脆搞了个新闻发布会，代表他向外正式作了披露。一时之间，小美女也成了万众瞩目的人物，还上了热搜。

趁着小美女心情不错，这位仁兄天天嘘寒问暖献殷勤，时不时地快递一束鲜花。很快，小美女就开始与他正式约会了。据知情人讲，两人进展顺利，似乎很快就要领证了。

总之，现在各个“狗狗福利中心”都知道数据的价值了，也都懂如何拿“狗”的数据去挣钱。大家都很感谢这个玩法的发明者，都夸他脑子好使。

这门生意刚出现的时候，“主人”都还比较克制，卖的数据还只是一些不太敏感的内容。但时间一长，事情开始变得有点儿不对劲了。

先是各种“狗”用品的广告不断推送过来，已经呈泛滥之势，“狗”有些不堪其扰。然后就是一些比较低俗的广告。例如，有一段时间，一些手头比较紧张的雄性“狗”老是收到“高价收购狗肾”的广告。

接下去被贩卖的数据越来越走“下三路”，大有“无隐私不数据”的架势。例如，雌性“狗”的生理周期数据就很受欢迎。厂商拿到这类数据后，不仅向雌性“狗”推卫生巾等广告，而且以昂贵的价格把数据直接卖给暗恋她的雄性“狗”。

这类数据为什么可以卖大价钱，其实很好理解。对于情商很高的雄性“狗”来说，谁要是掌握了心中女神的生理周期，就可以在那个时候主动送上一碗姜糖水，这绝对要比只会说“多喝热水”的男生更能讨女生欢心。

终于有一天，数据被倒卖的事情引起了“狗”的集体愤怒。事情的起因是这样的：一家无良的书商向全体雄性“狗”推荐了一本名为《藏私房钱技巧大全》的书，结果可以想见，卖得十分火爆。没办法，已婚男士都知道，没有私房钱是一件多么痛苦的事情。

后来，这家书商就又出版了一本《反私房钱秘籍》，专门卖给雌性“狗”，这本书更是畅销，甚至许多未到结婚年龄的雌性“狗”，都本着“学习和预防”的精神买了一本。

据说还真就有不少私房钱因此被发现，引起了无数“狗”的家庭战争。这在雌性“狗”欢天喜地、奔走相告的同时，让很多雄性“狗”恨得牙痒痒。雄性“狗”相约着，瞅准那个无良出版商落单的时候，都去咬几口出气。

但说归说，骂归骂，其实众雄性“狗”也就是发泄发泄，过过嘴瘾罢了。毕竟现在是法治社会，乱咬猪也是要被警察带走的。所以，大家骂完后还是着重在提高藏私房钱技巧上下功夫。如果事情就此打住，一切也还算不上有多糟。

出版商心黑皮厚，而且一肚子坏水，这家伙把书卖得差不多了，就开始琢磨怎样进一步捞偏门挣钱。后来，还真给他想出了一个馊主意——从地下渠道买来雄性“狗”的工资明细数据，然后逐条卖给他们的老婆或者女朋友。

针对已婚雌性“狗”，出版商的宣传口号是：“通过大数据比对，让私房钱无处遁形。”针对成年未婚雌性“狗”，出版商贩卖工资数据的噱头是：“对比工资和在你身上花的钱，算算他的爱有几分。”

这项业务比卖《反私房钱秘籍》还火，但出事也就出在这里。

其实，事情也要怪那只名叫“丽莎”的雌性贵宾犬心眼太小。她男朋友哈士奇“小强”在一家“狗狗福利中心”上班，工资收入不错。但“小强”的父亲去世早，家里只剩下一个瞎眼老妈，还有一个不成器的弟弟。“小强”是个孝子，工资有一半都赡养老母亲和接济弟弟去了，剩下的工资一多半都花在“丽莎”身上，自己其实没用几个钱。

原来一切都挺好，他和“丽莎”的感情一直很稳定，就连《反私房钱秘籍》引起许多“狗”家庭矛盾的时候都没有影响到他们，原因是“小强”根本就没有藏过私房钱，当然他也没有那个闲钱。

但由于工资数据被贩卖，“丽莎”知道了他的真实收入。加上错误的宣传引导，“丽莎”便跟“小强”急眼了，非要他解释清楚为什么口口声声说爱她，但是花在她身上的钱只有不到 40%（其实“小强”花在自己身上的钱更少，连 10% 都不到）。

偏偏“小强”嘴比较笨，事情没有说清楚，而且越说还越乱，“丽莎”因此怀疑“小强”对她不忠。正巧有人私下兜售社交数据，“丽莎”于是买了一份，一看就炸了。好嘛！这“小强”每天要和一个叫“芳芳”的雌性“狗”交流一百次以上！这就是“小强”“心另有他狗”的铁证啊！其实“丽莎”还真冤枉“小强”了，“芳芳”只是他们组的一名组员，而他们的工作必须要经常交流。

“丽莎”越闹越厉害，最后发展到天天对“小强”采取暴力的地步，搞得“小强”满身是伤。你还别说，贵宾犬要是发起怒来，那战斗力也是很强的。

“小强”终于忍受不了，跑出去当流浪狗去了。据说后来“小强”因为生存的原因，加入了某野狼团伙，成天干偷鸡摸狗的勾当，最终被警察抓去吃牢饭了。

这件事情引起了很大轰动，大家也因此认识到了一个问题：每个“狗”的数据应该是我们自己的，凭什么被别人拿去贩卖？今后我们还有隐私吗？还要隐私吗？

“狗”与“主人”的故事，至此彻底讲完了。请允许我代表故事里的全体“狗”，向各位亲爱的读者表示衷心的感谢。感谢读者的一路相伴，才使原本“沉默的大多数”——故事里的“狗”有了发表自己意见的机会。

我想，在故事结束之际，“狗”最想说的话就是：我们善良，但我们不是白痴笨蛋，请不要继续愚弄我们，更不要高高在上俯视我们。

某大佬认为我们会因为他们提供的那点儿方便，就“自愿”放弃自己的利益和隐私，就如同认为有人会接受廉价的地沟油，有人会欣然喝下免费的甲醛酒一样，既自大又可笑。

“狗”的故事结束了，但现实生活中泄露和贩卖数据的事情还在继续。

Facebook 大量泄露用户数据的事情余波未平，雅虎泄露 30 亿用户信息的事情更是把公众炸得晕头转向，据说影响到了半个世界。2019 年 4 月，暗网市场上又挂出了西方 16 家网站共 6.2 亿用户的信息，打包售价不高于 2 万美元。

中国在数据泄露、贩卖潮中也没能幸免。据 2018 年 6 月 16 日新浪网科技频道报道，暗网出现一条售卖信息，一名黑中介将某日流量超百万的知名网站数据库内约 900 万用户数据，包括用户 ID、昵称、密码等信息打包销售，售价为 40 万元。

2018 年 8 月 28 日，一则消息在朋友圈不断刷屏：华住旗下多家连锁酒店的开房信息被泄露，共 5 亿条用户数据被打包在暗网出售。出售的数据包括：华住官网注册资料，包括姓名、手机号、邮箱、身份证号、登录密码等，共 53GB，大约 1.23 亿条记录；酒店入住登记身份信息，包括姓名、身份证号、家庭住址、生日、内部 ID 号，共 22.3GB，约 1.3 亿人身份证信息；酒店开房记录，包括同房间关联号、姓名、卡号、手机号、邮箱、入住时间、离开时间、酒店 ID 账号、房间号、消费金额等，共 66.2GB，约 2.4 亿条记录。此次数据泄露的酒店包括汉庭、美爵、禧玥、诺富特、美居、CitiGO、桔子、全季、星程、宜必思尚品、宜必思、怡莱、海友。经专业人士测试真实有效，最新数据显示的离店时间为 2018 年 8 月 13 日，可谓“新鲜出炉”，还冒着热气。

由于上述酒店都是商务连锁酒店，价格亲民接地气，很受老百姓喜爱，是大众差旅首选酒店，也许您不久前就曾下榻过其中的某家，泄露的数据中就有您的个人信息。当然，出门非五星级酒店不住的读者可以直接跳过此部分。

其实，开房信息泄露倒卖早就不是第一次出现了，也绝不是最后一次。2017 年 10 月，著名的凯悦酒店集团全球 11 个国家的共 41 家酒店发生数据泄露事件，顾客的信用卡数据遭泄露。而就在华住“数据门”事件后不久，11 月 30 日，全球最大的酒店企业万豪国际酒店集团 (Marriott International) 宣布，约 5 亿顾客的个人信息被泄露。

2019 年美国著名的网络安全技术公司赛门铁克对全球 54 个国家的 1500 家酒店进行了安全测试，发现其中三分之二都存在安全漏洞，客人姓名、手机号、邮箱、护照号码在内的订单信息随时都处在泄露中。

技术有的时候就是一把双刃剑，可以利民，也可以伤人，关键看我们怎么使用。大数据的使用也存在很大的伦理道德问题。

二十多年前，美国杂志《纽约客》刊登了一幅漫画：“在互联网上，没有人知道你是一只狗。”而在大数据泛滥的今天，情况可能正好相反——互联网上，你自己可能都忘了自己是一只狗，但网络知道你就是一只狗，其他掌握你的数据的机构和人也都知道你就是一只狗。

也许有一天，最了解你的不是你最好的朋友，不是你的父母，也不是与你同床共枕的最亲爱的那个人，甚至不是你自己，而是躲在看不见的地方的其他人，掌握着你的数据。你的一言一行，乃至你一天上过几次厕所、去过什么地方，你可能自己都不记得，但网络都清楚地记录着。

如果真是那样，咱们与脱光了站在笼子里供人参观、供人评头论足又有什么区别呢？这样的互联网，于我们又有什么存在的必要呢？这不是危言耸听，更不是科幻小说的脑洞大开，而是已经发生的事情。

读者们应该还记得 2018 年 8 月 28 日上午，某主播“请喊我飞果”

在互联网上，没有人知道你是一只狗

对乘坐其顺风车的女乘客进行十分无耻的直播。请读者们想想，如果当时再配上女乘客的个人信息，乃至隐私信息，情况又会怎样?

其实咱们许多人在网络上“裸奔”已经不是一天两天了。2018 年 12 月 5 日，中新经纬报道称，500 块就能买到你的开房记录，数据泄露危害远超想象。报道描述，2018 年 12 月 3 日，记者通过 QQ 添加了一位名为小武（化名）的服务商，并向其提出查询个人信息。对方立即发来了一张图片，上面列举了 18 项可查询的项目，包括全国开房记录、手机定位找人、通话记录查询、快递收货地址、个人户籍、名下资产等。据记者了解，仅需提供对方姓名和身份证号，30 分钟内即可查明该人 3 ~ 5 年内的所有开房信息，其中查单人开房记录 500 元 / 次，查同住记录 800 元 / 次。此外，淘宝收货地址、微信好友列表、手机定位信息等都能查到，只要给钱就行。这种状况，离每个人被脱光了关在笼子里供人品评，只有一步之遥了。

不可否认，以上这些数据泄露和数据贩卖基本上都是“内鬼”或黑客所为，属于犯罪行为，可以通过技术手段和法律措施加以防范、打击。的确，我们也看到了社会各界为加强信息安全保护所做的大量努力。但如果网站不收集用户的数据，我们的信息安全也不会如此脆弱。

例如，某网站通过免费提供某些服务，取得了大量用户信息，其中最重要的是用户手机号码、微信或脸书账户等个人通信联络方式。您别天真地说这是用户自愿授权网站取得的，要不您试试不填这些基本信息，看看能否注册成功。准确地讲，这些信息是网络服务提供者采用半诱导半强迫的方式获得的。

本书无意探讨网站获取这些用户基本信息的方式是否合理，那是一个目前还无法准确界定的事，我们姑且认为是合理的，但是有一个问题立刻摆在所有人的面前，那就是这些数据属于谁？谁又拥有它的全部权益？

举一个小例子：沃尔玛公司的销售数据专门授权美国一家数据公司经营，不管谁都可以花钱买到，包括某种类别商品的销售对比数据、某品牌商品的历史销售数据、某年龄段人群的消费数据等。

一般有两种方法可以获得这些数据：一是加入会员，交纳一定的会员费（数额约数万美元），即可获得所有沃尔玛的数据。二是对于非会员可以进行数据“零售”，购买者在一张长长的菜单上打钩进行选择，每选择一项数据即对应一笔费用。

我有个校友在美国，曾购买过沃尔玛的数据，经历过这一幕。据校友说，他当时嫌会员费太贵（因为他只对特定商品的沃尔玛销售数据感兴趣，而且是一锤子买卖）。因此，他选择零买数据，但据说几项选择下来，发现价钱与交会员费也没差多少。

现在的问题是：沃尔玛的销售数据属于谁？我想绝大多数读者都会说，废话，当然是属于沃尔玛了，难不成还属于你？

您有一点说对了，它绝对不属于我，因为我基本上没在沃尔玛买过东西，倒是有一次去美国，在 Costco 买过衣服，的确便宜了不少。而且，您认为这些数据属于沃尔玛，基本上也是没错的。但请大家仔细想想，这些数据是怎么来的呢？

当然，它们是沃尔玛经过收集、整理而来的，即经过数据加工形成的。那么收集的原始数据又是哪里来的呢？答案是用户在沃尔玛超市的购买行为形成的。

因此，追根溯源，这些沃尔玛销售数据的“原材料”是属于每个用户的，包括除了像我这样的人以外的广大中国消费者。这么一看就很有意思了：未加工前的原始数据，即“原材料”属于个人，并不属于沃尔玛，但经沃尔玛收集、整理之后就变成了属于沃尔玛的数据，与原始数据生产者没有半毛钱关系了。

这可能就是我见过和听过的最为荒唐，但又最为自然的事情了。说它荒唐，是因为没有什么比这更不可思议的，就如同屠夫帮你宰完猪，把一只活猪变成猪肉，然后宣布这些肉属于他而不再属于你一样可笑；说它自然，是因为所有的人，包括消费者都对它属于沃尔玛没有任何异议，就如同这是上帝给予它的天赋神权一样。

关于沃尔玛销售数据的事情还真不是谁都能看明白的，毕竟这些数据整理、加工以后，已经由原来的数据变成了新的数据，从这个意义上讲，它们的确已经成为沃尔玛的数据。但还有一种情况就更加匪夷所思了，而这种情况还更具有普遍性和代表性。那就是直接把用户数据变成钱。

举例说明：某资讯网站拥有大量用户，那么它除了把流量变现，还可以向用户推送其他服务和商品信息，推送的依据就是网站掌握的用户阅读数据。例如，你经常看汽车方面的新闻和相关文章，该网站就一定会将汽车类的商品信息推送给你，这在当下十分流行，业内称之为精准营销。关于你个人的阅读习惯等数据，其所有权属于你而不是网站，这一点想必大家不会有不同意见。

网站将属于用户的个人数据收集分析，理由是要为咱们提供更好的服务，嗯嗯，这理由很“高大上”，瞧瞧人家的境界。好吧，咱没意见。

可现在问题来了，你们（网站）拿去搞精准营销，可不是在学雷锋做好事，对外可是要收钱的，而且收得还不少，可为何与我们数据所有者没有半毛钱关系呢?

现在IT界普遍有个观点：数据是一种重要的资产。有人甚至呼吁有关部门修改会计制度，允许企业将大数据作为资产列入资产负债表，以适应大数据时代的新形势。

在信息时代，如果数据是资产，那么资产取得的收益应当属于资产所有者，而不是资产经营者，这是世界上各国法律通行的原则。但在互联网上，数据这项资产却出现了截然相反的现象：我的数据，怎么就成了他人口袋里的钱?

第六章

谁是无耻的强盗

“互联网三大定律”之一的梅特卡夫法则（Metcalfe’s law）揭示了互联网的价值规律：一个网络的价值等于该网络内的节点数的平方，而且该网络的价值与联网的用户数的平方成正比。

该法则是计算机网络先驱、3Com公司创始人罗伯特·梅特卡夫于1980年提出的（据说发明该理论的初衷是为了忽悠更多客户购买网卡），但其成名却全靠“数字时代三大思想家”之一的乔治·吉尔德。

乔治·吉尔德的主要工作之一，就是把前人已经发现、但并未获得大众认可的理论进行包装和命名，我们可以据此把他称为数字经济理论的“星探”。在此之前，经他之手命名的最著名理论，就是“互联网三大定律”之首的摩尔定律。

1993年，乔治·吉尔德正式命名了梅特卡夫法则，并迅速得到了计算机界人士的认可。经过无数实践，当初为“忽悠”用户买网卡而提出的理论被证明是正确的，并荣登“互联网三大定律”榜单。这个故事说明：有时候真理与“忽悠”之间只是相差了一个名字的距离。

梅特卡夫法则表明，一个网络的用户数目越多，那么整个网络和该网络内的每台计算机的价值也就越大。这一法则同样适用于互联网平台、网站和APP应用软件，即网站、平台的价值，随着其用户数量增长呈幂次增长。

这也就说明为什么互联网公司的活跃用户越多，互联网公司的估值就越是打着滚地往上涨。在前面，我们阐述了互联网企业产生收益的根源——流量是由每个用户创造的，被定义为互联网企业核心资产之一的数据也是用户产生并应归属于用户的。梅特卡夫法则进一步表明，互联网公司的价值的确是由网民创造的。

但创造了互联网企业价值的用户，除了获得“免费”浏览或使用网站、APP 等开放平台的权利外（之所以给免费二字加上引号，是因为在收费会员制的网站或平台，普通用户的权限受到了很大限制），却连一分钱的收益都不曾获得。

网民创造的价值去哪儿了？被互联网企业背后的资本和创始人、经营者瓜分了，甚至连员工都参与了收益分配（通过薪酬方式），可互联网价值财富的真正创造者却在分蛋糕的时候不见了踪影。

世界上恐怕没有比这更荒诞无稽的现象，也没有比互联网企业更无耻的强盗。

第一节　能不能别这么黑

想必中国人都知道，无产阶级革命导师卡尔·马克思在其著作《资本论》中揭露了资本家剥削的实质：榨取工人的剩余价值。马克思认为，资本获取剩余价值的秘密，在于资本家购买了一种具有魔力的特殊物品，可以创造价值的劳动力——人。

工人劳动生产出来的产品属于资本家，而非归属于直接生产者工人，也就是说工人劳动产生的价值（产品价值的增值部分）归资本家而不是工人。因此，资本家正是通过工人劳动产生的价值与劳动力本身的价值（即购买劳动力所支付的成本）之间的差额来赚钱的。这个差额就是剩余价值。

举例说明：工人张三的劳动报酬为每月 5000 元（税前），加上企业支付的五险一金 1500 元，合计张三的劳动力成本为 6500 元。假如张三每月生产的产品价值为 40000 元，扣除原材料成本 28000 元、机器设备折旧摊销 1000 元、产品研发费用摊销 1000 元、生产场地摊销 1000 元、水电费摊销 500 元，则张三每月劳动产生的价值增加为 8500 元。张三每月产生的价值增加 8500 元与张三本身的劳动力成本 6500 元之间的差额，共 2000 元就是张三每月产生的剩余价值。

由于工人并非失去人身自由的奴隶，资本家只能剥削工人的剩余劳动价值，而不能像奴隶社会那样，奴隶主剥削奴隶的全部劳动价值。随着经济的发展，对于劳动力的需求越来越大，在市场规律的作用下，劳动力的价格呈不断上升趋势。

以中国为例，近 30 年来，劳动力成本（工资）增长了数十倍。国家统计局公布的数据显示，1987 年中国全国职工的平均年工资为 1459 元，而 2017 年全国城镇私营单位就业人员年平均工资为 45761 元，全国城镇非私营单位就业人员年平均工资为 74318 元。由于国家统计局未公布全国城镇就业人员平均工资，按照同期城镇就业人数 42462 万及城镇私营单位就业人数 13327.2 万，计算出 2017 年中国城镇人均工资为 65355 元，是 1987 年的 44.8 倍。

而以 1987 年物价为基准计算，到 2017 年中国物价指数为 4.07 倍，即 1987 年的 100 元钱到了 2017 年相当于 407 元的购买力。由此可见，扣除物价上涨因素，近 30 年中国就业人口的人均工资实际增长了整整 10 倍。

目前，市场经济发达国家劳动者工资总额占 GDP 的比重（称之为分配率）均超过 50%，最高达到了 65%，即市场经济发达国家创造的财富一半以上由劳动者分享了。

分配率高的国家有两个基本特点，即经济发达与劳动力相对不足同时并存。中国虽然经济总量已经位列世界第二，但由于劳动力总量大，劳动力市场总体呈现供大于求的局面。因此，近年来平均工资上涨速度总体上与GDP增长速度基本持平，工资总额占GDP的比重在改革开放以来一直处于百分之十几的低水平。

根据统计年报，2017年中国工资总额为12.99万亿元，而GDP为82.71万亿元，工资总额占GDP的比重为15.7%，与非洲国家的分配率相当，这也证明中国劳动力优势尚未完全释放。

中国工资总额占GDP的比重偏低，是由于中国经济发展的极度不平衡导致的。大量低端制造业产业工人、三四线城市从业人员，特别是农民工收入偏低，与发达地区或高技术行业人均工资相差甚远，即许多老百姓常说的“工资拖了全国的后腿”。

实际上在一些高技术产业领域，中国的人均工资与发达国家的差距正在迅速缩小。以华为为例，其正式发布的财报显示，2018年华为销售收入为7212亿元，净利润为593亿元。

目前华为有18万名员工，根据任正非先生2018年春节前在内部社群“心声社区”发表的007号总裁E-mail中透露的信息，华为公司2018年平均工资约为110万元，全年工资总额约为1980亿元，占华为公司总销售收入的27.45%，占毛利的约52.75%（华为公司2018年纳税约1100亿元），已经达到发达国家的分配率。

从美国在线招聘网站Glassdoor 2018年发布的一份调查报告看，美国2018年平均薪酬最高的公司为世达律师事务所（Skadden Arps），总薪酬（工资加奖金分红）中值为18.2万美元，排名第三的思略特公司（Strategy&Company）总薪酬中值为16.2万美元，大家熟知的谷歌公司排名十三位，总薪酬中值只有14.35万美元。因此，华为公司110万余元的人均工资（折合美元约16.42万）已达到美国顶级企业的水平。

再看几家互联网企业，腾讯公司2017年报显示，2017年第一季度薪酬总额为74.23亿元，按此测算，腾讯公司2017年全年薪酬约296.92亿元，而截至2017年3月31日，腾讯公司员工总数为39285名，人均年收入为75.58万元，折合美元约11.28万，接近美国顶级企业的人均收入水平。

另据约2万条阿里巴巴工资数据测算，阿里巴巴2018年人均月工资为32570元，其中月薪3万至5万月薪的员工数量占阿里巴巴总员工数的63%。据阿里巴巴员工透露，与大多数企业一样，阿里巴巴年底发双薪，并且年终奖金为0～6个月工资，其中90%的员工可以拿到相当于三个月工资的年终奖。因此，阿里巴巴的年薪可视为16个月工资。

按此测算，阿里巴巴2018年人均薪酬为52.11万元，折合美元约7.78万元，超过了特斯拉公司人均5.48万美元和PayPal公司人均7.02万美元的薪酬水平。

说个题外话，中国长期维持低分配率虽然在很大程度上可以保持制造业的国际竞争力（主要体现在劳动密集型产品的价格优势上），但却严重损害了中国经济与社会持续发展的能力。

首先，不利于淘汰落后产业和落后产能，阻碍了中国制造业的升级。众所周知，中国出口1亿件衬衣所获得的利润，不及美国波音公司向中国出口一架飞机所赚取的利益。

其次，低收入使国民人均可支配收入过低，不利于依靠内需拉动经济发展。据新华社2019年4月21日电，美国个人消费占GDP的比重已上升到70%左右。而统计公报显示，中国2017年个人消费总额为4.71万亿美元，占GDP的比重为38.7%，比上年略有下降。

最后，工资总额占GDP的比重较低，表明中国资本收入在国民收入中的占比过高，初级分配的不公平现象十分严重，不利于社会公平正义的实现。特别是地区之间平均工资相差悬殊，将成为中国经济和社会发展的顽疾。

根据各地方社保局发布信息，2018 年北京月平均工资为 10712 元，位列全国首位，上海月平均工资为 7832 元，居全国第二位，而月人均工资最低的山西省仅为 3299 元。更为重要的是，根据国家统计局 2019 年 1 月公布的数据，中国月收入在 2000 元以下的低收入人群仍占 25.5%。

因此，尽快提高工资总额占 GDP 的比重，让劳动者享受到更多的经济成果，是未来一段时期中国社会调整的重中之重。那些为中国低工资叫好的“专家”(如某“经济学家”曾鼓吹:“现在低工资制应该说是我们对外经济的一个优势。”)，既浅薄又无耻。

说他们浅薄，是因为他们只看到所谓的“中等收入陷阱”(指当一个国家的人均 GDP 达到 3000 美元，进入中等收入阶段后，有可能陷入经济增长的停滞期，既无法在人力成本方面与低收入国家竞争，又无法在尖端技术制造方面与富裕国家竞争)，而忽视了现代产业经济学的基本常识。

实际上，由于中国完备的制造业体系和远比低收入国家先进的基础设施，低收入国家除了产业链很短的加工业（如纺织）外，整体上在制造业领域很难仅仅依靠更便宜的劳动力与中国竞争（越南等国家人力成本更低，但并未从中国手里抢到多少国际市场)，反而进入中等收入阶段有助于进一步挖掘中国内需的潜力，对于经济快速、健康、可持续发展具有重要意义。

说他们无耻，是因为他们都不是拿最低工资的人，而是高高在上的“肉食者”，既不曾也不需体会低收入者的艰辛。我认为，调整中国收入分配比例，必须依靠法律的强制力予以保障，即大幅度提高中国的最低工资标准，以此带动全国平均工资上涨。

言归正传，从世界各国工资总额占 GDP 的比重变化看，劳动者取得更多的分配是一个国家或地区文明进步的标志。发达国家工资总额占GDP的比重超过50%，说明发达国家的社会分配结构趋于合理，即劳动者的收入已经高于资本的收入。

这从另一个角度证明，马克思关于劳动创造价值的理论是正确的。正是因为劳动者创造了价值，所以应当在价值分配中获得多数。

中国及其他发展中国家和地区劳动者获取少数价值，而资本获得多数价值的原因，在于经济由不发达向发达发展的过程中，资本处于更加重要的地位——只有通过资本劳动力才能成为商品，才能高效创造价值。

在缺乏资本投入的时候，劳动力也在创造价值，但创造价值的效率很低，如传统农业和手工业时代，以及小工业生产的情况。小工业生产的主要原因是缺乏扩大再生产所需要的资本。

因此，为了鼓励资本投向欠发达地区，或者为了尽快完成扩大再生产所需要的资本积累，让资本在分配中获得多数价值也是合理的。这也从另一个角度解释了中国不同行业之间，劳动者和资本在分配中获得价值的比例相差甚远的原因。

其实不光是中国，发达国家也是如此。凡是容易获得资本或者说资本供应充足的行业，资本所占的价值分配比例越少，劳动者所占的比例越多。因此，分配率提高的过程，就是经济发展走向成熟的过程。

说完了剩余价值和分配率，互联网企业之“黑”，已经一目了然。资本家只是榨取了劳动者的剩余价值，而互联网企业却偷走了网民创造的所有价值。

即便在发展中国家，资本也只是在分配中享有多数的价值比例，至少还给劳动者留下了一定的报酬。而在互联网领域，资本和企业拿走了网民创造的全部价值，连一点儿残渣都不曾留下，却没有丝毫的歉意，反而是那样的心安理得，一如两千多年前的奴隶主那样。

许多互联网企业甚至抱着一种“施恩”的心态俯视网民，随意制定于他们有利的规则，随意侵犯用户的权益。例如，许多网站和 APP 一方面随意封用户账号、删用户评论，一切不是依据法律和道德，而是平台自己的“规则”，但另一方面又放纵水军“灌水”“刷好评”，甚至对网络暴民和网络暴力视而不见、充耳不闻。

再比如，某电商平台公然允许假货销售，甚至于其平台销售的“山寨”产品大有泛滥之势，但该平台不仅不思悔改，反而不遗余力地为假货洗地，为售假者张目，时而竭尽全力鼓吹“山寨产品并非假货”，时而跳出来宣称其售卖“山寨品”是为“五环外”的消费者造福，仿佛成了“山寨教教主”，把“造假”“售假”的行为上升到“理论”的高度，使“山寨产品”立马化身为“消费下沉”的合理存在。对此，我真的无语了。

2018 年 2 月，中国消费者协会发布公告，称中国主流电商差不多均涉嫌售假。其中，化妆品成了重灾区，淘宝、京东、拼多多、网易

电商涉嫌售假

考拉、蜜芽等知名电商平台集体“全军覆没”，几乎无一幸免。

女士坤包也成为假货高发地，高达55%的女包不仅“来路不正”，恐怕连“出身”都颇为诡异。看似高贵的“白天鹅”，其实是来自某个阴暗角落里小工厂的“丑小鸭”。

而30%的鞋大约也是冒牌产品，其中阿迪达斯假货率最高，网上销售的大部分阿迪达斯运动鞋都是高仿品、“山寨货”，搞不好你我脚下穿着的鞋子，就是假的。

或者男士们从自己好不容易攒下的私房钱里咬牙挤出一笔不菲的开支，给老婆（女友）买了个包包，本指望讨老婆大人的欢心，却不意栽倒了不良电商的手里，花了银子还得挨老婆的数落。

更为可怕的是，女生们为了美丽而买来的护肤品，很有可能是在一间黑暗的出租房的厕所里，用某种可疑的“原材料”自行灌装的。不用说也知道，这种自产的“护肤品”，别说养颜护肤，不毁容就算是积德行善了。

客观地说，中国电商平台之所以成为假冒伪劣产品的温床，绝对不是平台经营者有意为之。但出了问题，平台不去解决，而是简单地把锅甩给加盟的商家，让用户自己擦亮眼睛，这就有点儿不地道了。

要知道，咱们是消费者，不是专业的商品鉴定师和专业打假人，更不是孙猴子，没有在太上老君的炼丹炉里待过，长不出一双火眼金睛。我们之所以被假货所骗，一方面固然是贪图便宜，想买便宜货却买来了“西贝货”；另一方面难道不是被电商平台的信誉所迷惑吗？

其实，希望花更少的钱得到更多的实惠，这是人之常情，并非草根百姓所独有，莫非你们这些电商大佬在建商务写字楼的时候不要求招标？不侃侃价？所以，求求高高在上的电商大佬们，别动不动给消费者贴一个“贪便宜”的标签，须知捡便宜无罪，省钱有理。买到假货的责任不在于用户有“贪便宜”之心，而在于你们以平台的信誉作了背书，却不履行背书的义务和职责。

据业内人士透露，中国的电商平台虽然不会主动售假，但其实他们对于平台上假货的存在心知肚明，并且从不在防范假货问题上采取任何措施。

目前电商平台对于假货问题通常采取如下办法处理：一是与加盟商家签订免责协议，以便出现假货问题时好甩锅；二是向加盟商收取一笔风险质押金，出现问题时通过罚没质押金对商家进行惩罚。如果出现的问题严重，影响较大，就关闭该加盟店。

无论是对售假的商家罚款也好，永远关闭也罢，统统都是事后措施，不能说一点儿意义没有，但是在当前中国相关的法律体系尚不健全的情况下，对于防止造假售假有多少实际效果，绝对要打个大大的问号。

这些事后措施，无非只是向公众表明：我对假货是深恶痛绝的啊！象征意义大于实际作用，仅此而已。因为罚款对于售假者而言真的算不上多么严重，毕竟电商平台是根据用户的举报被动式打假，并非主动出击，而售假者被用户发现举报的概率并不大，罚款与巨大的利益相比自然不足为虑。

说到售假如何不被发现，这里面的学问很大，水很深，本章第三节将专门讲述技术性“技巧”，这里读者们只需要大致了解一下，那就是通过技术手段专找不识货的顾客下手，并且打几枪换个地方，转着圈地打“游击战”，被识破并被抓住罚款的概率还是很低的。

至于平台发现后封店，那就更不是事了，反正换一家电商平台还接着卖，甚至都不用换平台，重新开一家店，起个别的店名就行了，谁能知道人家换个马甲又上来了呢？这就是网络的好处，转身谁也不认识谁。并且，平台就是不封店，人家本来也打算过段时间换个地方玩儿的，老在一个地方容易出事，这道理骗子们都懂。请问，这样的事后措施，对于打击假货到底有什么用？

公平地讲，根治造假售假不是电商平台的责任，也超出了其能力范围，那是政府、法律和全社会的事。但要最大限度地避免售假，电商平台却是可以做到的。办法只有一个，那就是事前防范，严把入口关。

具体来说，开放的电商平台应对加盟的商家进行严格的资格审查，凡是售卖“山寨商品”的商家一律不许入驻（“山寨商品”的确与高仿假货有较大区别，不需要太强的专业知识也能辨别，但绝对不能交给用户自行辨别），凡是所售商品为知名品牌的，必须要求商家出具正规进货渠道证明（知名品牌不是土特产，也不是地摊货，如果拿不出正规进货渠道证明，说它是真品正品，恐怕连鬼都不会信），否则不得在平台出售。而自营电商，只需要把握一点就行：来路不明的商品不卖。就这么点儿事情，做到了就能最大限度地限制假货销售，难道很难吗？

做到这点还真就是很难。不是技术上难，也不是操作上难，而是思想上难。

先看看 C2C 模式。淘宝等 C2C 电商的模式决定了平台自己不经营产品，而是吸引个人来网上开店（现在也扩展到了小微企业，甚至普通企业），但正常情况下，个人和小微企业是无法从正规渠道获取品牌商品，特别是名牌商品的代理销售权的。即便 C 店通过正规渠道买来品牌商品加价销售，但由于进货量问题，也无法获得较好的价格，根本无法同大企业竞争。

所以，一旦平台严把入口关，拒绝“山寨品”经销商和没有正规进货渠道的品牌产品入驻，就将在很大程度上赶走一批 C 店，或是使 C2C 平台成为只卖地摊货、手工产品和土特产的地方，而这是平台不愿意看到的。

比如，当初的淘宝也曾是“山寨商品”的集散地，后来做大了才在舆论的压力下赶走“山寨商品”的。为什么做大了才清理“山寨商品”而非当初就这么做，想必其中的奥妙地球人都知道。

这也难怪拼多多表示很委屈：当初淘宝不也卖过“山寨商品”吗，大家咋就只抓住我的小辫子不放呢？而现在，已经赶走“山寨商品”的淘宝，如果再流失掉大量做高仿品的C店，那么损失将是惨重的。

再看看B2C电商模式。电商发展到今天，B2C模式已经与C2C模式本质上相差不多了，都是所谓的做平台，开放店铺加盟的模式。在阿里巴巴的定义里，恐怕B2C与C2C的区别，只在于前者是企业开店，后者主要是个人开店。

而在消费者的概念里，B2C与C2C什么的并不重要，重要的是淘宝和天猫的差别体现在一个低端、一个高端而已。至于京东商城，早就放弃了原来只做自营的模式，也去拥抱开放平台模式了。只不过由于一直主打“自营”概念，京东商城向开放平台转型还不够彻底，仍然保留了部分自营，算是“犹抱琵琶半遮面”吧。

没办法，开放平台模式的优点是自营模式所不具有的：一是省事，把客服、售后、仓储、发货等一系列麻烦事都甩给店铺，实在是太省心了；二是旱涝保收，不用承担经营风险，这点最为重要。但凡事有利就有弊，开放平台对于电商的好处很多，但对于消费者而言却有致命的天然缺陷。

首先，由于开放加盟，平台的利润不是来源于商品差价，而是向店铺收取的其他费用，如技术服务费、推活动的收费、直通车等流量费。因此，平台绝不会限制店铺数量，反而会想方设法增加店铺数量。这就意味着，严把入口关，把不合格的店铺赶出去，也是平台绝对不愿意做的事。

其次，由于开放加盟，谁都可以经营某种商品，并不是只有从正规渠道进货的店铺才可以存在。因此，平台上的商品自然良莠不齐。从这个角度说，只要平台不做事先防范，开放平台出现店铺售假的现象就是必然的，至少在相关法律不健全、法律惩治力度不够大的国家是无法避免的。

可以说，如果没有法律的制裁，人性的弱点会使很多企业和个人乐于造假、贩假。这是制度性缺陷，非关人的素质问题。中国电商所售假货，有很多就来自日本和韩国这样的经济发达国家，而且日本《富士晚报》甚至公开传授如何将产品高价卖给中国人的“经验”。在很长一段时间里，全球大型 C2C 电商平台 eBay 也曾因假货问题屡遭国际大品牌商投诉。

再次，开放平台的缺陷，是平台无法控制店铺的利润率，即店铺想卖多贵就卖多贵，而这损害了用户的利益，从长远看也将损害电商平台的利益。

现在用户不选择用脚投票，那是因为“天下乌鸦一般黑”，所有电商平台都差不多，大哥不要说二哥，谁也不比谁强多少。当一个新的电商模式出现，真正能够从制度设计上保障用户利益的时候，就是现在的电商大佬们自食其果的时候。而我相信，这一天一定会来到。

最后，咱们再来看看自营电商的模式。照理说，自营电商的确能够规避开放平台的许多问题，如假货泛滥问题。刘强东先生正是看到开放平台的模式缺陷，推出主打自营的京东商城，才取得了成功。

但传统的自营电商也同样存在不足。自营电商最大的问题是商品库存问题，由于自营电商是进货自销，货物属于自营电商。因此，一旦出现滞销积压，势必造成电商企业的经济损失，而这些损失最终还是要转嫁到用户身上，即“羊毛出在羊身上”。

特别强调一点，其他互联网平台宣称“羊毛出在狗身上”猛一看还真有那么点儿道理，而电商企业说这句话就是彻头彻尾的大忽悠。

无论什么时候，电商企业的模式都是“羊毛出在羊身上”，这点永远不会变，至少在人类经济学基本原理被颠覆以前不会变。

传统的自营电商模式还有一个不足，就是无法有效避免假货问题。因为传统自营电商为了丰富商品，打造综合性电商服务业态，有时也不得不与代理商合作。毕竟不是所有的电商都能直接与生产企业合作，比如生产企业已经将代理权授予某经销商的情况。这样，第三方代理商就可能掺假，真货假货搭着卖，这在“圈内”已经成为公开的秘密。

所以，综合各种情况看，电商防范假货不是做不到，而是不愿做。“是不为也，非不能也。”有句民间俏皮话说得好：只要思想不滑坡，办法总比困难多。只要下定决心，这世上还真没有多少绝对办不到的事情，关键看你想不想办。很多时候，我们说“做不到”不是真的力有不逮，而是思想态度上出了问题。

为了写好本书，我曾向无数好友，特别是女性好友求教。说实话，有段时间我基本上逮着机会就缠住人问，除了年纪太大的老人和年纪太小的孩子，到现在问过的人没有一百也有七八十了。其中有个问题，就是在网上购物的时候如何从众多同样的商品中进行选择。

只要是在网上买过东西的人都知道，同样的商品一般各个电商平台都有，甚至同一个平台内有无数店铺在卖，但价格十分混乱，不仅相差甚远，而且缺乏一个公允的参考值。

绝大多数被我询问到的朋友告诉我，这种情况下，过去一般是靠店铺的信誉等级来帮助选择，即从等级高的店铺中进行选择，但后来知道店铺的信誉等级也是可以“刷”出来的，就不怎么相信等级了，那么选择商品就只能靠感觉，即挑价格中间值的下单。

至于这么选择的原因，主要是感觉价格处于中间的店铺相对靠谱，这样既避免当“冤大头”、花冤枉钱，又避免了太过便宜有可能产生的假货风险。事出反常必为妖，太便宜的往往要小心“地雷”。

告诉我这种经验“诀窍”的朋友，基本上都是几天收不到快递就浑身难受的网购达人。但听了太多这样的“诀窍”之后，我心里很是悲凉和愤慨。悲凉的是，如果打假只能靠消费者“跟着感觉走”，如果我们的“经验”只能靠无数的血泪教训获得，那这个社会是否出了什么问题呢？愤慨的是，电商平台从咱们网民身上赚走了数不清的钞票，难道就不能真正为消费者考虑一点儿吗？

所有人都知道，在网上精确搜寻一件商品，能够蹦出来无数条同一个商品的信息（分属不同的店铺）。不知是有意还是无意，所有电商平台都不对搜索结果进行排序——既不按价格高低进行排序，也不按商品的靠谱程度（如店铺评级）进行排序，全部就这么按“原始状态”散乱地呈现给用户。

这种情况想必读者们都遇见过，很是让人无奈，需要自己耐心地从众多店铺中进行挑选，这往往需要我们花费大量时间。我就不明白了，难道做个商品排序很难吗？为什么这么简单，但对于用户又如此重要的事情，却没有一家电商去做呢？

与其相信聪明的互联网大佬们不小心“忽视”了这样的“小问题”，还不如相信母猪会上树要来得实在一些。人家可是什么招数都能想出来的，说人家连这点儿问题都想不到，那是十分不妥的。

不对商品搜索结果进行排序，的确是电商平台有意为之，而且大家在这个问题上高度一致，很“默契”地选择了装傻充愣。原因很简单，说到底还是流量惹的祸。如果对搜索结果进行排序，对用户而言倒是提供了方便，可以节省大量被白白浪费掉的时间，但这恰恰是电商平台不希望看到的。

在这些电商的心里，用户耗费在自己平台上的时间越多，产生的流量越大，他们拿走的价值也就越多，这才是关键。至于用户是否浪费了时间，关人家何事？反正浪费的又不是大佬们的时间。

从技术上看，对商品搜寻结果进行排序可谓简单之极，基本上随便拎出个程序员就能搞定，但如果哪家电商的 CTO（首席技术官）真这么干了，估计等不到明天就得卷铺盖走人。这不是断人家财路吗？别说炒他鱿鱼了，老板连杀人的心都有。

为了从网民身上榨取更多的价值，一些互联网企业只要钱不要脸，更不知良心为何物。互联网企业昧心侵吞了属于网民的价值，一些大佬也因此拥有富可敌国的身家，互联网圈正不断上演“劫贫济富”的把戏。

常言道“盗亦有道”，互联网企业们，能别这么黑吗？

第二节　习惯焉能成自然

生活中有太多司空见惯的事，就像“猫吃鱼、狗吃肉，奥特曼打小怪兽”。但司空见惯的事就一定是正确的吗？我们常说“眼见为实”，但许多时候眼见不一定为实。

俗话说“男大当婚，女大当嫁”，这几乎已经成了千百年来天经地义的事情。几年前，我与一位信奉单身主义的女性朋友探讨时，就用上了这样的话。

朋友反问：为什么一定要婚嫁？我想都没想就回答说“是因为人类繁衍的需要”，并且讲了许多有孩子的好处。那位朋友表示认同我关于孩子的观点，我于是趁热打铁，劝她赶快结婚。谁知那位朋友认真地对我说：“我可以不结婚的。等我哪天想要个孩子的时候，我会去医院做试管。”我在生活上比较传统，她的话让我十分震惊，我想反驳，但张了张口，却发现无言以对。

在我还是少年的时候，学到了许多“天经地义”的常识。例如，太阳系有九大行星，指南针永远指向北，固体会热胀冷缩，变色龙变色是为了伪装。

但随着时光的流逝，长大的我才发现，有时候我们习以为常的事情其实是错误的：太阳系只有八大行星，冥王星只是矮行星；指南针不是永远指向北，而是正北偏西，并且历史上地球的磁极曾出现过反转；固体并不总是热胀冷缩，遇冷膨胀的金属已经被发现。还有，变色龙变色不是为了伪装，而是为了打架和吸引异性的关注。

就连强调客观真理性的自然科学知识都有可能被颠覆，这世界上又有什么是天经地义的呢？几百年前，如果说“君要臣死，臣不得不死；父要子亡，子不得不亡”就是天经地义的事，那么现在还讲这样的话，恐怕会被人当成病人送进医院的。

此外，一百多年前的中国，口袋里有几个钱的男人三妻四妾很正常，也属于天经地义的事，而现在要想多娶两个太太，除了睡觉做梦没有其他办法。毕竟，法律是讲事实的，梦中的事情还不会构成重婚罪。

由此可见，没有什么天经地义的事，只有认为天经地义的人。今天的天经地义，很可能就是明天的荒诞不经。

如果我们穿越到570年前，到明代中期的正统年间去逛逛，要是赶上哪家给孩子办满月酒，那咱可一定要去见识一番。只不过，您要是听见有人对着主人高喊：“令郎日后当为衣冠禽兽。”那您一定不要露出惊讶的神色，这会让咱们都暴露身份的。

要知道，那个时候，祝人家的男孩成为衣冠禽兽，可是很高的夸奖，因此在男孩的满月酒宴上祝孩子衣冠禽兽绝对天经地义。这时候，主人往往会满脸带笑，连声称谢，并谦虚地表示：哪里哪里，犬子何德何能，令公子人中龙凤，那才是衣冠禽兽之才呢。这可不是在相互

古今衣冠禽兽的不同意思

骂街，而是在相互吹捧。

原因很简单，明代官服绣有禽兽图案，文官为禽，比如仙鹤，武官为兽，比如麒麟，说孩子将来成为衣冠禽兽，那是夸人家孩子有出息，将来要做官光宗耀祖，就像今天夸别人家的孩子能考上清华北大一样。

但是今天，如果谁在人家孩子的满月酒宴上要这么讲，那不用问，一定是来砸场子的。

现在咱们的问题来了：网民创造的价值被互联网公司侵吞，这也是个看似天经地义的事情，但它真的合理吗？还是说这只是一个荒诞不经的歪理？或者，干脆就是一个无耻的强盗逻辑？

许多人一定会说：合理啊！你还免费上网了呢！再说你也没有损失什么？此话乍看都有理，但如果这样的道理果真成立，那么如下的场景也一定合理。

众所周知，去健身房锻炼需要花钱。假设有人将一群想减肥的人组织起来，在此基础上成立一支工程队，专门承接各种建筑工程，让想减肥的人在健身教练的指导下进行劳动。例如，有的人专门挑担（练腰腿力量），有的人专门抡铁锹和大锤（练臂力），不给工钱但管吃管住，理由是让你得到了免费的锻炼，而且减肥效果很好（半年下来保证瘦个几十斤）。

如果你自己或你的家人被忽悠去参加这样的“免费锻炼减肥”，你会心甘情愿吗？如果哪位读者愿意，并且也相信其他人会愿意，那么建议您赶快去办个工程公司执照，按我说的模式去运作。

友情提示：由于省去了巨大的人力成本，为了提高市场竞争力，建议贵公司在竞标的时候报最低价，并且可以承诺先干活后收钱，或者答应资金紧张的开发商拿房子抵工程款，我保证贵公司生意兴隆，一年四季都有干不完的活。

事先申明：本人只提建议，决策以及后果由读者自行承担，本人概不负责。

现在咱们再换个场景进行假设。地球人都知道，去歌厅唱歌是要花钱的，像北京这样的一线城市，随随便便唱几个小时，花费都不低。要是赶上“麦霸”扎堆的话，估计花个千把块钱还没有尽兴。

如果有人在公园里摆上一套卡拉 OK 设备，免费向游人开放，肯定有不少人愿意高歌一曲，反正不要钱，图个乐。假设有人（张三）脑洞大开，把所有唱得不错的人组织起来建个“唱吧”微信群，声称以后可以经常组织大家免费唱歌，估计会有一定比例的人同意。

几年下来，“唱吧”微信群里积攒了上千个成员。这时候，张三去找各个酒吧老板谈，说我手上有上千个歌唱得不错的人，这里有他们唱歌的录音为证，我来为你们酒吧提供歌手，价钱只要原来的一半。很多酒吧的歌手其实唱得真的很一般，有的还不如张三群里的业余爱好者。由于价格便宜，估计张三最少能够得到几份为酒吧提供歌手的合同。

然后张三每天开始在“唱吧”微信群里发消息，把当天愿意去免费唱歌的人随机送去各个签约酒吧。由于人群数量较大，理论上每天都有一部分人愿意去免费唱歌。

假设张三签了五家酒吧，每天为每家酒吧提供五名歌手，每家酒吧每天付给张三 750 元（平均每位歌手 150 元），一年下来张三可以收入 136.875 万元，但张三一分钱都没有分给“唱吧”群里的成员，理由很简单：我为你们创造了免费唱歌的福利，你们还得感谢我。

这就是典型的互联网思维和商业模式，读者们觉得合理吗？

还有一个事例，这个事例不是假设，而是现实生活中有可能发生的事情。

学习知识技能是要付费的，这个道理想必大家都认可。但如果您是一位在校的计算机软件专业本科生，假期打算通过工作实践提高专业水平，于是去某公司应聘了一个实习机会，一个月下来，您的专业能力的确得到了提高，而且公司还给你出具了一份实习证明，这对你今后求职有一定帮助。

但公司拒绝给予你任何报酬，理由是免费让你得到了实习的机会。那么，你是否会觉得自己想要报酬是非分之想？

著名相声大师刘宝瑞先生有一个单口相声，名叫《学徒》，讽刺中华人民共和国成立前一些买卖人欺压学徒的现象，感兴趣的读者可以在网上听听，挺逗的。

那时候学徒是没有工钱的，只管吃住，当时大家认为这种现象合理，但现在如果哪家企业还不给实习生报酬的话，不仅会受到劳动仲裁机构的处罚，而且社会舆论就够其喝上一壶的。

现在，还有觉得网民免费上网，创造的价值被全部拿走是合理的人吗？

其实，前面已经证明：第一，网民并非免费上网，而是付出了代价的；第二，网民付出的代价——流量和数据，其价值远大于互联网企业给予我们的“福利”；第三，流量是我们以不可再生的时间换来的，俗话说“一寸光阴一寸金，寸金难买寸光阴”，我们付出了宝贵的时间，并非没有损失，但我们却没有得到对等的回报。如果这就是“合理”，那么天下就没有不合理的事情。

也许有人会说：我承认你说的流量和数据很有价值，但你上网所获得的资讯更有价值。因此，算起来网民并没有吃亏。好吧，知识是无价的，我们上网获得的资讯内容价值自然不小。

但问题是，如果网民获得的资讯等数字内容足以抵消网民产生的流量价值，那么内容就是互联网企业最有价值的一部分。因此，互联网企业估值的时候就应当计算其拥有的内容价值，即网站平台的内容越多，估值就越高。

还有，如果数字内容是互联网企业支付给用户的对价，那么提供对价的内容生产者就应当在价值分配中获得更多的份额，就像商城卖出去商品，生产厂家拿走货款的大头，而商城只能得小头，二者看似不同，但道理一样。

可事实是：第一，互联网企业估值的时候从未计算过内容的价值，一般是以活跃用户数为依据进行估值，这证明互联网的价值在于用户而非内容，内容只是吸引用户的一个卖点而已。

第二，网上许多内容并非来自专业的内容创造者，而是由网民创造，网民具有内容消费与内容生产的二重性。

第三，前两年炒得很火的互联网知识付费，似乎用户并不买账，而无论多优秀的内容，如果用户不看，其经济价值近乎于零。

第四，早在论坛（BBS）为代表的互联网早期阶段，无论多火的帖子，作者也从未获得过网站支付的费用，即便是原创文学网站，作者分到的钱也只是小头。

网站只是个中介平台，既不生产内容，也不生产流量，却要拿走所有产生的经济收益，而内容生产者不仅没有分到一分钱，反要倒贴上传内容的流量费（付给电信营运商了）。

至于“网红”主播能挣到大钱，不好意思，那不是因为内容，而是因为人气。“网红”之所以能成为“网红”，是因为有大量网民“粉”他（她），“网红”创作的内容只是吸引或维持粉丝的手段，这也就是“网红”为了吸粉无所不用其极的原因。“网红”生产的内容有多少具有思想性、知识性、艺术性等价值，又有多少是没有营养的网络快餐甚至精神垃圾，想必大家心里都有数。

话说到这里，也许还有人会说：好吧，我承认网民上网付出的代价远大于获得的价值，网站的确拿走了网民创造的所有价值，但这又能怎样呢？这是人家网站有本事，人家把本来在你手里一文不值的流量和数据变成钱，所以人家全部拿走是天经地义的，没有哪条法律规定该分给你。

是的，法律的确没有规定网民创造的流量变现后，网站应当给用户分钱。但合法不等于合理，更不代表合乎道德良知。

我们都知道，现代企业制度中，许多企业为了吸引和留住人才，会对员工进行股权激励，成功的互联网企业莫不如是。对员工给予股权激励不是法律要求，却是现代企业制度中重要的一项设计，是大家认可的合理存在。现在我提出的问题是：在互联网企业中，究竟是员工的价值更大，还是用户的价值更大？

显而易见，一定是后者。创业团队和员工再牛的互联网公司，如果得不到用户的认可，其下场只有一个，那就是倒闭。例如，快播创始人王欣，曾经是许多网民心中的大神，绝对属于厉害的人物，如果不是触犯法律的话，也许今天王欣还是中国互联网界的大佬之一。王欣出狱后，放出重出江湖的风声，立刻引起了许多老网民的关注和期待。但事实证明，王欣再创业推出的“马桶”社交软件并未获得成功，或者说并未获得大多数网民的认可。

此外，BAT 等豪门的高管出来搞互联网创业的不在少数，也有不少离开豪门后加入了新创业的互联网公司，但似乎创业成功的寥寥可数，加盟创业公司的也并未使新东家身价百倍。倒是现在被视为败军之将的共享单车创业者们，在用户处于高速增长的时候，一个个身家不菲，企业估值高得令人咋舌。

由此可见，把 BAT 等豪门抬上神坛的不是员工，而是用户。创始人和团队的重要性的确应当被肯定，但用户的重要性更应得到认可。这个观点，我想没有多少人能够反对。

既然如此，互联网公司可以给予员工远超过其他行业的报酬待遇，例如，腾讯和阿里巴巴，其平均工资已经达到发达国家的水准，是中国人均工资的八到十倍，但为何不肯给真正创造了价值的用户分红回报呢?

十分明显，互联网公司获取的超额利润，来源于网民创造的价值中获取的部分。不仅如此，互联网公司还挖空心思、手段百出，尽可能延长网民留在其平台上的时间，想方设法增加流量，以榨取网民更多价值。

前文所讲的电商有意打乱商品排序，一方面是为了人为增加网民选择商品的时间，以获得更多流量；另一方面只有各家商品无序呈现，通过开直通车等手段把流量卖给商家才有市场。

还有，网民在使用百度搜索信息时出现的“众里寻他千百度，那人却在三页后”，目的与电商企业不做商品搜索排序完全一样。此外，“标题党”现象、网页劫持现象等，也是为了增加用户停留时间的行为。

这种榨取网民价值的手段，马克思在《资本论》中早有论述，资本家通过延长劳动时间和提高劳动强度两种手段获得更多的剩余价值。今天互联网企业榨取网民价值的手法与一百多年前的资本家如出一辙，丝毫没有进步，只不过神不知鬼不觉地换成了上网时间而已。

2019 年 1 月 9 日，腾讯公司高级执行副总裁、“微信之父”张小龙在广州举行的微信公开课上作了一次很长的演讲，张小龙的很多观点本人十分赞同。例如，张小龙讲到“当一个平台只是追求自身的商业利益最大化的时候，我认为它是短视的，不长久的”，此言绝对正确。互联网公司压榨用户的价值，追求超额利润，就是一种最典型的短视行为。

对于网站、APP 拼命延长用户停留时间的现象，张小龙认为：“这两年业界的目标变成了所有 APP 应该尽可能多地去抓住用户的停留时长，这个是违背我的常识的。”张小龙强调，“一个用户每天的时间是有限的，这是次要的。最主要的是，技术的使命应该是帮助人类提高效率”。

用户的时间有限和技术的使命孰主孰次、孰为因孰为果，在此姑且不论，但有一点是肯定的：有意浪费用户的时间是可耻行为，无异于犯罪。蓄意浪费他人的时间为自己牟取经济利益，与抢劫并无本质的不同。

“时间就是金钱。”生活中我们往往会为了省时间而多付钱，这样的例子比比皆是。

开车的朋友大概都有这样的经历：为了躲避拥堵，从而节省时间，司机往往会选择付费的高速公路，而非免费公路。乘坐出租车的时候，乘客往往愿意选择距离较远但却更加通畅的线路（多花车费），而不是距离较近但行车缓慢的线路（少花车费）。在没有高铁的年代，大多数乘坐火车的旅客，在票价较低但时间较长的普快列车与票价较高但时间较短的特快列车之间，第一选择基本上偏向于特快列车。在下班晚高峰使用打车软件，如果发现第一次叫车无人接单，许多人会尝试加价叫车，而不是继续耐心等待。

商家对浪费顾客时间进行补偿的事例也同样存在：一些生意兴隆、顾客需要排队的饭店，如以服务贴心著称的海底捞，会对排队等候时间较长的顾客给予打折优惠或免费赠送一道菜作为补偿；航空公司航班延误超过规定时间，需要对乘客进行一定金额的赔偿。

这些现象均证明：个人的时间是有经济成本的。个人时间的经济成本是人们为了节省时间所愿意支付的货币量，它与经济发展水平和个人收入水平呈正比。经济越发达的地区，单位时间的平均成本越高；收入越高的人群，单位时间的成本越高。

以北京为例，人们一般可为节省 1 小时支付 15 元左右。从三环到首都机场有一条全长 19 公里的高速公路,2009 年 11 月实行单向收费前，一直实行双向收费，每次 10 元。同时，酒仙桥路口北至首都机场保留了机场辅路，可免费通行至首都机场 1、2 号航站楼，经李天路可至首都机场 3 号航站楼。从酒仙桥至首都机场 1、2 号航站楼，走机场辅路大约需要 1 小时多，比机场高速慢 1 小时左右。

首都机场辅路的存在并非秘密，许多司机都知道，但十年前往返于首都机场的人基本上都走机场高速，而不会为了省十元钱走机场辅路。如果说前往机场需要赶时间（担心误机），那么从机场返回市区不走机场辅路就很有代表性，说明 10 年前为了节省 1 小时最少愿意花费 10 元钱。2009 年至今中国 CPI 指数上涨了约 42%，今天多数北京人最少可为节省 1 小时多花 14 元钱。

另一个证据是，从清河到昌平区西关，走 G6（京藏高速）需要花费 15 元，而走辅路不收费但需要多花 1 小时左右，多数人会走高速而不是辅路（天天往返于两地的人除外，因为每天花费 30 元，一月多花费1000元左右）。

餐饮企业为排队等位推出的优惠措施，从另一个侧面佐证了个人时间的成本。海底捞为吸引顾客，推出一项措施：顾客在排队等位时可折叠纸鹤（或星星），结账时一个纸鹤可抵扣0.5元，可以与折扣同时使用。

正常情况下，平均每人一分钟可折叠1个纸鹤，排队一小时可折叠60个纸鹤，共抵扣30元钱，一个4人桌可抵扣120元钱。后来据说海底捞又出了新规定，每家店根据客流量的多少限定每桌可抵扣的纸鹤上限。

2017年12月30日，《钱江晚报》报道，杭州海底捞涌金门店店长祝经理表示，在海底捞排队等位，每个店可抵扣的上限不同，该店一般平时每桌最多可以折60个纸鹤抵30元，周末排队的人比较多，每桌可以折100个纸鹤抵50元钱。杭州海底捞涌金门店平时排队等位时间平均为半小时，如果以3人小桌算，海底捞为客人每小时的等位时间支付了60元钱的时间成本，平均每人20元。

2019年1月9日，张小龙在演讲中谈到了一个现象，他说："这里有一个很有意思的现象是，现在视频软件都有两倍速度播放的功能，很多用户会选择用两倍速看到完整的剧情。"实事求是地说，这个现象我之前并未注意到，我很感谢张小龙先生为我提供了一个有价值的论据。

但关于这个现象的成因，张小龙认为"这是用户对强硬希望拖延时间的电视剧的一个用脚投票吧"，我却不敢苟同。为了验证张小龙的观点，我自己进行了体验和调查了解。

在众多受访者中，超过七成的用户表示使用过1.5倍或2倍速度播放功能，其中多数经常使用该功能，有几位受访者甚至直言"开2倍速度很爽"，并表示"肯定开1.5倍或2倍速度"。

没有使用过高倍速播放功能的受访者，主要原因有：一是不知道这项功能（3 人），二是觉得不自然或不习惯（2 人）。不知道这项功能的 3 名受访者均是职场精英，他们平素没有时间关注娱乐方面的新技术应用，甚至很少在网上追剧，但当被问及是否会使用该功能时，3 人均表示很感兴趣。

在所有使用过高倍速播放的受访者中，没有一个是针对“拖延时间的电视剧”才使用的，而是通过视频 APP 观看影视节目时普遍选择提速，只有在观看歌唱类节目时例外（希望保持原声）。

调查结果表明，用户在不丢失情节的前提下，普遍倾向于提高播放速度，以缩短观看时间或在同样的时间内看更多内容。这进一步证明了一个事实：个人时间是有成本的，为降低成本支出，用户希望最大限度地缩短获得资讯和服务的时间。

长期以来，用户早就习惯了“免费”访问网站，但丝毫没有意识到，在“免费”访问的过程中，我们不断产生流量和数据，这些流量和数据的价值远大于我们所获得的“免费”访问好处。互联网企业也早已习惯了获取用户的流量和数据价值，将由此产生的财富完全据为己有，并视其为天经地义之事。

在流量产生的全过程中，用户是懵懂的、无意识的，而互联网企业则是清醒的、有意识的，前者是真糊涂，后者是“揣着明白装糊涂”。

2019 年 1 月 9 日，张小龙在演讲中提到，互联网业界许多产品（网站或 APP）并不注重产品设计，其功能往往不是为了方便用户、提高效率，而是“一种功能的堆砌或者对用户价值的榨取”。

注意张小龙的用词，他使用了“对用户价值的榨取”这一表述，说明他很清楚一点，即网站和 APP“尽可能多地去抓住用户的停留时长”就是一种“对用户价值的榨取”。

我十分佩服张小龙的见解和勇气，他是我所知第一个也是迄今为止唯一一个说出真相的互联网豪门高层。推而广之，只要我们在互联网上停留，互联网企业就已经榨取了我们的价值，区别只在于榨取了多少以及有度还是无度而已。

中国有句老话：习惯成自然。这句话其实很荒谬，无论多么顽固的习惯，都不可能成为自然而然、顺理成章的事。

有人习惯了欺压他人，但并不意味着他有欺压他人的权利；有人习惯了逆来顺受，但也并不意味着他活该受欺。

当潮水退去的时候，才知道谁在裸泳；而当真相被揭开的时候，才知道谁在愚弄大众。我坚信，网民终有觉醒的一天，我也能预见，觉醒的网民必不会甘愿被愚弄。

第三节　人家要钱他要命

常言道：盗亦有道。一般来说，强盗都是图财不图命，否则就是坏了规矩，是要遭报应的。特别是古代的时候，由于许多人落草为寇是为生活所迫，或者被贪官污吏“逼上梁山”。因此，盗匪响马中的规矩更严，有所谓几不劫之说，例如，忠义之士不劫、清官不劫、八百里加急不劫、赶考的举子不劫、悬壶济世的郎中不劫、和尚道士不劫、孤儿寡母不劫等。这里面隐含的道理很多，十分符合中国的文化、传统和道德规范，有兴趣的读者可以细细思量揣摩，必能有所裨益。

南宋计有功编写的《唐诗纪事》里记载了一个有趣的故事，说唐代中期诗人李涉，就是名句“因过竹院逢僧话，偷得浮生半日闲”的作者，有一次坐船去九江看望自己做刺史的弟弟，船到浣口（今安微省安庆市）时天色已晚，不想遇上了一群强盗。

强盗问船上何人（说明古代强盗打劫先要搞清楚对象，以免坏了规矩），随从回答是李博士（李涉曾任太学博士，世人皆称李博士），强盗头子说：“如果是李涉博士，那就不用抢了。久闻李博士大名，写首诗就行了。”（估计是要验证一下真伪，以免被其他冒牌货蒙混过关）

李涉于是当场写下了一首绝句《井栏砂宿遇夜客》：暮雨潇潇江上村，绿林豪客夜敲门（通常作“知闻”）。他时不用逃名姓，世上如今半是君。

老实说，李涉的这首诗并不算多么出彩，但考虑到李涉在群盗环伺中，十成能耐可能去了五成，加上时间有限，仓促之中写出这样的绝句，也实属不易了，毕竟不是每个人都有曹子建在生死关头七步成诗的水平。

但不管怎样，这首诗用来证明李涉的身份是足够了。因此强盗们不仅没抢劫李涉，反而置酒设宴款待，遂传为佳话。而这首水平本来一般的“人情诗”得以入选《全唐诗》，恐怕也是沾了强盗的光。

这种土匪几不劫、小偷几不窃的规矩，直到民国还有。北洋政府时期，山东的土匪已经发展到无法无天、遍地开花的程度，就连孔子的故乡曲阜也出现了匪踪。但土匪再凶残，也必须恪守规矩，从不敢在曲阜城内作案，以免惊扰圣人后裔。

据全国政协委员、孔子的直系后代、末代衍圣公的亲姐姐孔德懋回忆：“有一次，孔府向山东省政府借银圆，派小车队去运，中途被一伙山东大盗全部抢走。孔府正为此事一筹莫展，有一天曲阜城里忽然来了一队大汉，每人推辆小车，车上装满银圆，停在孔府大门口。原来他们就是抢银圆的那伙大盗，他们把银圆抢走后，一打听是孔府的钱，说不能抢，于是又将银圆原封不动地送回了孔府。”

20 世纪 30 年代天津报纸上登过一则消息，一名小偷偷了一名从廊坊来天津给孩子看病的妇人的钱，导致人家孩子差点儿没命，这件事引起了黑道白两道的公愤，后来这名小偷因为坏了规矩被同行打断四肢，四处招人白眼。

今天的社会，物欲横流，许多人要钱不要脸，老规矩早就丢到太平洋去了。社会发展到今天，只要吃苦耐劳，原则上没有谁会饿死，因此本该“天下无贼”，但架不住一些人好逸恶劳，又存有“一夜暴富”之心，故盗抢之徒并未绝迹。

我认为在法治社会，犯法的事绝对不能干，否则迟早有一天会被法律制裁。但既然盗抢之事尚存，因此我也借此机会呼吁，请小偷大盗们多向你们的祖师爷学习，不要什么人都偷，什么钱都抢，否则会损阴德，祸及家人后代。更不能图财害命，那可是百死不能赎其罪的。

前面举了几个“盗亦有道”的例子，甚至今天都还存在，只是不再是盗匪们的金科玉律而已。

2013 年 8 月 7 日，美国全国广播公司报道，美国加州某郡发生了一起盗窃事件，一伙盗贼在偷走一家公益机构的几台电脑和笔记本后，第二天凌晨又悄悄地把赃物悉数送回，还留下了一封表示悔意的道歉信，上面写道：“我们在偷东西的时候没有意识到……现在都还给你们，希望你们大家能继续帮助有需要的人。上帝保佑你们。”

然而今天的互联网“强盗”比之真正的盗匪更加不堪，人家只是要钱，他们是既要钱又要命，就是不要脸。据各种报道，近些年来，因互联网数据泄露导致的死亡事件时有发生，互联网用户数据买卖地下黑产已成为社会的一大毒瘤。

2016 年 8 月 19 日下午，山东临沂罗庄区姑娘小徐接到了一个让她欣喜不已的电话。

在当年 6 月决定许多高中毕业生命运的那三天，小徐很争气地闯过了独木桥，取得了 568 分的成绩，高出 2016 年山东文科一本线 38 分。小徐接到了南京邮电大学的录取通知书，崭新的大学校园生活已经向

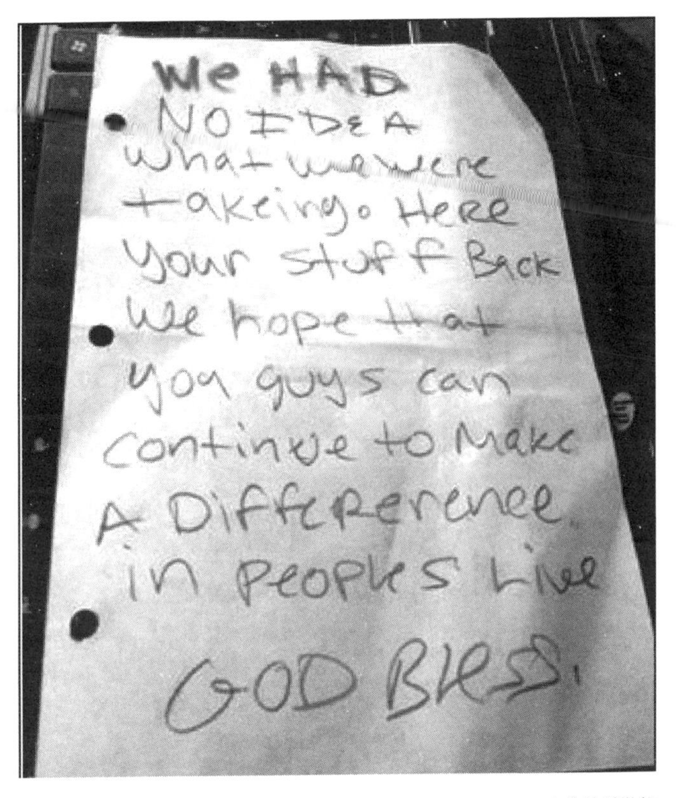

We HAD
NO IDEA
What we were
takeing. Here
your stuff Back
We hope that
you guys can
continue to Make
A Difference
in peoples Live
GOD BLESS.

小偷的道歉信

她敞开大门。

小徐一直处在兴奋和忧虑之中。兴奋的是，南邮是她中意的学校，虽然不在“985”“211”之列，但作为老牌的邮电大学，在通信界的地位和声誉一直较高。忧虑的是，她出身在农村贫困家庭，在外打工挣钱的父亲是全家唯一的经济来源，小徐要去繁华的“六朝古都”南京上大学，学费和生活费是笔不小的开支，这对本来就很拮据的徐家来说，无疑是一项新的负担。

小徐是个很懂事的孩子，她打算申请一笔助学金，以帮助家里缓减压力。提出申请两天后，她接到电话通知，说是她提出的助学金申请已经获得批准，8 月 19 日是发放助学金的最后一天，要她立即前往银行查收。

2600 元的助学金在别人看来也许只是一顿饭钱，但对她和她们家而言却是一笔可观的财富。因此，只有看到卡上实实在在的数字，她才会放心。

对方准确地说出了小徐的姓名、学校、父母名称等信息，而且她前一天又正好向教育部门申请了助学金，这让小徐丝毫没有怀疑。除了怀疑一切的人，谁又能往骗局上想呢？唯一可能的漏洞是：前一天刚提出申请，第二天就已经批下来，机关的工作效率有这么高吗？但小徐毕竟年轻，她还没有相关经验。

因此，她并未察觉到这个不起眼的小漏洞。接下来的一切，与传统的骗术并无多少差别。小徐被要求将账上的钱全部提现，然后转到指定的“助学金账号”进行激活。等小徐将 9900 元的学费全部转到所谓的“助学金账号”后，对方便立刻关机，消失在茫茫人海中。此时她才意识到，自己遇上了传说中的骗子。

也许其他人遇到这样的事情，把骗子的祖宗十八代问候一遍也就过去了，也许连报案都省了。偏偏小徐家境贫寒，这 9900 元学费是父母前一天刚给她凑齐的，她觉得很对不起父母，坚持要去公安局报案，不然就哭闹着不吃饭。

据其父反映，她一直是个节俭的孩子，平时不舍得花钱，在学校吃饭两个星期才 100 块钱，但她有时候还花不完，这 9900 元可能是她这辈子见过的最大一笔财产。

徐父犟不过她，只得连夜陪同小徐前去报案。谁知从公安局出来后，她就倒地昏厥，不省人事，因过度伤心导致心脏骤停，两天后，年仅 18 岁的她永远离开了令她眷恋的人世。

无独有偶，几天后，同是临沂农村的山东理工大学学生小宋也遭遇了电信诈骗，同样因压力过大导致猝死。骗子使用的招数说不上有多么新鲜和高明，就是冒充警方，说小宋的银行卡被人买珠宝透支了6万元。

作为大学生，想必平常也看新闻，对于电信诈骗应该不陌生。但骗子准确地说出了小宋的学校、家庭住址、身份证号等信息，由不得小宋不信。

打消了怀疑的小宋自然很着急，因为他家虽然比小徐家好一些，但也远谈不上富裕，6万元对于小宋来说可是很大一笔钱，要知道假期里小宋去驾校学车，来回40公里的路都是骑自行车，而且连买水喝的钱都不舍得花。就这样，小宋被骗了2000元。

8月22日，骗子再次把电话打给小宋，催其“还款”，再次从小宋手里骗走了一笔钱。由于接连上当，作为大学生的小宋羞愤难当。因此，小宋并未向家人透露具体被骗信息，想来对方又拿出了什么让他放松警惕的证据，也许是更详细的小宋个人数据。反正自诩为聪明人的小宋在已经意识到被骗以后再次上当，这其中必有蹊跷。

小宋第二次被骗多少钱不得而知，从其父事后向记者讲述“家里（向其卡里）放了2万块钱，他去世了之后也没了”来看，推测绝对不少于2万元。也许正是因为第二次的被骗，小宋承受不住巨大的心理压力，当天夜里猝死在了家里的沙发上。在此之前，小宋身体一直很好，并无心血管方面的病史。

类似事件还有不少。2016年8月28日，广东揭阳市一即将上大学的女生离家出走，家人在其QQ说说上看到了她的留言，她说自己被短信骗走了学费1万多元，无颜面对家人，选择自杀。她在QQ中说：“当你看到这条说说的时候，我应该已经自杀了，自杀的原因就是因为自己太蠢了……”8月29日，警方在海边找到了她的尸体。

2016年9月4日，刚刚开学不久，有网民在网上发布一条寻人启事，说一名大学生遭遇电信诈骗，学费被骗光后于9月2日下午从学校出走失联。后经证实，失联人员小段，系长春某大学云南籍大二学生，其女友反映他被骗后精神出现异常。几天后，小段的遗体被人发现。

2016年9月1日，开学前的夜晚，南京某大学生被骗8000多元学费，因悔恨自己上了骗子的当，他将暂住的某宾馆二楼房间的玻璃砸碎，坐在窗台上准备跳楼，被人发现后报警。万幸的是，经过一个多小时的劝说，警方和消防队员终于将该男生从窗台上救下，保住了一条鲜活的生命。

以上电信诈骗案例有个共同的特点，即骗子都掌握了受害人的个人信息，如姓名、联系方式、学校，甚至家庭住址和身份证号码等，这表明用户信息被大规模泄露和贩卖。小徐案和小宋案很快告破了，但真正的元凶难道就只有那帮骗子吗？

本人多年前曾买过一套商品房，至此之后，每隔一段时间我就能接到各种房地产中介的电话，不是鼓动我卖房，就是推销别的商品房。当然，诈骗电话也同样遇到过不少，只是本人素来不信天上掉馅饼的事，侥幸没有中招。

但我有三个朋友却被打着我旗号的骗子骗过，其中有两人造成经济损失，一位在最后关头想起向我求证，从而"悬崖勒马"。听那两位被骗的朋友讲，对方以我名义骗钱，其实套路都很老套，一个是以我的名义请人吃饭，但在前往赴约的过程中，"不幸"出"车祸"，请朋友立即汇钱江湖救急；另一个是以我单位举办会议的名义请朋友赞助，被骗走了数万元。

令人惊讶的是，那两位被骗的朋友都非常人，一个是国家某机关处级干部，另一位是企业老板，应该说都是"目光如炬"之人，但却在小小阴沟里翻了船。究其原因，用一句话形容，"不是我军太笨，而是敌人太狡猾”。

他们讲出来的话丝丝入扣，没有半点儿破绽，而且掌握的情况十分精确，不仅知道我朋友姓名，而且知道我的工作单位和朋友单位的情况，可以说是精准诈骗。

朋友被骗的事情让我久久不能释怀，一则感动于朋友的信任和情谊，二来“我不杀伯仁，伯仁却因我而死”。不管怎样，骗子是以我名义得手的，我也算无形中“被帮凶”了两回。

可令我不解的是，我们的信息是如何被骗子掌握的呢？要知道，这些成功得手的骗子玩的可不是“明天到我办公室来一趟”这种小儿科的把戏，那种是低端骗子干的，赌的是巧合。

“明天到我办公室来一趟”的电话，如果你刚好被领导训过，正在诚惶诚恐，并且你和领导不熟，无法判别“领导电话”的真伪，接到这样的电话你肯定惴惴不安，不知是否有更大麻烦，然后有人就会打刚才那个电话或短信询问，想探探“领导”口风，以便有所准备。

这时“领导”会继续吓唬你，最后再“暗示”，如果给点儿好处可以放你一马。这种小概率事件其实很难成功的，一是以上条件同时满足的情况并不多，二是如果接电话的人心里没鬼，或者并不迷信“花钱消灾”，即便以上条件都满足，想来也不会上当受骗。因此，玩这种的都是小骗子，上不得台面。

但今天的骗子早已升级换代，玩起了“大数据”诈骗。像小徐那样，如果前脚刚申请了助学金，转身就接到骗子的电话，一般人都会自动与前面的事情联系起来，下意识地认为这是前面那件真实事情的延续，这在心理学里属于“沉锚效应”的一种表现。

在这种情况下，别说心思比较纯净的人，就是许多见过大风大浪的老江湖，说不定也会中招。

咱们大多数人都有过网购的经历，经济条件稍好些的人还买过海淘商品。如果有一天，您突然接到一个用座机打来的电话，自称某市公安局缉毒大队警员某某，警号为 ×××× 号，说你于某月某日在某网站上购买了某商品，金额 ××× 元，该商品来自某国，在海关检验时发现了毒品，现警方怀疑你涉嫌贩毒，请你接受公安机关调查。

你接到电话后惊疑不已，但用电视剧《潜伏》里谢若林最后的那句台词说，你“是个谨慎的人”，你决定求证一下。可咱没有某市公安局缉毒大队的电话，怎么办?

一般情况下，你会拨通刚才那个固定电话。电话接通以后，里面是语音提示：这里是某某市公安局缉毒大队，报案请按数字键“1”，案件查询请按“2”，转人工请按“3”。

心急如焚的你没等语音播完，就迫不及待地按下了数字键“2”，里面又是语音提示：请输入您要查询的涉案人员的身份证号码。你输入了自己的身份证号，电话语音提示：正在调阅案件数据库，请耐心等候。

接下来的时间里，你可能感觉到“度秒如年”。好在这样的煎熬很快就过去了，电话里再次传出标准的、略带冰冷的机械声音：查询成功，案件信息如下。张某某，男，×× 岁，家住某市某区某街道某某楼某某号，工作单位是某某某公司，月收入为 ×××× 元，三个月前离婚，有一个年仅八个月的男婴。涉案事由是某年某月某日在某某网站上购买了某某商品，价格为 ××× 元，由某国入境。某月某日，包裹在我国某海关被截获，其中发现 ××× 克海洛因。张某某因涉嫌贩卖毒品，现已被我队列为重大案件嫌犯，将于明日依法逮捕。

听完电话里的信息，一般人都会再次拨打那个“公安局缉毒大队”的电话号码。接下来的事，就是你被骗子牵着走，被骗走一笔钱。可你直到最后也没想通，那么精确的信息，怎么就会被骗子掌握呢?

其实这事一点儿都不神秘，只是隔行如隔山，您不懂其中的弯弯绕而已。

这一切只不过是大数据惹的祸。

大家都知道，由于税收问题，中国政府规定海外购物用户必须实名，即如实填写身份信息，并且须与支付使用的银行卡持卡人信息相一致，这样才能正常下单并发货。所以，你的身份证号、姓名和购买的商品信息，电商网站都有。而你的工作单位、工资数额，贵单位的基本账户开户行也有。

这里要说稍微唬人一些的，也就是关于你的家庭成员信息了。这事说穿了也没什么，你三个月前突然开始在网站上为孩子买奶粉，一开始买的是“0 ~ 6 个月年龄段”的婴儿奶粉，一个月后开始买“7 ~ 12 个月年龄段”的婴儿奶粉，同时还买过相应年龄段的婴儿纸尿裤，那么根据大数据加算法分析，你一定有一个刚 8 个月的孩子。要猜出孩子的性别也很简单，因为你还买了男式童装，而且你购买的纸尿裤是妈咪宝贝牌的，恰巧这个品牌的纸尿裤分男宝宝款和女宝宝款。

至于你何时离的婚，这也在你的购物信息里藏着呢。你是三个月前突然才开始买婴儿奶粉、纸尿裤和童装的，此前从没买过，这说明以前这些事都是妈妈在做。三个月前，你才开始接手这些事，说明孩子的母亲已经不在孩子身边，您要么离异，要么丧偶。

可购物数据也反映，你在那段时间还买了不少啤酒和自己的用品，该吃吃该喝喝，说明你并未处在悲痛之中，丧偶的可能性基本可以排除。啥？你也有可能没离婚，而是妻子去国外工作了？这个可能性并不成立，因为你三个月前突然中断了与孩子他妈的聊天和通信，这不像是妻子去国外工作的样子，并且一般母亲是不会离开尚在襁褓里的幼子的，除非离婚把孩子判给了前夫。

这么一分析，是不是有一种拨云见日的感觉？其实这事福尔摩斯常干，只不过现在换成了计算机而已。

前面讲的事例和假设都发生在中国，但请外国朋友切莫因此自得，因为数据泄露置人于死地的情况，并非中国所独有。2015年8月18日，号称在全世界拥有3750万注册用户的婚外情网站Ashley Madison数据流出，导致数千万会员个人信息遭曝光，堪称全球最严重的数据泄露事件之一。那幅“出轨城市”世界地图就是一家西班牙科技公司利用这些泄露的数据绘制而成的。

据加拿大警方透露，该网站的用户信息被公布后，已经有两位加拿大用户自杀身亡。8月24日，56岁的美国新奥尔良神学院的一名教授兼牧师约翰·吉布森也在家中自杀，而约翰·吉布森正是被公布的偷情网站用户之一。据吉布森的妻子说，他自杀可能是担心自己名誉受损，担心失去自己深爱的工作。

也许有人认为，用户数据泄露造成的死亡事件毕竟只是少数，大可不必杞人忧天。我承认，要人命的只是极端现象，而且基本上都是由黑客入侵计算机系统导致的用户数据泄露，主动贩卖数据的互联网公司毕竟只是少数，大部分互联网公司还不会如此下作。

但不可否认的是，所有互联网企业收集用户数据，说到底都不是为了给用户提供更好的服务，而是为了通过大数据分析从用户身上挣到更多的钱。

很多时候，互联网公司非法使用我们的数据，虽然不至于使我们丧失性命，但会使我们失去尊严。有的时候，尊严比性命更加重要。当然，厚颜无耻的人不在此列。

这不是危言耸听，而是已经发生的真实事情。

2012年2月16日，《纽约时报》刊登了一篇题为《这些公司是如何知道您的秘密的》（*How Companies Learn Your Secrets*）的报道。

文章中提道：明尼阿波利斯市的一位男子怒气冲冲地来到一家折扣连锁店Target（通常译作“塔吉特”，是当时仅次于沃尔玛的全美第二大零售商），向经理投诉，因为该店竟然给他还在读高中的的女儿邮寄婴儿服装和孕妇服装的优惠券。该男子认为塔吉特的不恰当行为给自己女儿造成了影响，因此非常生气。

经理查看了公司发给该男子女儿的邮件，确认给他的女儿赠送过购买母婴产品的优惠券。经理立刻承认错误，并反复向这位男子道歉，这才平息了这件事情。

几天之后，当百货公司的经理再次给这位父亲打去电话表示歉意时，这位父亲非常愧疚地告诉他："对不起，我之前错怪了你们，我和女儿长谈了一次，她的确怀孕了。"

塔吉特是如何比亲生父亲更早知道女孩怀孕的呢？因为塔吉特的数据师们通过对孕妇消费习惯的大量数据分析，得出了一些结论：孕妇在怀孕头三个月过后会购买大量无味的润肤露；有时在怀孕头20周，孕妇会补充钙、镁、锌等营养素；许多顾客都会购买肥皂和棉球，但当有女性除了购买洗手液和毛巾以外，还突然开始大量采购无味肥皂和特大包装的棉球时，说明她们的预产期要来了。而那位男子上高中的女儿正是在塔吉特购买了上述商品。

优步曾在其官网上发布一篇题为《荣耀之旅》的博文。文中写道："我知道，我们不是你们生命中唯一的爱人，我们也知道，你们会在别的什么地方寻找爱情。"优步所谓的"荣耀之旅"，实际上就是一夜情的代名词。通过优步如此具有文艺范的语言，一夜情立刻变得清新脱俗，可登大雅之堂，而那些痴男怨女们，也获得了一次精神上的升华。

优步利用数据分析技术，发现这些男女基本上都是在晚上10点到凌晨4点之间叫车，这些客户会在4～6小时之后（对于一场"荣耀之旅"，这段时间是足够了），在距离上一次下车地点大约160米以内的地方再次叫车。

根据对夜晚叫车数据的分析，优步推断出那些一夜情高发的时间和地点。例如，一夜情“发作”的高频时段是在周五和周六晚上的10点以后，如果你的另一半在这个时间说自己要加班，你就需要睁大眼睛，留神被忽悠。

优步的博文一出，立即引起了一片哗然。《纽约时报》发表题为《我们不能信任优步》（*We Can't Trust Uber*），质疑优步侵犯用户隐私，搞得优步灰头土脸。

我有时候真的不明白，有些企业，特别是一些互联网企业的宣传策划部门为什么和别人的思维不一样。

你看人家塔吉特公司，同样是利用用户数据分析，但自己不说，只是把消息“不小心”透露出去，让《纽约时报》发文章，大家不仅不骂塔吉特侵犯用户隐私，反而当作大数据巨大威力的经典事例，被许多“专家”津津乐道地反复引用。

不知道“专家”们是“天真烂漫”“心思单纯”，还是揣着明白装糊涂，反正他们在为大数据摇旗呐喊之时，很少去考虑技术的伦理和合法性。

鲁迅曾说过：“我向来是不惮以最坏的恶意，来推测中国人的。”时移世易，再学鲁迅，恐有东施效颦之虞，更有恶毒攻击中国人民的嫌疑。我正好相反，我向来是以最大的善意来揣测世人。所以，我觉得“专家”们不会是揣着明白装糊涂，而是真的返老还童、心性纯善。

咱们姑且认为“专家”是“返老还童”了吧。所以“专家”都很天真地认为，塔吉特的“中学生怀孕事件”是大数据胜利的旗帜，并由此赞美大数据加算法的“智慧”。可事实上，这不是“人工智能”，而是“人工愚蠢”。

但凡大脑正常些的人都应该知道，未成年的中学生怀孕不是啥骄傲的事，犯不着到处敲锣打鼓放鞭炮。因此，怀孕的中学生一定不希望自己父亲知道。但塔吉特的“人工愚蠢”系统恰恰就把婴儿用品的优惠券寄到女孩家里去，被不知情的父亲逮了个正着。这事如果是某位员工干的，人家父亲找上门来了，估计老板立刻就得请干这事的员工卷铺盖走人。

2018年5月25日，欧盟实施了史上最严的《通用数据保护条例》(*General Data Protection Regulation*，简称GDPR)，该法有几个显著特点：一是覆盖范围广，涵盖了基本身份信息（如姓名、身份证号、家庭地址、公司名称等）、网络数据（如用户IP地址、用户识别号、位置信息等）、医疗保健和遗传数据、生物识别信息（如指纹、虹膜、脸部特征数据等）、种族或民族数据、政治观点在内的六大领域；二是要求高；三是罚得狠，这点尤为重要。GDPR规定，一旦企业违规，欧盟委员会将对其处以2000万欧元或者其全球营业额4%的罚款，哪个更高就按照哪个罚。

GDPR要求有多高，我们来看看以下几点就知道了。

(1) 对企业的用户协议作出了规范，如用户协议必须写得清晰易读，不能写又长又难懂的文字，不能全篇都是难懂的法律术语。一句话，用户协议必须让人一目了然。

(2) 对用户赋予反悔权，即用户不管曾经出于什么原因同意企业收集和使用个人数据，但随时可以反悔，而用户反悔后企业必须马上将用户数据删除干净，留一点儿小尾巴都不行，并且必须阻止之前授权使用的第三方继续使用。

(3) 数据泄露后必须在72小时内通知用户。就是说，出事后，企业必须马上把锅背起来，想甩锅门都没有。

(4) 不管涉事企业注册在哪里，只要用户中有欧盟的公民，GDPR就可以罚你，而且你还得乖乖受罚。中国人都知道，对于违法犯罪行为，咱们的政策是“坦白从宽，抗拒从严”，而欧盟的GDPR更狠，直接就是“坦白从严，抗拒更严”。

GDPR 的生效，标志着互联网公司霸占用户数据、肆意侵犯用户隐私的日子，在欧盟境内一去不复返。这是人类的进步，是互联网革命的开端。

第七章

互联网革命序曲

人类社会发展到今天，劳动者的权益已经得到了较好的保障，从世界范围看，劳动者工资总额占GDP的比重不断提高，分配比例逐步趋向于合理。在这样的大背景下，网民创造的价值却依然没有得到分享，这样的互联网经济很难说是社会的进步。

哪里有压迫，哪里就有反抗。既然如今的互联网经济比之资本主义初期尚且不如，那么就让互联网世界来一场革命吧！

与现实社会的革命不同，互联网虚拟世界的革命不可能通过暴力冲突实现，也不可能由网民自下而上形成，它只能以温和的、示范性的、自上而下的方式实现，即通过具有前瞻性的企业家建立的、示范性的、将价值分享给用户的新互联网经济模式，网民有机会"用脚投票"，从而形成正向引导，鼓励或迫使更多互联网企业加入革命的行列，最终实现互联网经济的彻底变革。

但不管手段和过程如何，这都将是一场改变未来的革命。

第一节　革命与请客吃饭

"革命不是请客吃饭，不是做文章，不是绘画绣花，不能那样雅致，那样从容不迫，文质彬彬，那样温良恭俭让。"这句话放在20世纪初的中国革命中绝对是真理。

当时的中国，还处在落后的半殖民地半封建社会，经济发展水平十分低下。由于工业化程度很低，但凡用机器大生产取代传统手工业生产的企业都可以获得巨大成功。因此，资本成为社会经济发展的主要条件和唯一稀缺资源。

在此环境下，资本家缺乏任何调动劳动者积极性，从而提高劳动效率、增强市场竞争力的动力。资本是逐利的，能够挣 100 块钱的时候，为啥要少挣 10 块钱呢？能够给工人 10 块钱、一天工作 16 小时、全年无休就能招到工人，为啥要主动给工人 12 块钱、一天工作 12 小时、一周工作 6 天呢？能够用 10 个工人高强度工作完成的生产，为啥要用 15 个工人降低劳动强度来完成呢？

真有哪个资本家这么干了，除了获得工人的感激之外，他将因为没其他同行挣得多，在扩大再生产方面落在了后面，最后被跑得更快、抢先变成“大鱼”的同行给吃掉。

因此，在当时的中国，要想提高劳动者的福利待遇，只有革资本家的命，而资本家不会坐在那里像小绵羊一样引颈受戮，除了暴力推翻，别无他途。

这事在资本主义发源地的欧洲早就干过了——1831 年高喊“不能劳动而生，毋宁战斗而死”的第一次里昂工人起义，1834 年的第二次里昂工人起义和 1844 年普鲁士西里西亚纺织工人起义，还有伟大的巴黎公社革命。

暴力革命终究是不得已的激烈手段，非到万不得已谁都不愿意采用，而且暴力革命除非在一国范围内取得成功，建立起新的政权，否则并不能直接取得革命成果。

尽管如此，从世界范围来看，工人们获得应得的东西，也是经历了无数人斗争的。以八小时工作制为例，早在 1817 年，空想社会主义者罗伯特·欧文提出了这一概念。然而理想是美好的，现实却是残酷的，没有一个资本家愿意主动给工人提供八小时工作制这一福利，最终需要工人通过斗争来争取。1866年，美国芝加哥等地工人举行大罢工要求实现八小时工作制。迫于舆论的压力和世界工人的声援，美国政府终于以法律的形式确定了八小时工作制。八小时工作法案通过后，很多工厂迅速推出了计件工资制度，即你能拿到多少工资，要看你能完成多少工作量。因此，你可以每天只干八小时，这没问题，但拿到的工资根本不够养家糊口。

除了少数“一人吃饱全家不饿”的光棍儿，大多数拖家带口的工人不得不“自愿”加班。当然，家境富裕的人不在此列，他们别说加班，估计连班都可以不上。就这样，八小时工作制被美国资本家给玩坏了，变成了镜中花、水中月，想想可以，看看也行，要想得到就算了吧，还不如洗洗睡呢。

1866年西门子公司发明的发电机，将人类带入了电气时代，第二次工业革命迅猛发展。1876年，德国发明家奥托制造出第一台四冲程内燃机，成为继蒸汽机之后机械应用技术的又一重大成就。1897年，德国工程师狄塞尔首创的第一台压缩点火式内燃机（柴油机）研制成功，成为工业革命的新引擎。

到了20世纪初期，第二次工业革命的成果不断投入应用，大规模生产的技术走向成熟，工业化水平迈上一个前所未有的新台阶。随着大规模生产技术的应用和改良，加上工人的不断抗争，一些工厂开始尝试真正实行八小时工作制。

1902年，芝加哥的公会和企业主们向美国工业委员会提交了一份报告，宣称自从实行八小时工作制以来，工人们的劳动热情和劳动效率明显提高，劳动产出甚至比过去还多。同样的故事在美国其他地方和西欧正在不断发生。

1913年，亨利·福特在美国密歇根州的高地公园厂建立了全球第一条流水线，极大地提高了劳动生产率。流水线要求工人进行高强度、高密度作业，一旦某个工人劳累过度出现一个闪失，很可能就将造成不可挽回的损失：轻则全部产品报废，重则出现工伤事故，就像卓别林《摩登时代》里那样。而无论是产品报废还是工伤事故，损失的钱都不是多加点班可以弥补的。

因此，亨利·福特不仅严格执行八小时工作制，甚至严禁工人超时工作。为此，福特数次跑到厂区发表演讲，要求工人们“有时间多陪陪老婆孩子，做个称职的丈夫和父亲”。他反复向工人保证，不会因按时下班而少拿一分钱。的确，福特公司给工人的日薪是每天 5 美元，是当时美国其他工厂的两倍（当时美国工人的日工资标准是 2.49 美元，平均工作时间是每天 9 小时）。

1926 年，福特公司在原有八小时工作制的基础上，进一步引入了每周双休制。老福特认为，假如工人有更多的休息时间，就可以花更多的钱消费，这将显著拉动经济发展。

事实证明，好逸恶劳是人类的天性，拿一样的钱干更少的活儿，或者干一样的活儿拿更多的钱，都是绝大多数人喜闻乐见的事情。拿的多干的还少，这绝对是打着灯笼都找不到的好事。因此，福特汽车公司立刻成为全球最有吸引力的企业，没有之一。

依靠高薪水和低时长的双重刺激，福特汽车工厂的工人们跟打了鸡血一样，爆发出了惊人的战斗力，使福特公司的产量和利润如“窜天猴”一般直往上冲。1921 年，在建立全球第一条流水线 8 年后，福特 T 型车的产量达到了 500 万辆，占世界汽车总产量的 56.6%。最终 T 型车共生产 1500 万辆，创造了一个全世界汽车工业至今无人超越的奇迹。

福特公司的成功引来了大批的效仿者，欧美企业纷纷在 20 世纪头 20 年内完成了八小时工作制的转变。工时改革的风甚至吹到了大洋

法国总工会宣传八小时工作制的海报

彼岸的中国，“三八制度”（即八小时劳动、八小时睡眠、八小时休息）一时成为工人运动的目标之一。

1921 年 8 月 11 日，中国共产党在上海成立了工人运动的领导机关中国劳动组合书记部，翌年中国劳动组合书记部发布《劳动法大纲》，发起劳工立法运动。《劳动法大纲》将八小时工作制作为劳动准则之一，成为保障劳动者权益的首要目标。

可惜以当时中国的生产力水平，降低劳动时间并不能提高劳动效率。因此，与欧美国家的企业主动效仿不同，中国的企业主拼命抵制八小时工作制。在中国资本家的眼里，工人的要求无疑是在他们心口上剜肉。

除了福特公司这样的正向示范引导，还有一条可以不通过暴力实现革命的途径，即自由市场中的博弈。事实上，全世界最早实现八小时工作制的国家不是美国，时间也不是 20 世纪初。早在 19 世纪 50 年代，澳大利亚的石匠们便通过同业公会率先实现了八小时工作制。

1850 年，美国加州的“淘金热”蔓延到了澳大利亚，连牧师都跑去参加挖矿了。1851 年 11 月，维多利亚总督拉筹伯向远在英国本土的殖民地大臣格雷写信说：“短短三个礼拜的时间中，许多男性居民都已经消失了。棉花田荒芜了，房间都被出租了，商业停顿，甚至连学校也关门了。雇佣工人越来越难。”

各个行业都在与金矿开采业展开“抢人”大战，建筑业更是如此。短短两年间，悉尼石匠的工资水涨船高，与“淘金热”前相比差不多涨了 5 倍。

于是在 1855 年的某个时候，石匠们联合起来与雇主谈判，愿意以工资从每天 15 先令降到 12 先令的代价，换取工作时间由每天 10 小时减少为 8 小时。如果不答应，就集体撂挑子，全部挖金矿去。

就这样，欧美国家工人们梦寐以求的“早九晚五”梦想，居然在澳大利亚石匠们手里神奇地实现了。

几年后，木工、砖瓦工、泥水匠也过上了“早九晚五”的小日子，接下来其他行业的工人也要求减少劳动时间。到 19 世纪 90 年代，澳大利亚基本上实现了八小时工作制。

澳大利亚八小时工作制实现的历史，充分证明了市场博弈的力量。事实上，在福特汽车公司全面实行八小时工作制和每周双休制后，欧美企业纷纷跟进的背后，有多少是引导的结果，又有多少是市场博弈的被逼无奈，谁能说得清楚呢?

毕竟美国和西欧都不是劳动力富余的地区。因此，我们有理由认为，欧美国家八小时工作制普及的过程应当是这样的：首先，福特汽车公司的正向激励，引导了一批工业化、机械化程度较高的企业效仿，并由此产生了更大规模的示范效应，更多有条件的企业纷纷跟进，很快形成了一股社会风潮。

当实行八小时工作制的企业数量达到一定比例时，大量优质劳动力流向这些具有吸引力的企业，导致未实行八小时工作制的企业出现“用工荒”。

为了解决“招人难”问题，从而继续生存下去，那些原本不愿意实行八小时工作制的企业也被迫咬牙跟进。毕竟与招不到劳动力相比，每天少工作一两个小时还不至于要了企业的命。最终，除了倒闭破产的倒霉蛋，发达国家的企业都实行了八小时工作制。

人类社会走到今天，和平与发展成为当今世界的主流，一个阶级推翻另一个阶级的暴力革命，以及可能引发社会剧烈动荡的对抗式革命已经很难出现了。

当今的革命，其形式还真有点儿像中国式的请客吃饭：一个身份不高的主人（先知先觉的革命者，他往往不是旧格局的既得利益者）发起了一次饭局，刚开始桌上的人都很矜持，谁也不会主动端起酒杯。

不得已，主人只好带头举杯，先干为敬。见主人喝上了，有几个平常无缘上酒桌，早就对酒局心向往之的某丝（有眼光的早期跟进者），立刻主动举杯，率先加入到酒局中，桌上气氛渐起。看到哥几个喝得很嗨，并且酒香不住地往鼻孔里钻，又有几个自恃酒量不错的人（还不算后知后觉的中间分子）加入了战团，将酒局推向了高潮。

再后来，眼见不喝酒就被晾在一边无人搭理的几个顽固分子（后知后觉者），也不得不加入酒局，要不然桌上肯定是待不住了。最后，连个别不会喝酒的人（保守势力）都被强灌了两杯。酒宴结束，有的人喝美了，有的人脚下发飘了，也有的人直接喝挂了，于是酒宴落幕，只剩下杯盘狼藉。

而互联网一路走来，早已背离了初心，是时候来一场革命了。大众对现今的互联网深感不满，但却无法将之抛弃。有些事物于我们而言，就如同病变的心脏，你深受其累，却又难以割舍，一如上班这事。“万维网之父”蒂姆·伯纳斯·李提出了“推翻”现行互联网的计划，但他同时也坦承，实现这一目标是如此艰难。

早期的互联网革命是一场技术革命，这场革命其实在20世纪90年代即已完成，但互联网的技术创新至今尚未结束。这场技术革命的实质是无所不在的连接。移动互联网进一步使连接无所不在，但从互联网的基本架构看，移动互联网并未改变互联网的基础技术。

直至今日，互联网核心技术仍然是数十年前发明的：分组交换技术是20世纪60年代提出的，路由技术是20世纪70年代出现的，web技术是20世纪90年代产生的。

所谓移动互联网，准确说是互联网终端的移动化，或者说互联网接入技术的无线化。因此，目前互联网技术创新是沿着信息技术路线演进的持续性创新，较长一段时间内很难出现颠覆性、破坏性创新，已经不能列入技术革命的范畴。

未来何时能够再次出现真正意义上的互联网技术革命，我无从预判。未来的互联网技术革命是什么，我也无法准确预测。也许是仿造人类思维的神经网络，也许是摆脱传输距离限制的量子通信网，或者是别的划时代的重大突破。

但有一点是肯定的，即技术革命虽然能够催生商业革命，但商业革命的基础是商业逻辑的改变，而非技术手段的改变。遗憾的是，直至今日，人类的基本商业逻辑并未被颠覆。

我从不认为解决今天互联网出现的问题只能依靠技术创新，我甚至不认为技术能够解决网民创造的价值被窃取、网民的数据成为互联网企业的财富等诸如此类的问题。

蒂姆·伯纳斯·李认为，互联网今天的问题主要源于互联网的中心化，他提出的解决方案是互联网彻底去中心化。但蒂姆·伯纳斯·李的认识可能有偏差。

首先，中心化并非一无是处，中心化的效率是要高于无中心化的。其次，即便以牺牲部分效率为代价彻底去中心化，也只能部分解决互联网的问题，而网民创造的价值被互联网企业侵吞的问题仍然无解。

我认为，要彻底解决这些问题，需要一场商业革命。这场革命以互联网为开端，但绝不会仅仅局限于互联网。

这场商业革命以互联网为开端，是源于互联网商业模式的基础，这使得互联网的商业革命尤为迫切。而且，互联网的商业革命可以为线下商业革命提供范本。

纵观人类商业发展史，我认为这场商业革命应当是请客吃饭式的革命：个别认同用户创造价值观点的企业，率先在互联网上推行让用户参与价值分配的制度，即将用户上网产生的价值大部分归还给用户（请用户分享蛋糕），由此吸引更多用户，并显著提高用户忠诚度，获得额外的市场竞争力，从而引导更多企业实行用户参与价值分配制度，最后形成社会普遍认识。凡是不实行用户参与价值分配制度、继续侵占用户利益的企业将得不到用户认可，最终要么被迫让用户分享蛋糕，要么被历史的车轮无情碾碎。

用户分享的经济价值可以是用户直接产生的（花钱购买或付费），也可以是用户间接产生的（用户产生的流量变现，比如广告收费），即所有互联网企业的利润都应当与用户分享。这将改变互联网现有的商业模式，即烧钱引流模式。使互联网发展回归理性，实现可持续发展，避免再度出现“共享单车式死亡”。

长久以来，互联网企业早已习惯并依赖烧钱引流的暴力增长方式，即融资—烧钱—再融资—再烧钱，最后决定输赢的，往往不是服务质量、技术水平等，而是融资能力，或者说讲故事的能力。这使得劣币驱逐良币成为互联网界的常态，也使得互联网创业成为现实版的“步步惊心”，一场基本上有去无回的死亡之旅。这种状况，使互联网头部企业的垄断和霸权远超线下。

十多年前，互联网还呈现出风起云涌的繁荣景象，创业十分活跃，每过十年就有新的创业英雄出现。而现在，互联网企业创业进入了前所未有的低迷期。中国互联网界流传一句话：现在创业考虑的不是BAT抄袭你怎么办，而是BAT不投你怎么办。近年来，没有融资而成功的互联网企业，似乎只有即将在美国上市的中国社交电商领头羊云集微店一个孤证。

但云集微店不依靠融资成功的背后，是具有中国特色的新型微商模式。这一模式的成功，是以无数人被做微商的朋友不断“狂轰滥炸”和商品售价明显高出正常价格为代价的。

我无意评价所谓新型微商，或者叫社交电商的模式，因为从企业的角度看，发动无数微商免费宣传和推销，效率一定高于传统电商平台，这点从行商和坐商的比较就能看出。但从互联网发展的方向看，大量差价被中间的微商分走，是违反互联网精神的。

我认为，所谓的社交电商模式，不是互联网商业模式的进步，而是一种倒退。在我看来，与其虚高价格，不如将价格水分挤掉，从而让消费者真正得到实惠来得实在。

抛开社交电商的孤例，烧钱引流模式是当今互联网创业的不二法门。而互联网企业的烧钱引流，看似在一定时间内给了用户优惠，例如，互联网企业的补贴，的确让用户用低价进行了体验，但这种行为属于典型的“羊毛出在羊身上”，用户最后是要为前面的补贴买单的。

互联网企业烧钱补贴的目的，就是培养用户习惯，当用户习惯养成、市场被占领后，互联网企业不但会取消补贴，甚至还会提高价格，把前期烧掉的钱再从用户身上挣回来。

特别是现在有了大数据分析手段，互联网企业用大数据“杀熟”

早已成为公开的秘密，越是忠实用户，越会被“宰”，成为互联网企业眼中割了又长的“韭菜”。

既然天下没有免费的午餐，用户从互联网企业烧钱时得到的好处迟早是要还的，那么，为什么不能让用户参与价值分配，从而避免烧钱，让互联网商业模式回归正常，让用户从始而终都得利呢？既然可以把大量的钱投入天价广告、投给明星、花在“网红”身上，又为什么不分给用户呢？世界上没有什么商业模式，是比让利给用户更好、更道德的。

让用户参与价值分配还有一个好处，即可以真正实现传说中的个性化定制生产。个性化定制生产，是传说中的工业互联网（或工业4.0）智能制造的典型应用之一，是深入挖掘用户需求、进一步开拓市场、有效应对产能过剩的良方，据估计市场规模达到了10万亿美元数量级。经济社会发展到今天，人的个性化需求越来越大，个性化产品未来的确前景无限，智能制造对于世界经济发展具有十分重要的意义。

有人说，工业时代不喜欢个性化定制生产，是因为信息的不对称，即生产者无法低成本获知每一个用户的需要。因此，只能采取一刀切，尽量生产标准化的产品。

比如西服，只能生产39、40、41、42等号码的，一般人穿个大概齐就行了，至于您要是觉得穿40号的长度合适，但觉得太紧，那对不住了，您要么买件41号的凑合着穿，要么买回去后再花大价钱去改。

至于更加合身的衣服，除了定制没有别的办法。因此，真正有钱人不在于穿什么品牌的服装，一身从头到脚国际大牌的那只是普通有钱人，比如十几年前美国影片《穿普拉达的女王》中的女总编米兰达。真正的富豪人家是穿定制服装的，就像马克·吐温的小说《百万英镑》中的主人翁亨利，在暂时拥有百万英镑大钞时的衣着。

说信息不对称限制了个性化定制生产，这话有一定道理，但也仅此而已。信息不对称，或者说不能低成本地获取每个用户的个性需求，只是限制个性化定制生产的原因之一。根本的原因还在于工业本身的规律。

我们都知道，工业生产是服从规模经济效应的，即只有达到一定的生产规模才能挣钱。经济学还有一个概念，叫边际成本，是指每一单位新增生产的产品（或者购买的产品）带来的总成本的增量。这个概念表明每一单位的产品的成本与总产品量有关，产量越大成本越低，反之亦然。

例如，只生产 10 辆汽车，那么成本会很高，而如果生产 10 万辆汽车，成本就会低很多。这就是福特汽车公司当年将 T 型车生产了 1500 万辆，却始终只有一个款式和一个颜色的原因，因为老福特的理念是把成本控制在最低，依靠低成本占领市场。

开始的时候，老福特的战略无疑是成功的，随着产量的快速增长，T 型车的价格大幅度下降，从刚上市时的 850 美元降到了 260 美元，成功垄断了市场，成了那个时代的“国民汽车”。随着低收入家庭大量购买 T 型车，市场很快趋于饱和，最后 T 型车不得不停止生产，但 T 型车创造的 1500 万辆产量却成了汽车界永远无法超越的传奇。

因此，除了少部分产品外，大多数产品的个性化定制都将带来生产成本的大幅度上升，这就导致个性化定制产品（或服务）的价格远高于标准化产品。这将出现两难局面：要么产品（或服务）价格奇高而失去竞争力，限制市场的扩大；要么因定价过低而市场并未达到预期导致企业亏损，最终使个性化定制生产无疾而终。

前两年曾热闹一时，成为“伪风口”的 O2O（线上到线下）就是这么死掉的。O2O 的退潮，不是因为没有需求，事实上随着生活水平的提高，像上门按摩、上门洗车这样的服务市场的确很大，但传统的互联网烧钱模式解决不了上门服务新增的巨大成本问题，这才是 O2O

退潮的根本原因。

如果这个问题不解决，工业互联网或者说工业4.0很难真正发展起来，最起码在很长时间内难以取得实质性发展。目前，看似国际上工业巨头们纷纷抢占工业互联网（工业4.0）高地，但现实情况是雷声大雨点小，真正落地的似乎没有。就连世界上第一个工业云平台Predix的提出者美国通用电气公司(GE)，都已出于盈利考虑开始剥离、出售工业互联网相关业务了。

我国政府为了鼓励工业互联网发展，专门出台了一系列激励政策，无非还是研发补贴、税收优惠等，但工业互联网的发展，技术并非最重要的因素（目前技术已经基本成熟），如果不能解决盈利模式问题，工业互联网发展不会真正迎来春天。

互联网商业革命恰恰能解决个性化定制市场发展的瓶颈问题，解决之道的核心就是用户参与价值分配。如果用户参与价值分配，那么承受高额的价格似乎就变得容易接受许多了。

当然还有一个更直接的办法，即用区块链技术实现用户费用回退。在这种模式下，企业可以按照保守估计对个性化定制产品（或服务）进行定价，而无须担心定价过低导致亏损。但当生产的个性化定制产品或提供的个性化服务在一定时间内（如一年），达到某一可以明显降低成本的数量后，企业应重新计算产品或服务的价格，并通过区块链技术，向每个用户返还超额部分。

这样用户即便在初期多付了费用，但在一定时间内可以得到返还，从而鼓励用户购买定制化产品或服务。使用区块链技术对购买定制化产品或服务的用户进行价格补偿，与允许用户按贡献度参与利润分配相结合，是解决个性化定制市场发展瓶颈的最佳方法。

我可以预见，一场始于互联网的商业革命即将到来，其速度将超乎大众的意料，也许会比自动驾驶时代来得更快。

第二节　排排坐与吃果果

商业革命的核心是用户参与分配，但如何分配却是个技术难题，更是一个能否保证公平正义的原则性问题。

《论语·季氏》云:“丘也闻有国有家者，不患寡而患不均，不患贫而患不安。”

不患寡而患不均的“均”字，指的是公平而非平均。“均”字最早的含义是平整土地，《说文解字》说:“均，平，偏也。从土，从匀。匀亦声。”按《说文解字》的解释，“均”指的是将土地整平，字形采用“土”和“匀”来会意，“匀”也是声旁。

很显然，后来“均”字的意思早已超出了平整土地的范畴。中国第一部按部首分门别类的汉字字典、南朝梁陈时期古文字大家兼历史学家顾野王编撰的《玉篇》解释为:“均，平也。”注意，《玉篇》关于“均”字的释义，不再是“平偏”，而仅仅只是“平”，说明“均”字的含义得到了拓展。

那么这个“平”又有哪些含义呢?《大宋重修广韵》注:“平，正也。”因此，“均”有“公正”“公平”之意。

“均”包含“公正”“公平”之意，但不意味着“不患寡患不均”的“均”就一定是“公平”。理学宗师、著名思想家、哲学家朱熹在《论语集注》中说:“均谓各得其分。”分析原文前后意思，可以认定，朱夫子讲的“均谓各得其分”，意思是“均就是各自得到自己该得到的”，这才是对“不患寡患不均”的最正确理解。

公平很重要。按照我们老祖宗的思想，分配利益的关键不是利益的绝对值，而是公平公正。由于多与少并无绝对标准，没有公平做保障，多与少都将失去意义。

在即将到来的互联网商业革命中，制定一个公平的分配原则至关重要，而最公平的分配原则无疑是以贡献度为依据，贡献越大、创造的价值越大所得越多，这是公平社会的一个基本准则。因此，现在的问题就演变成如何确定用户的贡献度。

用户在一个网站或APP应用上花的钱越多，对网站或APP应用的贡献就越大，想来对此没有任何异议。同时，既然互联网企业的价值主要来自用户创造的流量，那么用户在某一网站或APP应用上耗费的时间越多，产生的流量越大，对网站或APP应用的贡献也就越大，这也应该是合理的逻辑。

但问题是，花同样多的钱或者同样多的时间，在网站或APP应用运营之初和运营较长时间之后，对于互联网企业的贡献是一样的吗？答案应该是否定的。即不同时期相同的钱或流量产生的价值是不同的，越早价值越大，越到后期价值越小。因此，恒定的用户花销（包括时间和金钱）对互联网企业的价值贡献度，在时间轴上呈递减趋势。

"互联网三大定律"之一的梅特卡夫法则表明，一个网络的价值等于该网络内的节点数的平方，并与联网用户数的平方成正比。因此，一个网站或APP应用的用户数量越多，其价值就越大，但联网用户的价值与此相反，联网用户数越少时，新加入的用户提供的价值越大。

第一，创造永远比发展重要，因此从0到1的价值大于从1到10。第二，没有1的积累，永远不可能有到10的发展。第三，从0到1需要足够的勇气，而从1到10往往只需要顺势而为。因此，越早期的用户越需要鼓励和肯定。第四，当用户数量越少时，网站或APP应用的技术水平、内容质量、服务能力越差。因此，越早期的用户牺牲越大，越需要进行补偿，而正是由于早期用户的支持，才使网站或APP应用得以持续改进。

举个例子，某一电商平台在上线之初，商品种类较少，而且由于缺乏销售数量支撑，商品的成本较高，在不依靠烧钱补贴的情况下(互联网商业革命的新模式下，企业不应当再烧钱进行补贴，这并不符合用户的长远利益)，早期用户所能选择的商品不多，价格较高。而随着该电商平台的快速发展，商品种类越来越丰富，采购成本越来越低，后期加入的用户使用该平台购物的好处不断加大。由此可见，越早期的用户对于该电商平台的支持和贡献越大。

现在我们将上述例子中的电商平台换成某一在线社交服务提供商。假设某一社交软件刚刚上线，第一个注册的用户并没有使用价值。当该软件的使用者较少时，新注册者的使用价值也不大。总共就那么点儿人，能交到啥朋友啊，还不如一次旅行认识的人多。

而当该软件的用户数量突破一个临界点，其用户变得越来越活跃，新增用户数开始陡增，使用价值成倍提升，此时加入的用户将获得一定的价值（社交价值）补偿。

因此，在此案例中，越早期的用户越需要给予经济补偿。这个道理完全站得住脚，毕竟线下新开一家酒吧或者迪厅，往往还需要请人当托儿来烘托气氛，而在QQ运营之初，为了吸引用户聊天，腾讯公司几乎所有员工都上线扮演过俊男靓女，这已经是公开的秘密。既然可以花钱雇人当托儿，那么对于早期用户的经济补偿就是合情合理的。

根据梅特卡夫法则，一个网站的价值等于$n^2 \times v$，其中n为总用户数，v为平均每个用户的价值。假设每个用户创造的价值是均等的，那么在某一时间点上，第n个用户创造的价值$a_n= a_1 \times q^{(n-1)}$，$a_1$是第一个用户的价值，为$n^2 \times v \times (1-q)$，q为小于1的正数。由于q小于1，这是一个递减的（收敛的）等比数列。

从现实情况看，当网站或APP应用的用户数量小于1万时基本不具有价值，用户数量在数万时开始具有价值，但价值很小。用户数量在数百万时价值较小，在数千万时价值加大，达到数亿时价值很大。

我们可以简单地将网站 /APP 分为微型（数万用户）、小型（数十万用户）、中型（数百万用户）、大型（数千万用户）、特大型（数亿用户）。上面用户价值公式中的公比 q 与网站 /APP 的规模有关，不考虑微型网站 /APP，对于小型网站 /APP，q 建议为 $1-\frac{1}{10000}$，即 0.9999；对于中型网站 /APP，建议 q 为 $1-\frac{1}{100000}$，即 0.99999；对于大型网站，建议 q 为 $1-\frac{1}{1000000}$，即 0.999999；对于特大型网站 /APP，建议 q 为 $1-\frac{1}{10000000}$，即 0.9999999。

以上特定时点的第 n 个用户价值公式是一个简化公式，即每个用户贡献的价值是均等的。但这显然是不可能的。每个用户贡献的价值，因其在网站 /APP 应用上花的钱和时间的不一样而有很大差别。

因此，以上用户价值公式应当修改为 $a_n=a_1\times q^{(n-1)}\times w$，其中 w 为用户权重（weight），等于 $t_n\div t\times t_w+m_n\div m\times m_w$。其中，$t_n$ 为该用户平均花费的时间，t 为网站 /APP 全体用户平均花费时间，t_w 为时间（流量）产生的收益占网站 /APP 全部收益的比重，m_n 为该用户平均花费的钱，m 为网站 /APP 全体用户平均花费的钱，m_w 为用户花钱（购买）占网站 /APP 全部收益的比重，$t_w+m_w=1$。

例如，某电商网站 70% 的收入来自用户购买商品（销售收入），30% 的收入来自用户流量变现。该网站用户平均每年消费 1000 元，用户平均停留时长为 1 小时 / 天。假设用户张三在该电商网站上平均每年消费 3000 元，同时张三的平均停留时长为 0.5 小时 / 天，则张三在该电商网站的用户权重为 $0.5\div 1\times 30\%+3000\div 1000\times 70\%=0.15+2.1=2.25$。由此可见，用户要想提高权重，要么多消费，要么多花时间上网，也可以同时增加这两者的数量。

假设该电商平台为特大型网站，目前市值为3000亿元。张三是该网站的第10000001个用户，则$a_{10000001}=0.9999999^{10000000}\times 300000000000\times \frac{1}{10000000}\times 2.25=24831.86$，即在该网站的3000亿元市值中，张三理论上直接创造了2.48万元的价值。

实际上，网站的价值不只是用户创造的。除了用户直接创造价值，投资人、创业者和员工团队也在间接创造价值。或者说，没有投资人的资本、创业者的开创和团队的经营管理，也不可能有用户创造价值的机会。因此，在计算互联网企业价值时，用户创造的价值和企业（包括投资人、创业者和团队）创造的价值都必须给予肯定。

我认为，互联网企业的创新性越大，企业创造的价值越大；需要的管理能力越强，企业的价值越大。但无论如何，企业自身创造的价值不会高于用户创造的价值。一般来说，企业自身创造的价值在30%～40%之间是合理的。

因此，在分配价值收益的时候，投资人、创业者和团队应获得30%～40%，用户应获得60%～70%，这才是一个公平合理的价值分享模式。即用户得大头，创业者和投资人得中头，管理团队得小头，应当是互联网企业价值分配的最佳方案。

合理的事物才是美好的。所有不合理的存在，不管看上去有多么堂皇，都是丑陋的、罪恶的，最终都将被扫入历史的垃圾堆。

第三节　我的地盘听我的

去中心化是互联网的初心，是互联网自由主义者孜孜不倦的追求。

如果去中心化真正得以实现，则互联网上将再没有任何集中式的“中心”，所有商品和服务都不需要集中在一个或某几个电商平台展示与销售，各个商家提供的商品和服务都可以平等地呈现在消费者面前，供消费者选择；所有信息都将摆脱对发布平台的依赖，自由、平等地被用户获取；每个人都是独立、平等的个体，每个人都可以在互联网上建立起基于个人数据的自由“王国”，在那里我们是掌控一切的王者。这样的互联网才是网民心中的美好新世界，梦中的香格里拉。

互联网发展到今天，是否实现了最初的梦想，究竟是中心化还是去中心化，一直存在着很大争议，可以说是众说纷纭。有人说，互联网并未去中心化，而是再度中心化，理由是少数网站 /APP 占据了我们的生活，垄断了信息的入口权。也有人说，去中心化不是无中心，而是多中心；所谓去中心化，是让节点选择中心，即中心是不固定的，每个网站 /APP 都有机会成为中心、每个人都有机会成为中心。例如，张三写了一篇博文，或者上传了一段短视频，也许突然走红了，这就是节点选择中心，因此互联网其实早就实现了去中心化。

这样讨论下去可能永远都不会有答案。原因很简单，缺乏一个关于什么是去中心化的标准，所有人都在按照自己的理解去定义“中心化”和“去中心化”，从而得出不同的结论，谁说的都没错，但谁也说不服谁，就如同“鸡同鸭讲”“关公战秦琼”，你唱你的曲，我说我的理，你耍你的刀，我发我的镖。

我认为，讨论“中心化”和“去中心化”有两个不同的视角。一个是以人为对象，一个是以信息为对象。从以人为对象的角度看，互联网正在以个人为中心重新塑造服务流程：外卖改变了以饭店酒楼为中心的服务流程，优步和滴滴改变了以公共交通提供者为中心的供求格局，社交电商使商品流通从“人找货”到“货找人”成为现实。从这个角度看，我们将欣喜地发现，互联网的“去中心化”已经取得了显著成效，并且正在持续向纵深推进。

但如果以信息为对象去考察，我们将得出一个令人沮丧的结论：时至今日，互联网去中心化从来都不曾实现过。互联网巨头对于信息掌控的力度正在不断加强，平台对话语权的垄断是任何机构所无法比拟的，不仅过去的电视、杂志、报纸等传媒无法与之相提并论，而且超过了历史上的任何时候。

《国语·周语上》有一段记载：西周后期，周厉王频施暴政，他受奸臣荣夷公唆使改变周朝原有的制度，把平民赖以谋生的许多行业，收归王室所有，一时间民怨沸腾。大臣召公就对周厉王说，老百姓已经受不了啦。厉王于是大怒，为了堵上百姓的嘴，他派人去卫国请了很多巫师，组成了一支特殊的特务组织——巫卫（就是懂巫术的锦衣卫，既有公开抓人的专政手段，又有画小人扎针的阴招儿，不明觉厉），在首都镐京川流不息地巡查大街小巷，偷听人们的谈话，凡经他们指认为反叛或诽谤的人，即行下狱处决。

这样一来，举国上下不再敢对国事评头论足了，就是在路上相互见面，也不乱搭话，只能以眉目示意（国人莫敢言，道路以目）。按照西周初期周公制定的谥法，“杀戮无辜曰厉”，因此光凭周厉王这个谥号，就知道这家伙是个暴君，但即便是这样的暴君，也无法彻底堵住大众的信息传播。

群众的智慧是无穷的，说话要杀头坐牢是吧？那咱就玩表情包好了，见面挤挤眼、翘翘嘴啥的总可以吧。一句话，老百姓的招数也有的是。

但古代独裁专制的暴君用血腥手段做不到的事，在今天互联网时代却可以被中心化的平台轻易实现。如果某人的言论踩了互联网巨头的尾巴，信不信分分秒秒可以给你封杀掉，保证连个渣都没有，一个表情包都不会遗漏。

除了说什么由不得自己，就连我们看什么都不见得自己能决定。例如，在一些新闻客户端上看到的资讯，就是被算法过滤以后的信息，从某种程度说是被强加给你的信息。

对于这种情况，你是投诉无门，想躲躲不掉，看着还闹心。如果这种情况只是某一个新闻客户端倒也罢了，大不了把 APP 拆卸了，关键是现在几乎所有新闻网站、新闻 APP 都会这一招儿，如果哪家还不会这手，估计员工出门都不好意思见人。

没有信息自由为保障，互联网个人中心论不外乎是几个醉汉的酒话。因此，现实情况是：互联网去中心化看起来更像是一个遥远的梦。

在自由社会，存在着竞争和用户选择，中心绝不可能是唯一的，但无论多中心还是单中心，都无法改变节点依附于中心的事实。因此，多中心仍然属于中心化范畴。

至于节点选择中心，有个十分重要的前提，即节点选择是否受限，如果节点的选择是完全自由的、不受限制的，则可以视为去中心化；但如果节点的选择是受限的，则仍然属于中心化。

很不幸，当前节点的选择是受限的。例如，用户只能通过博客平台来获取博文，只能通过视频分享平台来获得视频，并且只能通过社交平台来进行二次传播，而博客平台、视频分享平台和社交平台完全可以影响用户的注意力。因此，节点选择中心并非去中心化的证据。

展望未来，我相信互联网去中心化一定能实现。但在目前的技术手段和服务模式下，讨论互联网去中心化毫无意义。从某种角度说，当前的互联网去中心化其实是个伪命题。

电商平台就是一个互联网商业的中心，各种商品、服务只有聚集在某一平台上，才能被消费者发现并最终购买，消费者也只有登录某一电商平台，通过该平台购买商品或服务，才是最合理的方式。难道在我们需要的时候，商品或服务会主动找上门来吗?

也许有人会说社交电商就是通过朋友推荐购买商品，这就是以消费者为中心的“货找人”，而不是以平台为中心的“人找货”。这话只说对了一部分。

社交电商的模式的确是“货找人”，但这种“货找人”是已有什么货找什么人，甚至是微商们（社交电商圈一般称之为“店主”）卖什么货找什么人，是一种引导式消费，而不是顾客需要什么，什么货就主动找上门来。如果恰巧“店主”们推荐的货是你正需要的，那基本上是瞎猫碰见死耗子，作不得准。

社交电商的“货找人”有个前提，那就是你必须成为它的注册用户。因此，社交电商仍然是中心化的平台。未来的“货找人”，是指用户一旦出现消费需求，需要的商品或服务就能及时、主动地呈现在你面前，供消费者选择。

社交网站也是互联网社交的中心。离开了这个中心，朋友不会主动出现在你的通信录里，也不会突然有人在互联网上对你说:“嗨，你好，咱们交个朋友吧！”没有微信提供的“摇一摇”和“附近的人”功能，或是别的什么社交 APP 的随机“配对”，住在同一个小区或者同一个写字楼上班的陌生人，可能永远都没有交往的机会。

搜索引擎和新闻资讯 APP 是信息的中心节点，所有信息要么通过新闻资讯 APP 推送到用户的终端上，要么通过搜索引擎被用户找出来。

现在还没有一种技术，能让用户所需要的信息自动精准地被用户获悉。所谓的信息资讯推送做不到，网站推送的都是基于算法分析的信息，不见得是你需要的。而且有一点，推送的信息往往没时间阅读，而你在有时间想要阅读的时候却再也找不到那条曾经看过标题的信息。

即便以上问题能够全部得到解决，我们将无比“悲愤”地遇见另一个问题，一个十分要命的问题。即谁来保证呈现在我们面前的商品不是假货、服务不是骗局、信息不是假消息？难道需要网民集体炼就一双能看破虚妄、辨清真伪的“火眼金睛”？

即便从防止假货和假消息泛滥的角度看，中心化现象的存在还是必要的。当问题出现以后，中心可以扮演法官的角色，即行使裁判和惩罚的职责。

信息化发展的历程中，出现过不止一个伪命题。例如，扁平化管理。信息化的迅猛发展一度使我们相信，管理体系可以扁平化，即管理环节尽可能少，决策链和执行链尽可能短。

随着20世纪工业制造流水线的推广，以及第二次世界大战后全球一体化的进程，一些企业的规模越来越庞大，人员由千位突破万位，甚至达到10万位，机构遍及全球。

与此相对应的是，企业管理体系越来越复杂，形成了事业部与子公司纵横交错的矩阵式管理架构，有的巨型跨国公司甚至一层接一层、大机构套小机构，本部下面是事业部、事业部下面是部，集团总部下面还有大区总部、大区总部下面是国家公司、国家公司下面是地区分公司，总老板下面有大老板，大老板下面有小老板，小老板下面有总监，总监下面有部门负责人。

这种情况下，决策必须经过多次传递才能到达底部（如IBM要经过18个层级），每传递一次就要出现一点儿偏差，同时信息反馈的链路过长，每经过一个环节就要减少一部分。这导致决策缓慢、灵活性很差、管理成本很高、工作效率很低，成为现代大型企业管理的老大难问题。

信息化浪潮冲击了很多原有的观念，这其中就包括管理思想。互联网和管理信息系统的出现，似乎为减少管理层级，缩短信息链路、决策链路和执行链路提供了前所未有的可能性。因此，IT公司特别是互联网公司在20世纪末开始率先尝试扁平化管理，一时之间“扁平化”成了时髦词和IT圈的标志性语言，谁要是不时不时地说上一两次，都不好意思说自己是混IT圈的。

但扁平化管理果真行得通吗？

洪武十三年（1380年），明朝发生了一件大事，这件事足以影响中国明清两代，并成为中国历史走向的分野。洪武十三年正月初六，左丞相胡惟庸谋反案发获诛。正月十一日，明太祖朱元璋宣布废除中书省，中国实行了近两千年的丞相制度就此终结。

这件事情可以看作朱元璋版的“扁平化管理”尝试，其结果是从此所有事情都必须由皇帝亲力亲为，就是病了也要本着“轻伤不下火线、重伤坚持战斗”的精神咬牙扛着，要不各地、各部门报上来的奏折很快就能堆积如山，搞不好朝廷就该瘫痪了——废除丞相后，再也没人帮皇帝筛选把关了。因此，下面报上来的事无论大小都得等着皇帝亲自批阅，想要偷个懒那是做梦，除非不怕国家完蛋。

朱元璋是个苦出身，能吃苦，再说这江山拼了命打下来，龙椅可还没坐热呢，哪里舍得丢下不管？因此朱元璋心一横，牙一咬脚一跺，拼了。朱元璋深信“死了张屠夫不吃带毛猪”，不就是活多了点儿吗，活着干死了算，与权力相比这可不算什么。

明太祖还发狠规定了一条铁律：倘若后世有想复立丞相者，大臣直接凌迟（注意这两个字）处死，皇帝直接废掉。真不知道是胡惟庸把朱元璋给得罪死了，还是丞相这个职位碍了朱元璋的眼，看来他与丞相是势不两立了。

十八年后，朱元璋终于在积累成疾中走到了生命的尽头。即位的皇太孙朱允炆坐了四年龙椅，就被自己的亲叔叔燕王朱棣给赶下台。

朱棣坐上了皇位，史称永乐皇帝。永乐帝立即发现了一个问题：这活还真不是好干的，累死累活不说，天天陷入琐碎的事务性工作中，哪有时间思考国家大事、思考人生啊，不行，得改！

但这大明江山是老爹打下的，老爹立有祖训，谁提恢复丞相制度都不会有好下场，特别是自己的皇位来得不怎么光彩，因此更得需要高举老爹的大旗。但朱棣就是朱棣，他想出了“绝妙”的一招：请一些有本事的人到身边来给自己打下手，帮自己处理政务。比如奏折，皇帝过目后交这些殿阁大学士先写意见（叫票拟），然后通过司礼监秉笔太监（仅次于掌印太监的大太监）呈送给皇帝，皇帝用朱砂作批示（称为“批红”）后，发还给大学士正式拟旨执行。

由于殿阁大学士入值（值班）的场所文渊阁处于皇宫之中，因此这些殿阁大学士组成的班子叫作“内阁”，即“内廷之阁”的意思。

内阁虽然只是皇帝的咨政机构，内阁首辅和次辅属于皇帝的私人助手性质，但后来权柄渐重，某些时候也具有丞相的实际地位和权力。特别是在忙于炼仙丹修道的嘉靖皇帝和长年不上朝的万历皇帝时期，内阁实际上已成为百官管理机构（相当于洪武时期的中书省，除了没有属官之外），有的时候首辅的权力甚至大于丞相，比如遭明神宗（万历皇帝）鞭尸泄愤的张居正。

因此，朱元璋的“扁平化管理”试验，在永乐时期即已宣布失败。

今天的扁平化管理说得挺热闹，但实际实行的企业并没有多少。业内有一句玩笑话：“实行扁平化管理的公司有两种，一种是二十多人的小公司，一种是一万五千人的小米。”而 2019 年 2 月，小米集团发布组织调整及人事任命文件，标志着小米开始放弃此前的扁平化管理架构，向层级化管理迈出了重要的一步。。

既然有些东西是伪命题，那就不要太过计较和纠结于这些概念，还是务实一些，该干吗干吗比较好。

前面讲过，起码在现阶段，中心化有中心化的好处。中心化的主要问题是中心滥用霸权，由此带来的霸凌、不正当竞争等。有问题不怕，改了就好。

滥用霸权的只是处于互联网中心地位的巨头，而不是中心化本身。

因此，只要能限制互联网巨头的权力，使之不再可以为所欲为，应当就可以在真正的去中心化互联网时代到来之前，解决或部分解决中心化的主要负面问题。

互联网商业革命的方向是还利于民，那么是否也可以把权力归还给网民呢？我在设想一种新的互联网企业治理结构，在股东会、董事会和监事会之外，设立用户代表大会，类似古罗马的保民官制度，凡是涉及用户利益的公司决策，用户代表大会可以通过决议进行否决，其保护用户利益不受侵害的权力高于公司任何机构（包括“三会”），但用户代表大会的权力只限于保护用户利益，不含否决公司正常发展战略和正常经营管理决策的权力（侵害用户利益的战略和经营决策除外）。

用户代表大会由互联网公司主动发起成立，代表从用户中投票产生（为此应当设立专门的用户社区，产生意见领袖，并成为用户投票选举的平台），任期由公司章程规定，一般在三到五年之间，最低不短于两年。用户代表大会制度应当通过现有法律框架解决，例如在公司章程中加以明确。

用户代表大会制度，可以有效地将原本属于网民的权力还归网民，就如同《新约》里的话：“让上帝的归上帝，恺撒的归恺撒。”这样，网民的权益就能得到保障，翻身网民把歌唱。

将来的某个时候，互联网一定会由现在的网站或 APP 为中心，演变成以用户为中心。这种模式下，用户不仅自主掌握自己的数据和产生的信息，可以自由决定哪些数据和信息可以共享、向什么人和什么机构开放共享，可以根据自我意愿决定接收哪些推送的信息，而且可以在需要的时候，向互联网发出请求，根据自己的设定主动得到所需要的商品、服务目录和资讯，例如，定制化的商品和服务，而无须通过任何网站或 APP。总之，一切互联网服务都将围绕用户的个性化需求来提供。

蒂姆·伯纳斯·李提出的Solid空间已经在着手解决以个人为中心的基础，即个人数据的归属和去中心化存储问题，但这只是初步，Solid并不解决诸如用户对互联网的服务请求和除本人数据以外的信息获取等问题，而这是以个人为中心真正实现的必要条件。虽然道路漫长，但我们总算看到了希望。

当以用户为中心真正实现的那天，网民才能真正获得自由。我的地盘，当然要听我的。

第八章

通向未来的阶梯

20世纪80年代末，中国出现过一个全世界堪称“奇迹”的现象：全民皆商。当时有句传遍神州大地的顺口溜：10亿人民9亿商，还有1亿要开张（后一句也有版本作“在观望”）。

这不难理解，改革开放给禁锢已久的中国人思想上松了绑，人们认识到贫穷不是社会主义，做生意不是“投机倒把”，勤劳致富很光荣。因此，一批首先觉醒起来的人率先走向市场，并不出所料地先富起来了。

进入21世纪，特别是移动互联网的兴起，使中国进入了新的“全民皆商”时代。不过这次“全民皆商”的主角是怀揣梦想的“80后”“90后”，一批向往美好生活、急于改变命运的社会新生力量。

如果对商业的关注度进行一个排名，今天的中国人无疑将名列世界第一。可以毫不夸张地说，当今中国人对于商业的兴趣，超过了任何国家的民众，也超越了历史的任何时期。

有学者进行的研究表明，150年以来西方世界爆发的百货商店、一价商店、连锁商店、超级市场、购物中心、自动售货机、步行商业街、网上商店等八次零售革命，几乎同时在中国出现。今日之中国，似乎一跃反超，走在了世界零售革命的最前列。

一时之间，“新零售”“无界零售”“智慧零售”等新名词、新概念竞相出炉，谁要是不发明点新词儿就显得很落伍，就没法证明自己是电商企业大老板。

但不管是第四次零售革命也好，第三次零售革命也罢，人类社会的商业关系至今还停留在两三千年前：买卖关系。这种关系本质上是一种对手关系、零和关系，一方利益的增加建立在另一方利益减少的基础上。

人类的基本商业逻辑从来不曾摆脱“羊毛出在羊身上”。所有的商业模式，说到底就是盈利模式，即如何让消费者心甘情愿地贡献更多利润。或者让消费者拿出替代利润的其他东西，然后与第三方交换，得到新的利润，这就是盛极一时的“羊毛出在狗身上，猪买单”的实质。

到目前为止，所有商业模式（包括零售模式）都只是手段的变化，从来没有谁尝试过商业关系的变革。

没有人做过，不代表不应该这么做。世界上的许多事情，都需要勇敢的先行者。如果先行者成功走出了一条不同的路，并为后来者指明了前进的方向，他们就被冠以革命者的头衔，成为一代宗师、万世楷模。

商业发展到今天，该到了重新审视商业关系、构建新的商业关系的时候了。

第一节　商业关系演进路线

人类的商业发展史，其实就是一部商业关系和商业利润分配关系变革的历史。

与人类发展史相比，商业出现的历史并不长。这很好理解，毕竟在漫长的人类起源过程中，我们的祖先还没有掌握与自然界斗争的手段，在与野兽的生存竞争中身体条件处于劣势。因此，在长达几十万年甚至上百万年的原始人类阶段，我们的祖先每天都在为一个目标奋斗——活下去。只有活下去，一切才有希望。在活着都成问题的时候，其他东西都是奢望。

随着青铜时代的到来，生产力发展大大向前迈了一步。青铜器制造、制陶、纺织、酿酒和造船等手工业快速发展，形成了人类的第二次社会大分工，导致了直接以交换为目的的商品生产。

过去的生产活动都是为满足使用需要（消费）而进行的，属于自然经济。现在生产某些产品不是为了自己消费使用，而是为了去交换其他产品。例如，有人专门生产酒，然后拿去换粮食和肉。

随着商品交换的日益繁荣，越来越多的商品生产是以交换为目的的，这样原来在商品生产者之间进行的直接交换就显得十分不便。

因此，交易的一般等价物——货币产生了，专门从事买卖的商人也出现了。比如，商人张三从 A 村买来陶器，然后卖给 B 村的人，从中赚取一些差价，再把 B 村的特产——酒卖到 C 村去，来回倒腾买卖，

以物易物的商品交换

类似于中国改革开放之初的“倒爷”。

后来做买卖的商人多了，竞争开始出现。一些商人打算去更远的地方，一次贩运更多的货，把生意做大。但要做大，光靠自己一人肯定是不够的。

首先人手不够，运不了太多东西。其次路上不安全，碰上老虎什么的连个帮手都没有，那还不被吃得骨头都不剩啊？毕竟，除了几千年后的武松武二郎外，没有人不怕老虎。

因此，很有必要雇几个人一起干。最早的商队就这么产生了，做买卖挣的钱不再由商人独吞，而是要分一点儿给帮工的伙计们。当然，商人拿大头，伙计拿小头。

这也合理。毕竟商人有头脑，知道怎么赚钱。而且，商人出本钱，承担着风险。例如，有时候腿慢了点儿，让其他商人抢了先，搞不好就得赔钱。

更要命的是，如果碰见打劫的，小命都要赔进去。这种事虽然不常发生，但偶尔还是会有。史书记载，夏朝的时候，商国（商朝的前身）首领子亥（姓子，名亥）继位后，为了解决本部落生产的牛羊过剩问题，组织一些人把牛羊贩运到其他部落去，为此赚了不少钱。

《竹书纪年》记载，公元前1810年，子亥亲自带队去有易部落（今河北易县一带）进行贸易，结果有易氏的首领绵臣见财起意，杀了子亥，抢了货物。这是中国最早的一起，由一批货物引发的血案。

自从商人出现后，在很长一段时间内，商人都是自己出本钱来经商，即所谓“将本求利”。一些有钱的主儿看着别人经商挣钱，也想投身到商海中搏击一番，却不料经商那事不是谁都能干的，吃苦不说，还得靠脑子，光有钱没脑子只能把裤子都赔进去。

相声大师刘宝瑞的单口名段《假行家》，说的就是一个有钱没脑的二世祖，与冒充行家的大忽悠一起做生意，结果赔个底掉的笑话。

经过几番碰壁，很多有钱人再也不敢自己经商了。借钱给商人做生意也不是个长久之计，因为利息高了别人不愿意借（经营风险太高），而利息低了放贷人又不满足。因此，急需找到一种办法，让有资金的人也可以在商业贸易中分一杯羹。

终于，有聪明人想到了办法，于是找上了有能力但却手头缺钱的人，提出一方出钱一方出力，合伙经商，共同发财。

春秋时期，后来辅佐齐桓公成为春秋五霸之首的管仲，年轻时结识了鲍叔牙，两人成了好朋友。管仲家里穷，但人家绝对是智商爆表的存在，而鲍叔牙家里很有钱，属于财大气粗的“土豪”。

时间一长，两人越来越对眼，于是决定合伙经商。

兄弟二人合伙做买卖，照理说应当按约定的分成比例来分配利润，但管仲却私下多拿了不少（“分利多自与”），鲍叔牙知道后并没有责怪管仲，反而替管仲说话。这就是成语“管鲍分金”的由来。

关于管鲍二人经商的详情，例如管仲有没有出本钱，鲍叔牙有没有一起经营，史书上并无记载。但从各种史料看，管鲍二人合伙的时候，管仲穷得叮当响，口袋估计比脸蛋还干净，应该拿不出什么本钱。

看来，管仲应该没有出资，即便出了点儿，也是象征性的。关于鲍叔牙是否参与经营，从“分利多自与”的“自”这个表述来看，管仲在分红的时候是自己私下多拿的，不是经鲍叔牙同意多分的，这说明鲍叔牙很可能没有参与经营管理。

如果以上分析是正确的，那么这就是中国历史上有记载的最早也最接近现代的股份合伙制商业模式。首先，合伙人并不一定非要出资，没钱有能力的出智力也行。其次，资本与经营相分离，即投资者并不一定参与经营。

这是一种具有里程碑意义的商业变革，它使资本（钱）第一次以独立的形态加入到商业环节之中，并且可以只凭出资而不出力（不参与经济管理）享受分红。商人也从此摆脱了对资金的前置依赖，只要有能力，可以说服别人投资，没本钱也可以经商。

从此，商业利润分配关系中多了投资人这个角色，资本开始作为一个重要资源登上商业活动的舞台。

人类的商业活动一开始是没有固定的场所的，后来随着商品交换的增多，开始出现了专门的场所——集市，卖商品的人在集市上摆一个摊，搁几件商品就可以开张了。初期的集市是自发形成的，在集市的基础上才形成了城市。

中国最早的集市大约出现在殷商时期，在汉代形成了“里坊制”的城市结构，长安出现了按行业划分的东市和西市，说明商业场所进入规划阶段。在欧洲的古希腊，城市中心的广场承担了商业活动场所的功能。

中国到了宋代，里坊制消失，出现了全新的商业空间——街市。街市不再是单纯的商品买卖场所，而是增加了很多新的商业形态，如餐饮、娱乐、住宿等。著名的《清明上河图》，就有北宋街市的描绘，那里各种商铺、茶馆、酒楼、赌场、青楼、戏院等应有尽有，这已接近现代大型综合商业中心（Mall）的形态。

但此时，商业场所与商户之间还只是单纯的买卖或租赁关系，即商户为了获得经营场所，购买或租赁建筑作为店铺，商业场所只是商家进行经营活动的条件之一，购买或租赁场所的费用进入成本进行摊销。

19 世纪，百货商场在欧洲兴起，很快就风靡全球。一开始，百货公司的场所也是公司自己的，即在自己的经营场所内提供自营的商品销售。到了 20 世纪末，百货商场开始实行专柜联营，通过销售收入分成来获利。实行专柜联营的百货商场不同于过去的集贸市场和今天的购物中心，它不当房东，而是提供平台，直接参与商业活动，与专柜

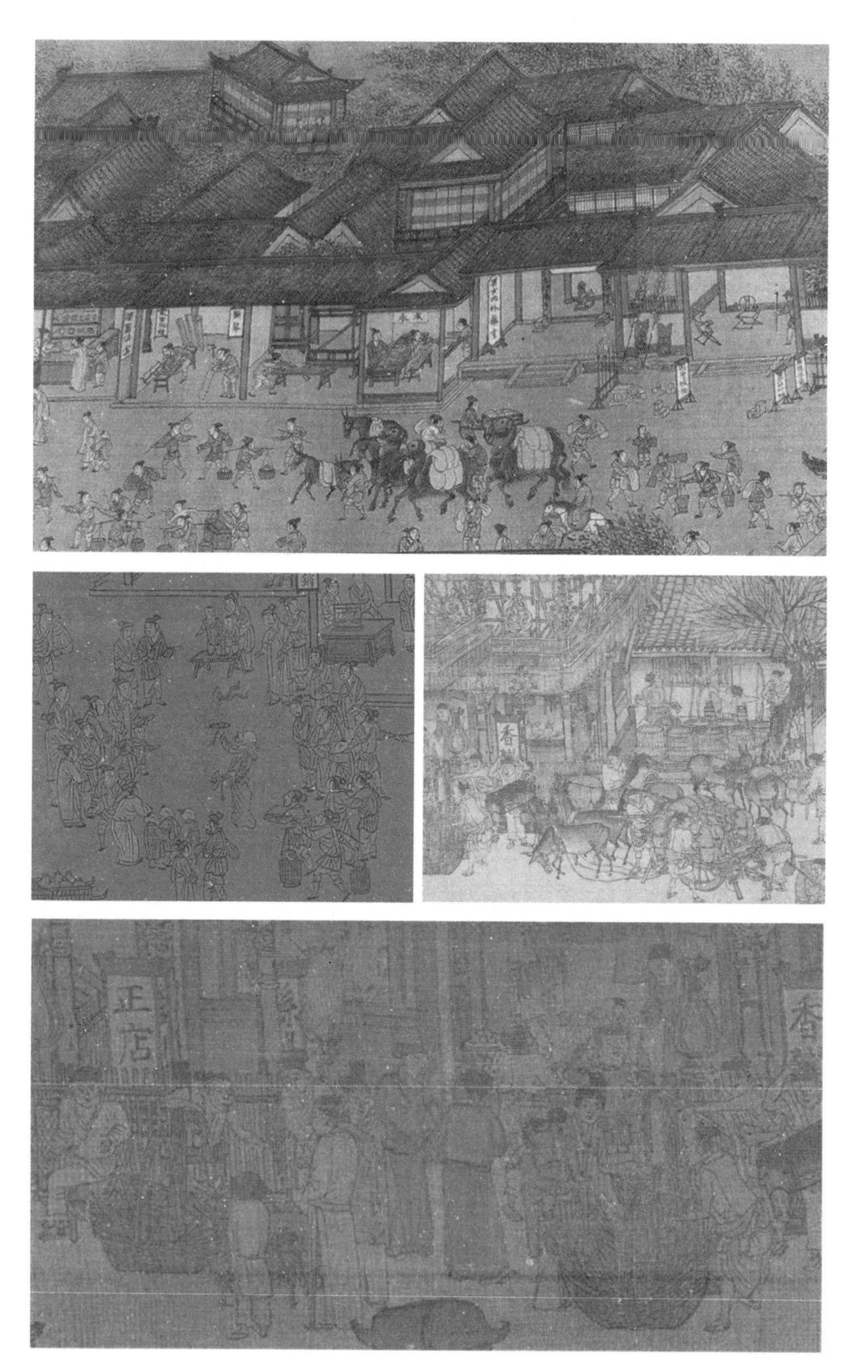

《清明上河图》街市局部

经营者风险共担、利益共享。

这是商业关系的又一个重要变革，从此商业活动中引入了“平台”这一参与者。到了 21 世纪，随着互联网电商的兴起，平台成为商业活动中十分重要的一方，其地位有越来越高的趋势。

不管人类的商业模式出现了多少变化，其基本的商业逻辑都没有改变，仍然是赚取收入与成本之间的差价。在几千年的商业萌芽和发展史中，商业关系经历了五个阶段。

第一个阶段属于货币出现前以消费为目的的以物易物，此时交换的双方均为商品生产者，他们同时也是商品消费者，这两重身份合二为一，无法分离。因为没有商品就无法与人进行交换，所以他们首先是商品生产者，其次才是商品消费者。

在这个阶段，还没有出现单纯的商品消费者（顾客），更没有商人存在。由于以物易物属于等价交换，因此商品交换的过程并未产生价值增值，即利润。

第二个阶段是货币出现后商人出现前的阶段，这个阶段很短暂，但理论上应该独立存在过。在这个阶段，商品交换的双方是生产者和消费者，商品交换也属于等价交换，只不过由商品与商品之间的交换变成了商品与一般等价物——货币之间的交换，但本质没变，交换过程也没用产生增值。

第三个阶段，商人出现，商业活动的参与方变成了商品生产者、商人和消费者。商业交换首次出现了利润，并且由商人或商队独占。

第四个阶段，纯粹的投资人出现，即资本出资人与商人相分离，成为商业活动的独立参与方。在这个阶段，商业活动的利润出现了扩展，不光是商品交换，连商品生产都出现了利润，整个商业活动的利润由商品提供者（作坊主或工场主）、商人和出资人共同分配。

第五个阶段，商业平台出现，商业活动的参与方由原来的商品提供者、商人、出资人和消费者增加到了5个。作为新增加的商业活动直接参与者，商业平台也参与了利润分配。

从第三个阶段开始，商业关系经历了三次重大变化，每一次都引入了一个新的商业活动参与者，同时也多了一个利益分享者。但不管商业关系怎么变化，时至今日，作为“上帝”的顾客（消费者）却始终没有参与利益分配。

西方人把顾客称为“上帝”，中国人过去把顾客视为“衣食父母”。中华人民共和国成立后，因为商业活动一度变成了为人民服务，而不是赚取利润，因此再将顾客称为“衣食父母”似乎不太妥当。改革开放后，中国人也与国际接轨，将顾客视为“上帝”。

有意思的是，商人也罢，资本方也罢，平台也罢，哪一方在商业活动中的利益分享中都有份，但唯独没有“上帝”的份。

商人很重要，因为商人发现了商机，并且通过劳动把产品转化为商品，所以商人的劳动理当获得回报。资本很重要，没有资本就无法提供商业活动必不可少的资金，所以资本应当参与商业利润分配。平台很重要，因为平台发挥了聚集顾客的功能，所以平台也顺理成章地参与了商业利润分配。

但如果没有顾客，再好的商人、再多的资本和再大的平台，恐怕都会变成难为无米之炊的“巧妇”。这个“米”就是消费。现在的问题是，“巧妇”（商人）做出了饭，到得了奖励，连“巧妇”的“家长”（资本）和“厨房”（平台）都跟着沾了光，但提供“米”的农人（顾客）却没有得到丝毫褒奖，这岂非十足的商业悖论？

过去经济学家解释这个问题，是认为顾客获得了所需要的商品，并将这视为顾客（消费者）获得的利益。这个解释放在过去绝对没毛病，但现在看来就值得商榷了。

在短缺经济时代，商品只要生产出来，理论上就能卖出去。商人最初存在的价值，就是突破空间限制，使商品与需要商品的人实现跨空间对接。

这段空间距离是商人花了时间，进行了劳动才消除的。商人的劳动既有体力劳动——运输，这属于体力活，又有脑力劳动——发现哪里有需求，这属于技术活，一旦搞错了，把瓷器运到类似于今天瓷都景德镇这样的地方去，那就等着倒霉吧，赔本都不见得有人买。

既然商人干了商品生产者或顾客自己该干的活，费时费力地把商品运到顾客面前，那人家总是要挣钱的。这钱该从哪儿出呢？无非两个地方，要么商品生产者出，要么顾客出，除此以外没别的地儿。

问题是，在生产力低下的时代，市场供需矛盾表现为供不应求，作为商品生产者的手艺人基本上属于大熊猫一般的存在，人家牛着呢，凭什么出这个钱？这和今天许多奢侈品从不降价是一个道理，这是卖方市场的基本特点。

既然商品生产者不出血，那利润就只好从商品需要者那里产生。这就是“羊毛出在羊身上”，商人挣的钱出在消费者身上。这个道理也好讲，就像谈恋爱一样，谁主动谁就得多付出。

在卖方市场中，买方处于弱势地位，付出点儿代价是应该的。因此在短缺经济带来的卖方市场中，顾客花超过商品本身价值的钱购买商品很正常，符合市场经济原理。这种短缺经济的状况大概直到20世纪才得以基本改变。

随着人类生产力的巨大进步，今天的商品已经极大丰富，甚至在许多领域出现了全球性的产能过剩，再让买方支付高额的差价，是不是太过分了？假设有一天中国突然出现男女比例倒置，女性数量是男性的两倍，请问相亲时女方还能理直气壮地问男方是否有房有车吗？估计届时这种问题该男方来问了吧。当然，不管什么时候，把婚姻和金钱捆绑都是陋习，不可取。

今天，已经有一些产品生产商采取向渠道返利的模式来提高销售环节的积极性，避免经销商向最终用户过度取利。这反映生产商和经销商都认识到一个问题，即在用户选择性很强的买方市场，不应当再让最终用户承担全部的销售环节成本和利润。

但将经销商的成本和利润全部推给产品生产企业有一个问题，即有可能加重生产企业的负担，最终导致生产商退出生产领域。这种情况属于杀鸡取卵，将使经济陷入停滞乃至衰退，最终传递到消费者一端。只有经济蓬勃发展，每个社会成员才会获得最大利益。

在商品丰富度很高的买方市场，不管是由生产厂商还是最终用户承担销售环节的成本和利润都是不科学的，前者将导致经济整体恶化，或者换汤不换药地由生产环节代经销商加价，后者则是更不合理的逻辑。羊毛到底出在谁身上，这似乎是个无解的困局。

如果消灭经销环节，所有商品全部采取真正的直销，即直接由生产企业卖给最终用户，中间跨过经销商，则不需要产生经销的利润，这应该是人类最终的目标和方向。不需要“羊毛”了，自然也就没有羊毛出在谁身上的烦恼。

互联网就试图解决这个问题，即消灭中间环节，实现生产端与用户的无缝对接。但前面早已论证，电商去中间环节不过是一个美丽的谎言。电商自身就是一个最大的中间环节，而且这个环节赚取的利润并不少。

其实现阶段去中间环节是个伪命题，因为中间环节存在的价值不仅是对接商品和用户，还包括市场推广，以及在商品销售出去之前向生产者一次性提供再生产所需的资金。

如果没有销售商一次性提供购买资金，生产者将自己负担资金成本，那么只能等商品卖出收回资金后才能继续生产。这将打断工业生产的连续性，不符合大工业的要求。

使用银行贷款来保证资金不断，从而满足生产的连续性很不现实，这将导致生产企业的资金成本攀升和风险过高。因此，生产厂商都希望能够甩开中间商直接面对顾客，但基本上除了极个别厂家之外，谁都不敢这么做，除非想自杀。

至于一些产品所谓的“直销”还是不提为好。那是直营而不是直销，他们的各级销售人员累计拿走的利润比正常分销只多不少。

因此，在人类找到新的办法前，专门的商品流通渠道的确还有存在的必要，而且这种必要性在相当长的时间内恐怕不会消亡，甚至不会减少。

这样看来，现行的模式无法给出一个经销成本和利润的合理出处。既然经销成本的承担和经销利润的产生机制是个两难选择，怎么做都有问题，那么能否在另一端做文章，即通过经销利润的最终分配机制变革，来解决公平合理问题?

现在，我们不妨脑洞开大一点儿，试试建立一个看似匪夷所思的商业关系，即让用户（顾客）成为企业的股东，看看问题能否得到解决。

第二节　如何破解零和游戏

传统的商业买卖关系是一种零和游戏，一方的获得基于另一方的失去。这就像赌博，一方赢就意味着必有一方输；反之亦然，绝不存在双方同时赢和双方同时输的情况。

而且最后一算账，赢家赢的数量必定等于输家输的数量，即赢家赢了 100 元钱，则输家必然输掉了 100 元钱。两人的钱相加，与赌博前一样，一分不会多，一分不会少。

自有商业以来，商人的利润与顾客的钱袋子之间就是一种“你死我活”、此消彼长的关系。要想顾客的钞票少“阵亡”一点儿，就得让商人少挣一点儿。

在充分发育的市场里，双方能够通过竞争和供求状况调节，最终实现动态平衡。因此，充分市场下商人的利润已经基本坐到地板上了（个别占据市场垄断地位的企业除外），进一步降低利润率的空间也已不大。

这种情况下，过分降价会给商业造成严重打击，使商业出现衰退。商业受到打击出现衰退，必定会抑制市场繁荣，影响市场机制作用的发挥，最终减弱经济活力。

商业流通成本和利润必须顾客负担，而商品价格又如同经过洗衣机甩干的床单，看着有水分，想拧还拧不出多少，看起来顾客要想少花钱，似乎只能“剁手”，降低消费水准。

但这更行不通。首先，人的消费是刚性的，“由俭入奢易，由奢入俭难”，消费水平上去就下不来。其次，现代经济学表明，消费是拉动经济发展不可替代的手段，人类社会越花钱才会越有钱，降低消费水准无疑是“委屈了自己，连累了社会”。

因此，用户要省钱，又不能少消费，商人还不能挣太少，三个条件必须同时满足，这个问题比老婆当着妈妈的面问你“我和你妈同时掉河里了先救谁”还难，真的很烧脑，智商 180 以下的请绕道，免得白死脑细胞。

实事求是地说，从全球商业活动的总体角度看，谁也没法打破零和游戏的魔咒。总体上看，全世界商业活动的成本和利润，一定是全体消费者贡献的，这点到什么时候都不能改变。就像能量守恒一样，金钱在一定时期内也是守恒的，商品和服务提供方的金钱总量增加，永恒等于商品和服务需求方的金钱总消耗。

但从局部范围看，理论上每一笔商业交易都可以打破零和游戏。如果用户能够提供其他价值，那么商品或服务的成本与利润的确可以从别的地方产生，而不是从用户身上直接产生，最起码用户可以少承担一部分。

前面我曾讲到，十余年前，我在北京大学高级工商管理硕士毕业论文里提到过一个观点：当某一商品上负载的信息足够大的时候，其价格可以为零，即用户只要阅读接受了商品上的信息，就可以不花钱获得这件商品。

当然，大多数时候，一件商品身上负载的信息量有限，往往不可能抵消掉该商品的全部价格，但抵消掉部分，让用户少花钱，而并不减少商家的收入，是完全可以做到的。

细心的读者可能已经发现了一个问题：这种让用户少花钱甚至不花钱的方法，本质上就是让用户阅读接受信息（通常是广告），从而以广告收入抵消一部分或全部商品价格，这和互联网“羊毛出在狗身上”的论调有什么不同？还不都是一样吗？

还真不完全一样。一样的是二者的实质，即用户提供别的价值，卖给第三方后抵消用户购买商品或服务本应支付的对价。不一样的是二者的具体做法不同，所带来的用户成本不同。

互联网“羊毛出在狗身上”玩的是流量和数据，为了获得更多的用户流量，互联网企业会使用一切手段把用户留在自己的网站或 APP 上，甚至不惜采取见不得光的手段，拼命榨取用户的时间。例如，电商平台故意不对商品搜索结果进行排序等。

而前面早已证明，用户的时间是有成本的。互联网企业免掉了“上网费”（准确说是“网站浏览费”，付给电信公司的宽带费、手机流量费可没人替你出），但却让用户付出了更多的时间，对于自由时间本来就不多的人而言，其实是得不偿失的。

例如，早晨挤公交车如同冲锋陷阵的上班族，车厢再挤都得上，不就是为了省点儿时间，免得被扣工资吗？时间与其被互联网公司故意消耗掉，不如拿来干点儿有意义的事，再不济追追剧或者睡睡觉也好。人生苦短，哪有时间被他们浪费？

还有网民的用户数据，那也是“狗”身上的“羊毛”之一，更不该被盗取和滥用。用户数据被盗取和滥用的不良后果，前面早已反复证明，在此不再赘述。

而通过用户获取商品上负载的信息（广告）来抵消商品价格，虽然也需要用户花费一定时间，但由于信息（广告）与商品直接关联，用户只需要付出阅读或观看广告的时间，额外付出的时间成本做到了最小化，相对更加合理。还有很重要的一点是：这种方式不会出现用户信息被盗取滥用。

实际上，互联网所谓的“羊毛出在狗身上，猪买单”模式从来就不是一种主动的商业变革，而是被动形成的自然结果。20世纪90年代，当初代的互联网商业公司出现后，它们都曾试图开展对用户的收费模式，以实现盈利目的。

由于最初的互联网内容提供者都是一些热心的个人爱好者，他们以促进互联网繁荣，从而为自己提供方便为目的，本着“人人为我，我为人人”的精神提供免费服务。因此，互联网一开始就是免费的。

这导致初代互联网商业公司的收费努力无一例外地遭遇挫败，被迫无奈地放弃了收费模式。2000年到2003年，QQ就曾尝试过收费模式，最后遭遇“滑铁卢”，不得不在2003年6月痛下决心回归免费道路。

由于互联网商业公司走上“免费”之路实属无奈，所谓的“免费”一直奉行最小化原则，即能不免费的就一定不免费，能多收的钱就一定不少收。例如，许多网站可以免费注册用户，但普通用户权限很低，所能浏览的板块和内容有限。

网民都知道，原创小说和新出版的书，用户只能免费阅读一小部分，后面的内容则变成“VIP章节”，读者在欲罢不能时只能交费了事。至于影视剧，网上免费的已经越来越少，大多数好看的电影和电视剧都标注了“VIP”字样，非付费用户根本看不了。

过去网上知识产权保护乏力的年代，网络书籍和影视剧基本都是免费，而现在需要交版权费了，立刻取消免费模式，这正是“最小化免费”原则的具体表现。

还有，电商自出现那天起，何曾有过“免费”的电商模式？他们甚至从未主动研究过如何通过增加其他方面的收入（如广告）来减少用户的成本。对于流量增加以后的广告收入、数据变现收入，对不起，统统归电商所有，一分钱也不会回归到用户身上。

至于用户感觉到电商比线下省钱，主要是两个原因，一是电商省掉了店铺的费用和部分中间商环节（这是互联网的天然优势），二是一些电商卖的产品本身就廉价。电商把本来就不值钱的商品卖得便宜，那不是本事，就像萝卜不可能卖出人参价一样。如果能通过一种模式，把人参卖成萝卜价，这才是商业模式创新。

当然，电商也会搞一些活动，打折或部分商品抢购，让用户尝到一点儿甜头。但那是传统的商业促销手段，并非电商的发明，没什么好吹嘘的。而且，买的没有卖的精，最后羊毛还是出在羊身上，商家的这些促销手段都会在日后找补回来的，只不过是什么时候找补回来、在谁身上找补回来而已。

其实，电商是可以想到办法，通过商业联动，增加其他方面的收入，来减少用户成本，从而在不减少甚至提高利润的基础上让用户得到更多实惠的。如果这样做，才会真正实现双赢。这才是真正的商业模式创新，这才是商道的实质。

但很遗憾，时至今日，没有一家电商尝试进行过这样的模式创新。他们成天冥思苦想的，不过是各种唬人的噱头和华丽的花枪，骨子里考虑的还是如何从用户身上多赚点儿钱。

许多电商现在不盈利，那是因为他们根本就没有盈利的能力——没办法，挣钱的速度赶不上烧钱的速度。有的企业其实只要少烧点儿钱就能盈利。例如，前两年某东的老板就说过，他们分分秒秒就能实现盈利。

虽然有些电商老板的话当不得真，但上面这话绝对是真的。只不过人家没有说后面的话——他们觉得自己的江湖地位还有待提高，还得接着大规模烧钱。

一句话，不盈利的电商不是因为没从咱们网民身上挣钱，他们可没少挣，只是花得更多，入不敷出而已。这些企业一旦如愿以偿走上了江湖霸主地位，在人生寂寞如雪的金字塔尖，他们绝对不会想着反哺网民的。

他们甚至不会再继续花钱为一些商品做补贴，因为他们的市场优势地位已然形成，凭什么还要补贴呢？谁见过给钓起来的鱼再喂鱼饵的？

除了通过商品上负载的广告信息抵消用户购买成本，还有一个让用户少花钱的办法，即通过该用户向外扩散商品或电商企业的信息，进行广告的二次传播。这不会直接产生弥补用户购买成本的其他收入，却会减少企业的广告宣传支出。在同等销售规模下，减少费用支出就等于增加收入，可以拿这部分减少的支出来抵减用户的价款。

例如，用户购买某商品，价格是 100 元。但由于该用户把这件商品或者该电商平台的信息（如用户口碑）主动告诉给周围的 10 个朋友，假设企业做广告覆盖一个用户的成本是 1 元钱，则相当于替电商省了 10 元钱。因此，电商平台可以把该用户的购买成本降到 90 元钱，购买时直接减价或购买后返款均可。

注意，这种通过用户进行广告二次传播来抵减购买成本的模式，与目前网站拉新（指网站拉新用户）、拼团模式和社交电商（新微商）的拉下线模式都有本质的不同，倒是与拼多多的帮忙砍价机制有几分相似。

网站拉新也对帮忙拉新的用户给予现金或其他利益的奖励，但这种模式往往在网站发展用户的阶段使用，对于许多网站而言并非常态化。有些网站把鼓励用户传播作为常态化手段，但其做法通常是通过用户分享网站链接，来提升用户等级，属于用户“做任务”的性质。

一般来说，网站的用户拉新与商品购买行为不发生关联，用户帮忙拉新图的是挣钱，而不是节省购买成本。因此，其奖励的出发点和机制不同，并不会刺激用户购买行为。还有很关键的一点，用户拉新属于“一锤子买卖”“一手交钱一手交人”，用户拿钱走人，该干吗干吗，对用户黏度不会产生任何影响。

拼团模式需要发起者找到潜在客户加入团购，本质上属于薄利多销。大约在 2015 年的一天，一条消息刷爆了朋友圈：有人发起了智利车厘子团购。小伙伴们都知道，所谓的车厘子，其实就是樱桃的英文 cherry 的音译，但一叫“车厘子”后，立刻与本土的“土鳖”堂兄弟们区别开来，其洋水果的“高贵身份”一望而知，有一种天生血统优越的感觉。

反正不管叫什么吧，中国水果的国外堂弟车厘子就是一个字：贵。

最开始，团购只是预定，价格是按照可能实现的总购买量保守估计的，发起者预估可以拼到 1000 斤的量，算算直接进口 1000 斤的话大约每斤价格在 60 元左右，那么预定时大家看到的团购价就先定在 60 元。如果团购的数量超过 1000 斤，再根据成本变化随时对价格进行动态调整。

此次车厘子团购一经发起，短短几天内应者云集，数量飞速突破了1万斤、10万斤……与此同时，网友们发现团购价不断大幅度下降，50元、40元、30元……由此引发了很多人跟进，最终团购订单突破了100万斤。

2015年的那次朋友圈智利车厘子团购绝对是一次成功的营销案例，从此以进口车厘子为代表的水果等生鲜团购迅速兴起，搞得那叫一个风生水起。若是谁的朋友圈里没有出现过生鲜团购，别人都会怀疑你是否遇到了假朋友圈。

在多年前中国的“百团大战”留下一地鸡毛后，这多多少少替当初的创业者和投资人挽回了一点儿颜面，至少证明团购这件事并非全然是创业者和投资人的一厢情愿。

但当初一哄而上的各种团购网并未就此满血复活，这似乎说明经过实践和血的教训，互联网创业者们意识到，团购最适合的对象不是工业产品，而是大众需求量最大，并且没有品牌、款式等个性化要求的生鲜产品。

毕竟，找出对某个工业品感兴趣的大量客户不是件容易的事，那需要太多的成本、时间甚至是运气。因此，团购网站只有伫立在风中，无助地想着顾客。而生鲜品就没有这些烦恼，顾客一般只看产地，并且吃货众多，容易成团。因此，对于生鲜品，只要价格好，拼团少不了。

拼团模式自古有之，过去农村集贸市场上卖菜的老太太都会。集贸市场过去又叫自由市场，顾客与小贩可以讨价还价。如果几番讨价后顾客仍然嫌贵，卖菜的小贩一般会立即讲：你如果能多买点儿，我可以再便宜些。

我小时候就曾见过一个顾客买水果，价格没谈拢，但可能是那家的水果的确不错，顾客没有掉头而去，而是耐心等待着新的顾客上门。

当新顾客来到后，头一位顾客立即上前，说服了几个顾客一起团购，成功地把价格压了下来，最后皆大欢喜。

这是我人生中第一次学到的商业课，鲜活又易懂，对我影响很大。由此，我深切体会到什么是“纸上得来终觉浅”，懂得了为什么智者强调读万卷书还要行万里路。因此，我从不唯书本论，更不人云亦云，特别是长大后发现很多书上的东西太过片面，或者是想当然的东西，全然站不住脚。

甚至于一些粗制滥造的历史书籍和文章，写的都是些捕风捉影的事，所引用的事例连最基本的出处都找不到，更别说考据了。与其说它们讲的是历史，莫不如说是故事会。

但这些书籍和文章，特别是现在自媒体上的东西，又往往博人眼球。因此，传播很广，对于普罗大众影响很深，其害匪浅。每念及此，我都禁不住为中国文化的堕落现象而泪下。借此，作者呼吁广大读者，再看到自媒体发表的历史文章，希望大家上网多搜一搜，以明辨真伪历史，否则自己讲出去闹笑话是小事，但如影响了三观，可就害人害己了。

从上面的几个事例可以看出，团购模式源自古老的“薄利多销”思想，但多少利润算是“薄利”，却是个相对的概念，并无一定的标准。例如，相对于 30% 以上的毛利，降到 20% 在商家眼里就算是“薄利”。

薄利多销讲的是“快销”，对于商家的好处是提高了资金周转率，但没有其他收益来弥补商家的损失。因此，商家没有进一步降价的动力。当然，滞销品例外，那是商家真正可以跳楼挥泪大甩卖的唯一可能。

至于社交电商（新微商）的发展下线模式，本质上与拉人头模式没有什么两样，只不过被限定在两个层级，而不是无限层级。这是因为中国对于传销的打击力度很大，而中国官方认定的传销基本特征之一，就是三层以上多层级。

事实上，判断是否传销与层级数量并无直接关系。按照百度百科“金字塔销售计划”词条的界定，传销的基本特征有三条：(1) 加入者必须交纳权利金；(2) 加入者必须认购相当数量的货品而且不准退货；(3) 加入者必须认购相当数量的货品，并准许退货，但犹豫期非常短暂。简单一句话，传销的基本特征就是加入者是否需要掏钱。

但这种判断其实还是太简单粗暴了。如果加入者购买一定数量的商品，但购买的商品价格未超出公允价，且购买的商品数量并未明显超出自用的范围，那么我们可以据此认定，参加者获得的现金奖励，不是来源于从层层发展的下家身上骗的钱，而是正常的商业利润在参与者之间的分配。这样的商业模式，绝对有其可取之处，将之粗暴地界定为传销而加以打击是有问题的，这不符合社会发展需要，也不符合维护消费者利益的初衷。

实际上，判断是否传销的标准就一条：各层级的收入来源。如果某个参加者的收入或者奖励，来自其下线（包括间接下线）消费产生的正常利润，则这种模式是合理的，是符合商业道德的，这就不属于传销，应当允许自由发展。反之，如果参与者的收入来源于从下线（包括间接下线）骗取的钱财，或榨取的过度利润（指超出正常商业利润以外的暴利），则可视为不当获利，属于传销，应予打击。

简单来说，就是收入来源是否有正常、合理的商业行为做支撑。但问题的难点也就是这四个字：正常、合理，即依托的商业行为是否正常、合理，产生的收入是否正常、合理。

但什么是正常、合理，不同的人、不同的场景有不同的答案。在我眼里，如今的买方市场下，通常生产环节和流通环节（含各级流通环节）的毛利率超过 30% 即不太仁义，超过 50% 则绝对不合理。

因为我是站在消费者的立场考虑的，商人们的标准应该不会与我一致。当然，我说通常毛利不应当超过50%，但有个别情况可以除外。例如，物以稀为贵的时候，或者产品的研发投入很大，技术含量很高的产品，甚至是品牌价值很高的奢侈品，都可以突破我认为的毛利50%上限标准。

正是由于“正常、合理”是个定性的主观判断，而非定量的客观标准，中国的监管机构才只能以加入者是否要交入门费、是否超过三层（含三层）层级等比较容易判断，但并不科学的标准或特征来认定是否传销。

但在社交电商的实际操作中，如果将入门费变为购买商品（或被社交电商们称为“新人礼包”）的费用，一般监管机构反而无从界定。实际上，一些社交电商的所谓“新人礼包”价格虚高，根本就不值那么些钱。有的社交电商甚至以“新人培训费”的名义变相收取入门费，也能打擦边球逃过监管。

但即便没有被认定为传销而遭到打击，一些微商或社交电商的模式仍然存在商业道德风险。由于微商或社交电商设置了层级制，各级微商（社交电商称为“店主”、总监）层层抽成分利，绝大多数情况下微商或社交电商的销售毛利很高，一般不会低于40%，否则各级微商或“店主”、总监们没有做这个项目（他们称加入一个微商或社交电商团队为“做项目”）的动力。

只有一种情况例外，那就是对于像“戴森”小电器、澳大利亚“惠氏”奶粉这样的热销品牌产品，可以降低各级分润比例。原因有三,一是这样的品牌产品根本不愁销路，而且价格较为透明，自然销售利润空间较小。二是卖这样的爆款产品，能树立平台的光辉形象，有利于带动其他商品销售。三是这类商品销售量很大，“单件利不够，就靠数量凑”，还是值得做的。

大多数情况下，微商或社交电商喜欢卖特殊商品，如生鲜等非标准化商品，以及像安利这样不进入其他流通渠道的商品，这类商品只在微商、社交电商等专门渠道销售，价格没有可比较性，这样就能保证有足够的利润空间供各层级分成，同时又不会因价格高于市场价而无法销售。时代不同了，没有不透风的墙，吃价格不透明的差价几乎没可能。

其实判断商业模式是否道德的标准说复杂却不复杂，说简单也没那么简单。标准就一个，即商品定价在正常情况下是否能被大多数用户接受。如果某商品在某种价格上能够有竞争力，大多数顾客愿意购买，而不是看在做微商的朋友面子上，或者被微商的三寸不烂之舌忽悠上当（包括但不限于鼓吹买了以后能挣钱），那么就不存在商业不道德问题。反之，就是有问题的。

许多微商和社交电商不喜欢卖各种渠道都能买到的品牌产品，就是因为他们面临两难局面——价格贵了用户不买，价格有竞争力的话利润空间又太小，各层级没有积极性。毕竟普通品牌产品销售量有限，无法靠数量保证足够的利润总量。

正常情况下，一个普通的社交电商，特别是微商卖价格很诱人的品牌商品，这些品牌商品哪儿都能买到，而且既不是滞销品，又不是卖疯了的爆品，就是普普通通的正常品牌商品，那么请小心了，您遭遇是“西贝货”的可能性不小。

网站拉新、拼团模式和社交电商（新微商）的拉下线模式有一个共同点，即给予用户好处的前提是必须带来新的用户。无论用户向其他人进行了多少宣传，如果没有带来新的用户（没有拉到新、没有发展出下线），或者没有组团成功，一切好处都落不到实处，即用户的努力有可能得不到奖励。换句话说，用户得到好处的门槛比较高。

而用户通过宣传扩散来抵减购买成本的模式则不同，它不需要考核最终的扩散效果，只需要用户简简单单地把信息扩散出去。到目前为止，广告通常是不考核用户转化成效的。既然如此，那么这种模式对用户的奖励其实也就没必要强调结果。当然，如果产生了新增注册或消费转化，那么给予扩散信息者的奖励还可以更多（抵消更多购买成本）。

以上两种抵减用户购买成本的方式，即商品负载一定的广告信息和以用户为媒介进行二次信息扩散，其应用都有一定的局限性，并不是破解商业零和游戏的终极办法。带有普适性的终极办法只有一个，就是把所有顾客都变成股东。

把所有顾客变成股东，绝非是让顾客都来买公司的股票，这是一个十分荒谬的想法，完全没有实现的可能。不是所有顾客都愿意花钱持有某一公司的股票，乔布斯（苹果公司创始人，已故掌门人）做不到，索贝斯（亚马逊公司创始人兼掌门人）做不到，扎克伯格（脸书创始人兼掌门人）也做不到，世界上没有哪个公司能做到。

同时，鼓动顾客购买公司股票，极易演变成著名的庞氏骗局，成为居心叵测之辈洗劫民众财富的工具。几年前，本名宋某的黑龙江五常市五常镇居民、前深圳某小饭馆老板，化名张某，自封为“神童”“天才”“网络精英”“未来世界首富”，纠结一帮人拼凑了一个号称“国家安排的”所谓“云数贸国际联盟网”，以“销售原始股+传销”为基本手段，骗取了大量钱财。直至 2017 年 6 月 3 日，宋某在印度尼西亚雅加达被抓捕归案。

与其他骗子通用的套路一样，宋某的行骗始于“编故事”。他先是编造了“9 岁大学毕业、12 岁破译银行密码、14 岁被特招入伍在北海舰队海军陆战队服役”等离奇故事，以证明其“神童”“天才”之名，然后谎称其退役后由国家“安排运作‘云数贸’项目”，以证明其项目的合法性和前景，为其“未来世界首富”的头衔做注脚。

历史上骗子们编的“故事”各不相同，但都有两个共同点：第一是真敢吹，只有想不到的，没有不敢吹的，基本上天老大、地老二、他老三。第二是所说的话没有一句有谱，甚至连一点儿影子都没有。例如，宋某不仅各种“经历”是假的，甚至连对外示人的名字都是假的。

这些都不算什么，在这场闹剧里，最“神奇”的地方是当骗局被中央电视台等有关媒体曝光后，居然还能继续行骗下去，这不能不说是宋某的特殊“本事”。一般来说，骗子都很无耻，要不当不了骗子，但宋某的无耻达到了前无古人的地步，其他无耻之徒与之相比简直就是个渣。

当骗局被戳穿，骗子身份大白于天下时，三流骗子只能跑路，以免被愤怒的民众撕成碎片；二流骗子暂时偃旗息鼓，待时间冲淡了人们的记忆后，再重操旧业；一流骗子不动声色地玩一出“金蝉脱壳”，换个地方接着骗。但这些与这位“未来世界首富”相比都弱爆了。

宋某绝对是超一流骗子，更是内心强大到无敌的骗子。在主流媒体相继曝光“云数贸”骗局后，面对有可能出现的各种质疑（包括内部和外部），他十分淡定地表示：那是国家的新闻媒体在变相宣传“云数贸”，是国家的“宏观调控”策略，是配合“云数贸”整体计划的行动之一。

在此等局面下，若是其他人，这么说估计连自己都会臊得慌，宋某却表现得那么理所当然，没准连他自己都差点儿信以为真了。

宋某的故事就讲到这里。他的结局是被法院判处有期徒刑 12 年，实属罪有应得。这正应了那句话：正义可能会迟到，但永远不会缺席。如果被他洗脑而惨遭财产损失的人此时尚不迷途知返，仍然相信这么一个骗子，那么你们不是可怜之人，而是可恨之人。

既然让所有用户都来购买公司的股票是荒谬和危险的，那么将全体用户都变成公司的股东岂不成了不切实际的空想？肯定不是。但我们需要换个思路，换一条路径。

世界上，合法得到某个物品或者权利的方式有两种：有偿（包括购买、交换）和无偿（包括赠送、继承、赔偿和劳动所得）。坑蒙拐骗偷抢属于非法，不在此列。

有偿的路径走不通，那么咱们试试无偿方式，即向用户无偿赠送公司股权（股票），使用户不需要支付股价而自动成为公司股东，分享公司发展的红利。

显而易见，这样做的好处有很多，估计稍有些头脑的人就能明了，无须论述。但我还是要特别强调一点：这样做能够打破商业的零和游戏，实现买卖双方在经济上的共赢。但问题是，这样做现实吗？

估计所有乍听此言的人，第一个反应都是认为作者大白天说梦话，要不就是包藏祸心。毕竟世上没有无缘无故的爱，更没有无缘无故的好处。一般来说，无事献殷勤，非奸即盗。这年头，天上掉馅饼的事还是不要信为好。

企业家们更会怀疑作者的目的。人家办企业做生意就是为了赚顾客的钱，谁会白给用户股票？与其这样，还不如不挣顾客的钱，直接降价的好。

对于以上疑问，请容我一一回答。前面已经说明，在现今买方市场条件下，再让用户承担流通环节的成本和利润是不合适的。但让产品（包括服务类产品）生产／提供商承担也不现实，因为在有效竞争的市场上，产品生产／提供端的利润已经降到合理水平（个别产品除外，但其定价同样符合市场经济规律），基本上没有承担流通环节成本和利润的空间。

所以，回过头来，只要专门的商业流通环节存在，维持这个环节运行的成本和刺激其发展的利润还是需要消费者出。那么，抛开前文所说的两种减少用户购买成本的办法，剩下唯一能够补偿用户成本的思路，就是商业流通环节的利润从用户那里“先收后返”。

如果是简单的价款“先收后返”，那么还真是多此一举，还不如直接降价来得实在。指望“以时间换空间”，把要返还用户的钱使用一段时间，从而挣出钱来弥补商人的收益，是很不靠谱的。想要高收益吧，风险太高；想要稳当吧，收益太低，不足以弥补。但如果是以股东红利的方式返还用户，则完全不一样，成了真正打破零和游戏，实现双赢的有效途径。

如果企业将股权／股票无偿赠送给用户，将用户转变成股东，那么用户购买成本中的一部分就会变成利润分红再回到用户手中，相当于变相降低了用户的购买成本，这是对用户的第一个好处。用户的第二个好处是作为股东，还可以分享公司的一部分资产和市值，这是企业发展产生的额外红利。

举例说明，用户张女士从 A 公司购买了 B 企业的产品，价格是 100 元，其中产品出厂价是 70 元，经销成本是 10 元。由于 80 元是 A 公司销售该商品的刚性支出，因此销售利润只有 20 元。

该商品刚上市时卖 120 元，现在 100 元的价格已经是市场竞争的结果，几年内几乎不可能进一步降价了，除非这款产品的生命周期结束，进行尾货处理。因此，如果张女士不打算等到成为落伍产品才消费，而是趁目前时髦时及时购买享用，那么她就得承担商家 20 元的利润。

张女士在 A 公司一年内共购买了 50 件商品，每个都是一样的价格和利润，一年中总共为 A 公司贡献了 1000 元利润。假设 A 公司有 1000 万用户，每个用户的情况与张女士一样，则 A 公司年利润共计 100 亿元。

如果 A 公司将 50% 的股份赠送给了全体用户，假设每个用户的股份相同。到年底，公司决定拿出 50% 的利润分红，另外 50% 利润留作发展用。则张女士可分红 250 元钱，相当于平均每件商品，张女士只花了 95 元钱，省了 5 元。

同时，张女士在 A 公司还有 250 元的权益（未分配利润）。并且，A 公司上市了，目前市盈率为 40 倍，按照其年利润 100 亿元计算，市值 4000 亿元（市值 = 利润 × 市盈率）。因此，张女士免费得到的 A 公司股票价值 2 万元。后来公司增发股票融了一笔资金（增发 10%），张女士的股票被稀释了 10%，剩下了 18000 元。

更重要的是，5 年下来，A 公司共积累了 250 亿元现金（每年 50 亿元未分配利润），加上增发股票融回来的 400 亿元现金，全部投入了企业发展。这笔钱，A 公司用 150 亿元研究开发了一批新产品，500 亿元作为流动资金委托工厂加工生产，每年销售 1000 亿元，新增利润 100 亿元（利润 10%）。这样，张女士每年可多分红 250 元（分配比例仍为 50%），并且公司的市值上涨了 1 倍，其股票价值变成了 36000 元。

理论上，由于 A 公司每年的发展资金呈递增趋势，张女士的权益随时间推移还在增长，每年的分红和公司股票价值还在继续增加。这样看来，张女士通过 A 公司的全体用户股权奖励计划得到了很大好处，甚至远比购买商品时直接减价 10 元合算。

再看看企业通过向全体用户赠送股票，到底是亏还是赚。如果企业也赚了，这就是双赢。

由于市场竞争十分激烈，A 公司的用户和销售情况都不甚理想。假设原先没有实施全体用户股权奖励计划，并且单品利润保持在 20 元时，A 公司的用户只有 300 万人，平均每个用户每年只购买 15 件商品，公司年利润只有 9 亿元。

对此，公司董事会决定采取办法，以价格优势来提高市场竞争力。由于刚性成本无法降低，商品降价的唯一办法是减少利润（这就是传统竞争策略）。

为了使商品价格有明显优势，决定要干就得力度大点儿，干脆利润减半。为了成功，有时就得对自己狠点儿。

A 公司将商品单价全部降到 90 元后，如愿以偿地冲上了一个新高度——用户达到了 800 万，ARPU(Average Revenue Per User，每位用户平均收入）值涨到了 3600 元，每位用户每年贡献利润 400 元，每年的总利润达到了 32 亿元。

与实施了全体用户股权奖励计划后的情况相比，即便后者的利润有一半返还给了用户，但归属原股东的收益仍然比单纯的降价多出 18 亿元。

即便我们假设直接降价带来的用户增长和 ARPU 提高，与全体用户股权奖励计划实施后的情况一致（现实中是绝不可能的），那么二者属于原股东的利润也是一样的。即实施全体用户股权奖励计划并未影响原股东利润，但归属原股东的股票价值却增加了最少 700 亿元，而且用户的忠诚度显著提升，原股东绝对有赚无赔。

这样看来，向全体用户赠送公司股票，的确破解了商业的零和游戏困局。这种双赢的模式，即便头脑不是很灵光的人都不应当拒绝，当然，和钱有仇的人除外。

如今的经济活动中，免费赠送公司股权的事例是存在的，并且不是个案，而是较为普遍的现象。为了将个人利益与公司利益绑定起来，许多公司都制订了针对核心员工的股权奖励计划，一些企业甚至实行了全员持股。

2019 年 7 月 22 日，小米公司为庆祝首次进入世界 500 强榜单，决定向在职的全体员工每人赠送 1000 股限制性股票（限制性主要体现在两个方面：获得条件和出售条件。通常是指出售限制，即禁售期结束后方可在二级市场自由出售）。据悉，小米公司此次赠股，共涉及在职员工 20538 人。

2018年6月25日，格力电器董事长董明珠宣称，要在退休前让格力电器的9万名员工人人持有格力股票。董明珠甚至说：（格力员工）一人拿100万（价值的股票），就是900亿元，按现市值算可占比30%。董明珠不愧是董明珠，一张口就是每名员工拿100万，绝对够豪气。

对于企业的员工持股计划，估计现在已经没有人当作新鲜事，但为什么对于全体用户免费持股就觉得不可思议了呢？有的时候，人就是这么莫名其妙，对于看似合理的假话深信不疑，却对“离经叛道”的真相嗤之以鼻。

在我老家四川，对于那些脑子转不过弯的人有个形象的比喻：“打酱油的钱买不得醋。”现实生活中，估计只要生活能够自理的人都不会真正犯这样的错误，打酱油的钱还是知道可以买醋的，但不明白奖励给员工的股权也可以免费赠送给用户的人，却绝不在少数。

这源自于心理学中“沉锚效应”的作用，也就是通常所说的“惯性思维”的局限。我相信，当第一个员工持股计划被提出来的时候，也一定公让很多人吃惊。

请所有认为“全体用户股权赠送计划”是天方夜谭的人思考两个问题：对于一个企业而言，是员工重要还是用户重要？是员工的贡献大还是用户的贡献大？

对于第一个问题，相信绝大多数人都会回答用户比员工重要，最起码嘴上会这么讲。对于第二个问题，估计分歧就比较大了。有人一定认为，员工对于企业的贡献更大，毕竟替企业挣钱的是员工而不是用户，用户甚至不希望企业挣钱。

客观来看，少部分企业员工的确比用户的贡献大，特别是出色的职业经理人和技术带头人。但按照“二八原理”，每个企业中20%的核心员工创造了80%的价值，剩下的80%普通员工，其贡献和价值可能还真比不上一般用户。

不管是工人还是农民生产出来的东西，一开始只能称之为“产品”，如果进行销售，就可以称为“商品”。但只有真正卖出去的产品才能成为商品，其劳动产生的价值才能得以实现，否则产品价值只能永远停留在会计报表的“库存产品”一栏里。

2019 年 5 月 11 日，英国《每日邮报》报道，法国亚马逊和英国亚马逊销毁了数以百万计的全新物品，包括电视、书籍和无法出售的尿布。据英法记者卧底调查，仅仅在英国和法国的亚马逊，一年就有最少 300 万件全新商品被销毁。

受访的亚马逊供应商表示：“超过半年或者一年时间，货品还没卖出的话，亚马逊会收取长期仓储费，这笔费用非常高，所以亚马逊要么就把货物丢了，要么就把它们运回去。”而产品运回的费用实在是太贵了，所以亚马逊常常直接将之销毁。

在受访的商人看来，与其销毁，不如捐赠给慈善机构。但作为全球最大的电商平台的亚马逊自有一套理论：如果消费者习惯于赠送，那么大家都等着“免费的午餐”，谁还会掏钱购买呢？因此，赠送的事情绝对不能做。

实事求是地讲，亚马逊的上述观点自有其道理。但目前世界上仍有大量需要救济的人，作为人类社会发展的最大受益者之一，亚马逊宁可将全新产品销毁也不捐赠，着实引起了众怒，搞得很是狼狈。三个月后，被民众口诛笔伐的亚马逊终于宣布：将让卖家把滞销品捐赠给慈善机构。

在生产力不发达的短缺经济年代，产品基本上不用考虑销路，只要生产出来就能卖出去。这时候，生产（供给）是推动经济发展的主要动力。只要产品被源源不断地生产出来，经济就能蒸蒸日上。

大英帝国的崛起，靠的是强大海军打出来的海权，但其世界霸权的确立，凭借的却是工业革命带来的世界工厂地位。

许多人都把英国击败西班牙“无敌舰队”视为英国海上霸权的开始，但实际上，击败“无敌舰队”的结果，只是让英国暂时消除了来自西班牙的入侵威胁。弗兰芒海战后，“无敌舰队”的根本尚在，英国尚无法在公海上与西班牙正面争锋。

1639 年，荷兰海军统帅马顿·特龙普（Maarten Tromp）率舰队追击西葡联合舰队至英国的唐斯（位于英吉利海峡），在英国家门口打败西葡联军，由此从西班牙手中夺过了海上霸权。纵观此战，交战双方跑到英国人家里大打出手，而海军上将彭宁顿（John Penington）指挥的英国舰队只能老老实实地在边上“观战”，却无力干预，实为英国海军的一大耻辱，这也证明了斯图亚特王朝早期的英国海军还无力硬扛西、荷。

直到三次英荷战争后，英国才正式成为大西洋上的霸主，确立了商业霸权，为 18 世纪的崛起奠定了坚实的基础。随着英国不断掌控海洋，特别是在七年战争中成为最大赢家，“日不落帝国”的版图逐渐形成。

战争结束后的第二年，英国率先开启了工业革命，并以 1785 年瓦特的新型蒸汽机（联协式蒸汽机）投入使用为标志，大大推动了机器的普及和发展，使英国一跃成为世界头号工业强国，拥有了“世界工厂”的称号。到 19 世纪中期，大英帝国的辉煌达到了顶峰，成为当时无可争议的头号霸主。

进入 20 世纪，科学技术突飞猛进，生产力水平极大提高，使人类在不到百年的时间内解决了供应不足的问题。

工业方面，随着流水线生产方式的普及和发展，特别是自动化生产技术和设备的大范围应用，生产效率成倍增长。20 世纪 30 年代开始的人工材料革命，使工业生产突破了材料的瓶颈制约，工业发展进入了快车道。随着信息技术在工业生产领域的广泛、深入应用，人类的制造水平达到了前所未有的高度。

时至今日，人类已经进入物质丰裕时代，生产已不再是制约经济发展的主因。今天，理论上各种工农业产品供应都能满足人们的需要，甚至全球性的产能过剩已经成为普遍现象，生产与需求这一对“老冤家”的矛盾关系已然发生主客易位。

产生于19世纪初的“萨依定律”(Say's Law) 认为，经济一般不会发生任何生产过剩的危机。定律的提出者法国人让·巴蒂斯特·萨依（Jean-Baptiste Say）坚信，在一个完全自由的市场经济中，“供给创造其自身的需求”，因而社会的总需求始终等于总供给。

按照萨依的理论，需求不足、生产过剩只是经济危机的表象，而不是原因。因此，当经济危机到来的时候，劳动力只要降低工资，就能实现充分就业，就会通过增加供给重新实现供需平衡，经济危机很快就会过去。

19世纪，生产力发展水平还是制约经济发展的主因，因而萨依定律看起来是正确的，资本主义社会的经济危机一般只限定在少数国家，而且通常几个月，最多十几个月就能过去。但1929—1933年的世界经济大危机却颠覆了传统的萨依定律，凯恩斯深刻地认识到有效需求不足是经济萧条的罪魁祸首。因此，他主张当私人消费需求不足时，需要政府通过扩大公共消费和公共投资进行干预，来增加有效需求，从而改善就业，促进经济的稳定和增长。

直到今天，凯恩斯主义（包括新凯恩斯主义）与新古典主义的交锋仍在继续，关于市场是否具有完整性、是否能实现自我调节，以及政府干预的必要性的争论仍不能结束。不管“有形的手”是否应当存在，但有效需求在经济稳定和发展中的决定性作用应该是确切不移的。

可以肯定，用户（包括个人用户和集体用户）的购买行为是劳动价值实现的最后也是最重要环节。离开了用户的购买，不能转化为商品的产品最终只能积压和销毁，包含在产品中的劳动价值终究无法实现。

因此，只有在生产力水平不高、生产成为制约经济发展的瓶颈的时代，员工对于企业的贡献才高于用户，而今天用户对于企业的贡献早已高于普通员工。

这样看来，既然企业向员工（哪怕是核心员工）赠送股票或股权是合理的，那么向用户赠送股票或股权也是顺理成章的。

所有商业模式的核心不外乎两个：一个是如何获得市场，另一个是如何实现盈利。至于提供什么样的产品，这是商业模式的前提，不同的产品获得市场和盈利的方式是不同的。而且很多时候，企业能够提供什么样的产品是受客观条件限制的，并没有过多的选择。

如何获得市场，关键在于得到用户的支持，而如何盈利，却需要与用户进行博弈，从用户那里得到更多的价值交换。用户给予的价值交换不一定是金钱，也有可能是可以转换成金钱的其他付出，如互联网上的流量。无论用户给出的是金钱还是其他价值，过去都全部归了企业。

如果不能破解商业的零和游戏，所有商业模式的两大核心——获得市场（用户）与实现盈利其实是相冲突的，无法达到一致和统一，致使所有的商业模式都存在着这样或那样的缺陷，这也是人类社会尚没有一个完美商业模式的根本原因。

将用户无偿转化为股东，可以在最大程度上调和用户（市场）与利润的矛盾。这不是一种商业模式，但它为找出完美商业模式提供了可能性。因此，它更接近于商道。

鲁迅的《故乡》里有一句名言："其实地上本没有路，走的人多了，也便成了路。"其实，很多时候大多数人乃至所有人都在走的路并不一定是好路，只不过是没有更好的路可走。

东方新航路开辟前，欧洲人到印度和中国，只能通过地中海航线，而当时强大的奥斯曼帝国扼守着东西方的交汇点，控制了东西方的商路。

因此，看似最短路径的地中海航线，却将东西方变成了两个隔绝的世界，在欧洲人眼里，同处东半球的中国和印度是那么的遥远和神秘。直到东方新航线开辟，西欧与东亚才真正实现了自由航行，并由此带来了地理大发现，打破了世界文明分散、孤立的点状发展格局，带来了全球一体化的曙光。

世上所有的路都只是一种可能，只要有人走通了，便成了新的路，就多了一个通向目的地的选择。而每多一个选择，找到最佳路径（最优解）的可能性就增大一分。

我无法确知让用户无偿成为股东将带来什么样的影响，但我坚信它将为人类的商业思想开启一扇新的窗户，通过这扇窗户，我们将看到一个完全不一样的景致。

大仲马在《基督山伯爵》的结尾说道："人类的一切智慧是包含在这四个字里面的：'等待'和'希望'。"等待是为了迎来改变，只有改变才会带来希望。

第三节　希望就在不远地方

用户无偿股东化，其本质是消费支出的部分资本化，即承认用户消费的价值，并将用户消费产生的价值（利润）自动转化为用户的投资。

凯恩斯在《就业、利息和货币通论》里指出，宏观经济具有乘数效应，即当消费、投资、政府支出等变量增加或减少时，将通过连锁反应放大效果。下面我们通过一个小故事来看看乘数效应。

一群无法无天的小流氓砸碎了一家商店的橱窗后逃之夭夭。店主自认倒霉，只好花 1000 元买了一块玻璃换上。这个时候一个经济学家走过来，说要恭喜店主。正在窝火的店主见有人说风凉话，气得要揍这个经济学家一顿。经济学家不慌不忙一番解释，居然让店主目瞪口呆。

经济学家这样说，玻璃店老板因为商品橱窗的损失得到 1000 元收入，假设他支出其中的 80%，即 800 元用于买衣服，服装店老板得到 800 元收入。再假设服装店老板用这笔收入的 80%，即 640 元用于买食物，食品店老板得到 640 元收入。他又把这 640 元中的 80%用于支出……如此一直下去，你会发现，最初是商店老板支出 1000 元，但经过不同行业老板的收入与支出行为之后，所有人的总收入增加了 5000 元。

这就是乘数效应。当然，有许多人对此嗤之以鼻。19 世纪法国经济学家巴斯夏通过其著名文章《看得见的与看不见的》，早就批驳过“破窗理论”。巴斯夏认为，如果这笔钱不花在买玻璃上，那么可能会拿去买鞋、买书，或者多增加了 1000 元利润（成本少支出了 1000 元），同样能产生相同的效果。因此，在巴斯夏看来，破窗并没有产生新的效益。

巴斯夏的观点放在 19 世纪绝对没有任何毛病，因为那时经济不发达，人们没有多余的钱，拿来买了玻璃就绝对干不了别的。但今天不是这样。除了极少数人，没有谁会因为倒霉多花了 1000 元冤枉钱就削减其他开支，那些就指着这 1000 元过日子的人不在讨论范围内。

这就像李四正打算去看演唱会，这票是花了 1000 元买的。但不巧的是，到了演唱会门口发现丢了1000元钱，正常情况下李四绝不会跑去把票卖了，以弥补那1000元损失。

所以，我们最好还是不要怀疑凯恩斯。被称为经济学革命家的人，绝对不会不懂连19世纪的人都懂的道理。也不能因此证明凯恩斯没有看过巴斯夏的那篇大作，他是吃这碗饭的，多看书最起码在与同行争论时不会被人嘲笑。要知道经济学家争吵是常见的事，没人和你吵架只是因为你名气不够，别人懒得理你。

除了经济宏观层面的乘数效应，消费在微观层面也对企业的收入具有乘数效应。这点毋庸置疑，因为如果没有消费产生的利润刺激，企业就不会有扩大投资的愿望和资金来源。

即便当前还没有产生利润，也是因为有大量消费做支撑，使企业家和金融家看到了扩大投资可能带来的巨大利润才会追加投资，否则没有人会继续投资，也没有银行会借钱给你投资。职业经理人或创始人疯了的时候，投资人和银行还很清醒，他们从来都只做锦上添花的事，而不会做雪中送炭的事。

因此，资本家的投资与用户的消费对于企业同样重要。前者提供了企业的原始资本，后者产生了企业的积累资本；前者是企业得以成立的条件，后者则是企业生存和发展的基础。既然投资者获得了企业的股份作为回报，那么用户自动成为股东也就是天公地道的事情。

正如前文所言，现代经济学无法解决人工智能带来的下一次经济危机。新古典经济学和奥地利学派做不到，因为他们主张由市场机制自动发挥作用，可是等到“就业冰河期”结束，世界也许早已是满目疮痍。凯恩斯主义（含新凯恩斯主义）做不到，因为光靠他们主张的政府干预无济于事——要解决几千万甚至上亿新增失业者的收入问题，没有哪个政府有这个财力，除非政府拼命发行货币，但这样又会带来更大的灾难。

如果企业普遍将用户自动变为股东，也许人工智能产生的“就业冰河期”不会造成下一次经济危机。因为这意味着，不管我们有没有工作，都能获得一份稳定的收入。这不是谁给的施舍，而是我们历史消费产生的利润被部分转化为企业股权，是我们应得的部分。这样，凭借我们在无数企业的股权，我们能稳定地获得一笔收入，当“就业冰河期”来临的时候，就能依靠企业股份、商业保险和政府救助“三家抬”的方式，支撑到冰河消融。

反对凯恩斯主义的自由派经济学家早就论证过，当经济衰退时，政府减税、补贴等措施给予民众的福利，是不会真正转化为消费支出的，因而起不到多大作用。原因是人们的可消费支出不是根据当期收入，而是根据长期收入。

当衰退来临时，由于对未来一段时间内的收入预期缺乏信心，没有人会把政府通过减税等措施给予的福利花光。除非他认为自己很快就会死亡，否则没有人不为明天着想，这时候存起来以备更坏的情况是“经济人”的理性行为。

而且，“经济人”会认识到政府此时给予的福利是以增加政府债务为前提的，今后一定会还回去，这也导致人们不敢把增加的福利不管不顾地吃光用尽。

我们别指望这时候“动物精神”会跳出来帮忙，让人们像过去一样不理性消费。从心理学角度看，人们在经济繁荣的时候会倾向于非理性消费，因为一切看起来都充满了希望，明天会更好，钱没有了还会挣到。而在衰退带来的危险面前，所有人都会变得十分谨慎，悲观情绪会蔓延和被放大，甚至一点点捕风捉影的不利消息都会被迅速传到每个人耳朵里。

是的，在危险面前，每个人都是惊弓之鸟，而且大家会更愿意相信不利的言论，谣言会比任何时候都有市场。几乎所有利好的消息都会被自动无视，大众宁可把事情往更坏的方面去想。这就是不少经济学家不承认凯恩斯所说的经济危机源自有效消费不足，而是认为经济危机产生于对商业的信心不足的原因。

但是，新自由主义经济学家们虽然认识到了信心不足的问题，却拿不出解决信心不足的良方。信心不是靠宣传就能恢复的，也不是企业家和政治家的承诺来保障的。如果看不到就业的可能或者收入稳定的希望，信心不会自动恢复。

现在，所持的企业股权也许就是避免绝望、树立信心的保障。这是因为，股权带来的红利是持续的而非一次性的，而且如果企业普遍向用户赠送了股权，那么理论上每个用户都持有多家公司的股权，这足以提供足够的安全保障，而不必担心发生企业倒闭的情况。

而且，如果公众对货币未来的预期是通胀，那么与过去经济衰退期间的表现不同的是，人们不会把钱紧紧地攥在手里，而是更倾向于现在花出去。如果货币在未来的购买力会降低，那么今天花出去并且以消费换成了股权，就比今后再花出去却得到较少的股权更为合算。这与买股票是一个道理——买涨不买跌，只不过把买股票变成了买东西得股票。

因此，这种情况下人们不会像过去经济衰退时那样不敢花钱，而是有可能选择多花钱。这就如同买养老保险，现在买的越多，将来返还的越多。

现实生活中，许多人不愿意在购买养老保险上多花钱，主要是两个原因。一个是担心拿养老金的时间短，总体上不如买保险的钱多，不合算。另一个是当前收入有限，需要在消费与储蓄（养老保险属于一种储蓄）之间选择一个平衡点，而在人们的安全感较强时，天平的重心往往偏向于消费。如果消费能够换成企业的股权，则同时兼顾了消费与储蓄的需要，没有人有理由拒绝。

事实上，用户自动股东化是在现有条件下除了社会主义制度以外，解决资本主义所有制弊端的一条可行的、有用的途径。这种方式，可以在一定程度上让大众分享社会财富，避免过分集中产生的两极分化。

美联储主席鲍威尔面对众多国会议员提问时承认，不断拉大的贫富差距会严重侵蚀美国经济的潜在增长。这不是鲍威尔先生的独有观点，其实经济学家早就认识到过分贫富差距对经济增长的不利影响。如果多数人没有钱买东西，经济靠什么来拉动？靠政治家的嘴吗？

但贫富差距拉大是私有制固有的顽疾，资本主义国家基本上束手无策。中国一直将消除贫困、实现共同富裕作为重要目标，并已取得了世界上前所未有的成绩，但脱贫是政府的责任，致富却是自己的事情。现在，缩小贫富差距的办法也许就摆在我们面前。

后记

新的观察和思考

2019年12月底，我正在为本书做最后的修改。此前，有些看过初稿的朋友提出，本书的观点太过新奇，恐有漏洞。对于他们的意见，我不能等闲视之。这些朋友都是经过精心挑选的，目的是通过他们进行一个小测试，这是我小时候从大诗人白居易那里学到的经验。当然，与白居易的测试对象不同，我的测试对象既包括文化层次不太高或平素不怎么读书的人，又包括知识精英。

我不是一个轻易动摇的人，但我一直告诫自己，绝不能成为一个固执己见的人。人生有时候很矛盾，我们在强调坚持的同时，往往又嘲讽固执。坚持与固执的界限到底是什么，也许没有人知道。这大概就是人生的悲哀之一。

在我并不高明的认知里，对于不同意见进行认真思索，或许是避免固执的途径之一。

经过反复推敲，我对本书的基本观点未做任何改动。我坚信，时间是最好的裁判，本书的一切观点就留给时间来评判吧。

我没有料到，不久之后，一场突如其来的新冠疫情在全球蔓延，按下了全球经济的暂停键，同时，也为本书关于经济危机的观点提供了间接佐证。自然，本书的出版也同样暂停了。

2020年5月下旬，随着中国抗疫取得初步的胜利，我第一次与出版社责任编辑进行计划已久的会面，本书的出版进入倒计时。根据责任编辑的意见，为与序章首尾呼应，我开始为本书增写后记。

此次全球抗击新冠疫情的过程中，出现了一些极有意思的现象，给我提供新的观察和思考。

首先，一些国家采取群体免疫的方式消极抗疫，坐令新冠疫情蔓延并夺去了无数人的生命。截至2020年6月底，瑞典仍在群体免疫的道路上“裸奔”。巴西总统博索纳罗则化身为赌徒，一直要求巴西各州放松隔离措施。

其次，几个月前，全世界没有人料到，世界“头号强国”美国正在创造多项“世界之最”——新冠病毒确诊人数、死亡人数和疫情导致的失业人数均位列世界第一。而这次，除了美国总统特朗普及其核心团队外，估计全球无人喝彩。

就在美国毫无悬念地、一骑绝尘地“霸榜”全球新冠疫情榜单的情况下，特朗普却不顾世界卫生组织和医学专家的警告，执意重启美国经济，而此举将为他在2020年美国总统选举中赢得加分。

有人说，特朗普和博索纳罗疯了。博索纳罗有没有疯，我无法查证，但可以肯定的是特朗普没有疯，他比任何时候都清醒。

作为一名成功的商人，特朗普从不做亏本的买卖。他很清楚，重启美国经济是他在背负抗疫不力的骂名下赢得连任的筹码。

作为一名“推特总统”，特朗普明白，相比疾病，失业才是绝大多数美国人更在乎的事情。毕竟在美国医疗卫生条件下，大多数美国人感染新冠肺炎不至于“要命”，但对那些没有储蓄的美国普通民众而言，没有工作才真的“要命”。明白了这点，我们就不难发现，无论是拒绝戴口罩，还是极力鼓吹抗击新冠病毒的“神药”，特朗普统统是在演戏而已，并非堂堂美利坚合众国总统真的无知到不懂基本常识的地步。而特朗普演戏，意在经济。

如果没有非洲裔男子乔治·弗洛伊德遭警察暴力执法致死，特朗普可能会取得成功。

美国明尼苏达州明尼阿波利斯市当地时间5月25日晚，一名非洲裔司机被警察怀疑使用假钞，随后被制服。警察用膝盖压住这名司机的脖子，时间长达7分钟。其间，司机多次大声呼救，并表示“我不能呼吸了”，但警察置若罔闻。在送到医院后，这位名叫弗洛伊德的非洲裔司机已经死亡。

此事如同火上浇油，激起美国民众的愤怒情绪，短短数日就演变成波及美国20余个州、数十个城市的骚乱。愤怒的民众围攻CNN总部和特朗普大厦，点燃加油站和汽车，洗劫店铺和快递车辆，一些地方甚至从打砸抢滑向暴乱的边缘。

其实，弗洛伊德之死绝非警察暴力执法伤害非洲裔美国人的孤案。近年来，这样的事情时常发生。例如，2014年非洲裔男子加纳在纽约被警察杀死；同年，非洲裔青年迈克尔·布朗在密苏里州遭警察枪杀。最令人不可思议的是，2012年11月29日晚，美国俄亥俄州克利夫兰市一对非洲裔夫妻在开车经过市警察局时，因发动机逆火，声音过大，被警察判断为“枪声”，随后13名警察向手无寸铁的非洲裔夫妻连开137枪，火力强度堪比一场战斗。最后，名叫迈克尔·布莱洛的警察爬上汽车引擎盖向这对非洲裔夫妻再开15枪，导致这对夫妻身中数枪，当场死亡。

以上事件中，暴力执法的警察均被无罪释放，迈克尔·布朗甚至被免于起诉。这些事件发生后，美国民众最多游行抗议一番，最后不了了之。

相比以往，弗洛伊德事件发生后，美国官方的应对举动基本上没有什么毛病。4名涉事警察被开除并遭起诉，其中用膝盖压死弗洛伊德的警察被控二级谋杀，与过去类似事件相比，起诉级别有所提升；费城、亚特兰大、底特律、纽约、洛杉矶和凤凰城等地的警察单膝跪地请求民众原谅；事发地明尼阿波利斯市警察局长跪迎弗洛伊德灵柩，市长雅各布·弗雷跪地抚棺痛哭。

要搁其他时候，这些举动大概能平息民众的怒火。这一次，这些举动不但没有平息民众的怒火，反而促使事件演变成一场近30年来最为严重的种族冲突，撕裂美国社会。也许若干年后，特朗普将因此被人们“记住”。

事态向如此严重的方向发展，根源还是迅速暴增的失业率。2020年4月，美国官方公布的失业率高达14.7%，是20世纪30年代大萧条以来的最高值。美国全国广播公司分析称，美国官方公布的失业率只计入没有工作但仍在积极找工作的人，而2020年2月以来，出于对经济前景极度悲观等原因，美国有约600万人放弃了找工作。因此，如果把他们计算在内，美国4月份失业率估计达到21.2%。

2020年6月6日晨，美国统计局表示，美国失业率数据在统计过程中出现错误，修正后的4月份失业率有可能接近20%。

美国数千万失业大军如同一个巨大的火药桶，而弗洛伊德之死，只不过是点燃火药桶的导火线。此前，因为政府隔离措施导致的失业，已让许多人积累了不满情绪，过激举动时有发生。例如，2020年四五月间，密歇根州的抗议者持枪冲进了州议会大厦；在北卡罗莱纳州的抗议活动中，一名示威者肩扛 AT4 火箭筒、腰插双枪进入餐厅；一个名为“重启北卡”（ReOpen NC）的组织领导人的丈夫、美国海军陆战队前队员亚当·史密斯在脸书上发布一个杀气腾腾的视频，扬言为了复工，他们在必要时愿意杀人并随时牺牲自己的生命。

客观上讲，在特朗普强行重启美国经济后，许多重要城市相继复工，5 月份美国非农业部门就业人数环比增加了 250 万人，失业率较 4 月份有所下降。虽然 6 月 6 日美国统计局的声明使失业率提高了 3% 左右，但仍比修正后的 4 月份失业率低。

事实上，如果美国政府能够抛开“面子”，认真学习中国的抗疫经验，成功地控制住新冠疫情，那么特朗普重启美国经济将对全世界产生积极作用。但就目前特朗普政府对新冠疫情的态度来看，无法判断特朗普是拯救美国经济的功臣，还是把美国拖入更大衰退的罪人。

其实不光美国，一些疫情严重的国家也同样面临“要生命还是要经济”的两难选择。比如，伊朗于 5 月中旬逐步解除封锁，但 6 月份再度暴发疫情，6 月 4 日新增确诊病例 3574 例，新增数字创伊朗出现病例以来新高。在如此严峻的形势下，伊朗总统鲁哈尼对媒体表示，为拯救经济，解除封锁是唯一选项。考虑到伊朗本已糟糕的经济形势，伊朗的选择也就顺理成章了。如果继续进行封锁，扛过了美国军事威胁和制裁的伊朗，很有可能因经济崩溃而倒下。

世界卫生组织的统计显示，截止到 2020 年 6 月 9 日，全球新冠肺炎确诊病例累计已超过 700 万例，并且增长势头丝毫未减。一些医学专家认为，随着各个国家相继解封，新冠肺炎人传人的风险加大，疫情面临失控的危险。特别是到了 11 月，北半球进入冬季后，寒冷的气候更有利于病毒生存，很可能出现新一波传染高峰。

在我看来，如果医学专家的警告不幸言中，新的疫情高峰出现，届时无论各国政府是否再度实施隔离措施，民众的恐慌心理都会被成倍放大，就连此前对疫情满不在乎的人都有可能感染恐慌，从而主动减少与其他人的接触，甚至尽可能避免接触。当人们的主动封闭隔离意愿成为社会共识，经济活力将降至冰点，世界经济将不再是被按下“暂停键”，而是进入深度休眠，随之而来的将是罕见的大萧条。

这并非是不可能出现的假设。经济危机下，人们的内心深处潜藏着恐惧，任何不利消息都会使一些人失去判断能力，就连谣言或者恶作剧都有可能引发新的恐慌。

1938 年万圣节前的一天，大萧条中的美国人被一出广播剧吓坏了。由于大萧条导致的无所事事，收听广播成了美国许多家庭最大的消遣。10 月 30 日晚 8 点，美国哥伦比亚广播公司正在播放广播剧《火星人入侵地球》，按照当时的惯例，10 分钟后应该插入音乐，让听众休息一下。但当天的插入音乐被一则“突发新闻”取代了：由播音员乔装的芝加哥天文学家称，已观测火星上的几次炽热气体爆炸，有神秘物体正超高速袭向地球。随后，一个巨大燃烧物撞向了新泽西州附近的一个农场。

威尔斯在广播剧排练现场

青年演员奥森·威尔斯用气喘吁吁的声音模仿记者的现场报道，称数十个“形如巨蛇”的外星人爬出撞击坑，向地球上的人类发起攻击。前往抗击的国民警卫队被全部歼灭，罗斯福总统已宣布进入紧急状态。

尽管在节目的开始和结尾都已申明，这只是一个改编自英国科幻小说的广播剧，而且播出过程中多次申明这并非真实的新闻，但全国性恐慌仍然在蔓延。无数人出逃，许多人甚至给枪里装满了子弹。

据普林斯顿大学事后调查，整个美国约有 170 万人相信这是真实的新闻广播，约 120 万人产生了严重恐慌，想要马上逃难。而第二天的

DAILY NEWS
NEW YORK'S PICTURE NEWSPAPER
FINAL

FAKE RADIO 'WAR' STIRS TERROR THROUGH U.S.

"War" Victim

"I Didn't Know"

美国《纽约每日新闻》报道，电台假“战争”引发全美的恐慌

《纽约时报》头版报道，“至少20名成人需要接受休克和癔病的治疗”。《纽约每日新闻》报道称，电台假“战争”引发全美的恐慌，匹兹堡的一名妇女在听到袭击事件后试图自杀。

诺贝尔经济学奖获得者弗里德曼曾表示，股灾并不是20世纪30年代大萧条的根本原因，由公众恐慌引发的银行系统崩溃，才是真正致命的。因此，一旦新冠疫情在主要国家出现第二次暴发，民众的恐慌必将引起灾难性的连锁反应，从而将世界经济拖入大萧条的漩涡。

也许，只有中国能够躲过这次大萧条。如果世界经济不幸滑入大萧条的泥潭，中国所能依仗的，不是比发达国家更先进的医疗卫生系统（在这方面还有一定差距），而是严密的社会组织体系。

依靠中国严密的社会组织体系，以及较为先进的通信系统，我们已经能够精确定位、追踪确诊病例及其社交接触范围。因此，我们能够做到从城市到街道，从社区到大厦，从单位到家庭、个人的最小化封闭和靶向隔离。这样，我们就能找到一个平衡点，既达到疫情防控目的，又尽可能不影响经济社会运行，避免陷入“一封就死，一解就乱”的尴尬境地。

依托14亿人口和强大的制造业，即使与国外的人流与物流完全中断，国际市场彻底失去，但只要做好一些被迫关闭的服务业（主要是群聚性行业，如影院、歌厅）失业人员的再就业或社会救济，中国能凭借本土巨大市场优势，以最小代价继续保持稳定和繁荣。

由于能够在最小化封闭和靶向隔离的前提下控制疫情，中国可以把疫情带来的失业率降到最低。这部分失业人员完全可以通过新基建和“地摊经济”化解，并且疫情造成的个人收入减少，也可以通过政府发放消费券对冲，使国民消费购买力维持正常水平。

我注意到，为了对冲疫情带来的失业影响，2020年3月，特朗普签署了2.2万亿美元的《关怀法案》。根据该法案，申请失业救济的美国人，每周可在原有失业保险基础上领取600美元的额外失业救济金。美国经济学家厄尼·泰德斯基对美国劳工部数据的分析表明，加上每周600美元的额外救济金，美国38个州的失业救助金额大于或等于正常工作的全额工资。

此举是美国国会和政府为稳定消费购买力所做的努力，但效果如何有待观察。由于许多人领到的失业救济金已大于或等于正常上班的全额工资，失业者并没有再度就业的动力。因此，特朗普强行重启美国经济后，许多行业仍然会因缺乏劳动力而陷入困境。唯一的解决办法是提高工资水平，但这又将导致物价指数攀升，形成新的滞胀，引发一系列的经济问题。最终，美国经济仍将陷入泥潭。

让我们回到本书的观点，如果企业普遍将用户自动变为股东，那么失业人员有可能仅仅依靠失业保险和从各相关企业获得的分红，就能维持原有的消费水平。同时，失业者仍然有再度就业的足够动力。因为再就业后，从相关企业获得的分红不受影响，而正常工资绝对高于失业保险。这与政府增加失业救济金额有着本质的区别。

如此一来，部分失业者仍可实现再就业，而劳动力价格（工资水平）却不会异常攀升。找不到工作的人也有能力继续消费，旺盛的市场需求最终会创造出新的机会和工作岗位，实现充分就业。

在此过程中，政府只需要维护好公平的市场环境，甚至无需直接干预经济，就能较好地完成市场出清，实现经济自我修复。如果这样，当危机过去的时候，我们将迎来真正、健康的繁荣，而不是扭曲、潜藏着更大问题的畸形繁荣。

2020年新冠疫情给全世界上了一堂课。我们这才惊觉，原来我们在自然的面前是如此渺小，我们的社会是如此脆弱。可以断言，像这样的全球性大规模疫情未来一定还会暴发。只不过，没有人知道，下一次是什么时候，出现的是什么病毒。如果出现传染性更强、死亡率更高的超级病毒，在疫苗大规模应用之前，人类社会除了封闭隔离以外，几乎没有更好的办法。或许不用等到人工智能带来的“就业冰河期”，全球就会陷入更大的经济萧条。

我祈祷，在这之前，我们已经找到了抵御的良策。

我相信，无论如何，只有团结起来才能度过难关。

图书在版编目（CIP）数据

是谁偷了网民的奶酪：透视互联网的本质 / 袁野著 .
—北京：东方出版社 . 2020.7
ISBN 978-7-5207-1515-7

Ⅰ . ①是…　Ⅱ . ①袁…　Ⅲ . ①计算机网络管理—用户—研究
Ⅳ . ① TP393.071

中国版本图书馆 CIP 数据核字（2020）第 072020 号

是谁偷了网民的奶酪：透视互联网的本质
（SHI SHUI TOU LE WANGMIN DE NAILAO: TOUSHI HULIANWANG DE BENZHI）

作　　者：袁　野
策划编辑：姚　恋
责任编辑：戴燕白　李志刚
出　　版：东方出版社
发　　行：人民东方出版传媒有限公司
地　　址：北京市朝阳区西坝河北里 51 号
邮　　编：100028
印　　刷：北京联兴盛业印刷股份有限公司
版　　次：2020 年 8 月第 1 版
印　　次：2020 年 8 月第 1 次印刷
开　　本：640 毫米 ×950 毫米　1/16
印　　张：22
字　　数：285 千字
书　　号：ISBN 978-7-5207-1515-7
定　　价：69.80 元
发行电话：（010）85924663　85924644　85924641